JN152433

史上最強
カラー図解

クルマのすべてがわかる事典

青山元男［著］

ナツメ社

史上最強カラー図解
クルマのすべてがわかる事典

CONTENTS

PART 1 クルマの種類

●クルマの分類 …… 010
●ナンバープレート …… 011
●ボディサイズ …… 012
●ボディスタイル …… 013
●セダン …… 016
●クーペ&ハードトップ …… 017
●オープンカー …… 018
●ステーションワゴン …… 019
●ハッチバック …… 020
●トールワゴン …… 021
●ミニバン …… 022
●SUV & クロスオーバー SUV …… 023
●軽自動車のボディスタイル …… 024
●動力源 …… 025
●駆動方式 …… 026
●FF …… 027
●FR …… 028
●ミッドシップ …… 029
●4WD …… 030
●トランスミッション …… 032
●ハイブリッド車と電気自動車 …… 033
●モデルと仕様 …… 034
●福祉車両 …… 036
●環境性能 …… 038
●安全性能 …… 040
●スペック …… 042

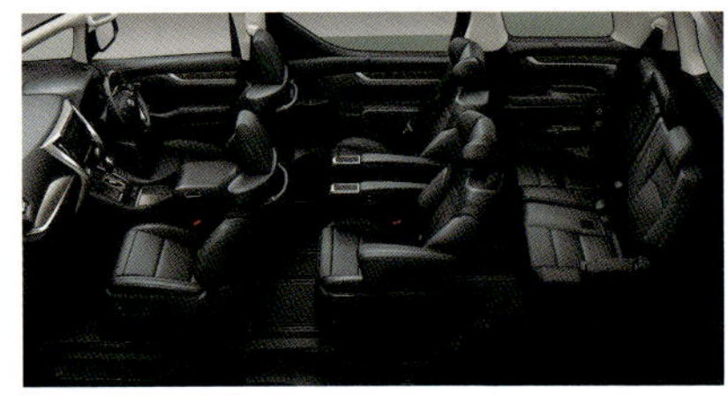

ボディ PART 2

●ボディ構造 …… 046
●ボンネット&バンパー …… 048
●ドア …… 049
●テールゲート&トランクリッド …… 050
●衝突安全ボディ …… 051
●エアロダイナミクス …… 052
●エアロパーツ …… 054
●塗装 …… 056

PART 3 視界

●ウインドウ …… 058
●ウインドウガラス …… 060
●サンルーフ …… 062
●ミラー …… 063
●ルームミラー …… 064
●室内ミラー …… 065
●ドアミラー …… 066
●アンダーミラー …… 068
●ソナー&モニター …… 069
●リヤモニター …… 070
●サイド&フロントモニター …… 071
●アラウンドモニター …… 072
●ヘッドランプ …… 074
●フォグランプ …… 077
●補助灯火 …… 078
●ワイパー&ウォッシャー …… 080
●デフロスター&デフォッガー …… 082

PART 4
操作系＆計器類

●ハンドル …… 084
●ペダル …… 085
●シフトレバー …… 086
●ドライビングポジション …… 088
●インパネ …… 090

PART 5
インテリア

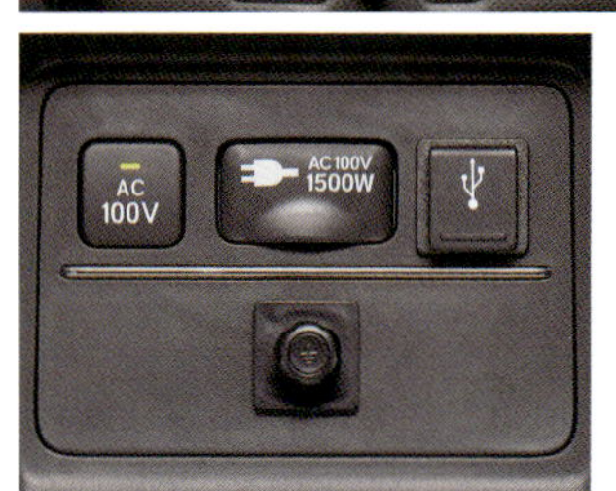

●内装 …… 094
●シート …… 096
●３ボックスのシートアレンジ …… 097
●２列シート２ボックスのシートアレンジ …… 098
●３列シート２ボックスのシートアレンジ …… 100
●カーゴスペース …… 102
●ユーティリティ …… 103
●収納 …… 104
●電源 …… 106

PART 6
動力源＆駆動系

●エンジン …… 108
●ガソリンエンジン …… 109
●ディーゼルエンジン …… 110
●排気量と気筒数 …… 111
●シリンダー配列 …… 112
●エンジン本体と補機 …… 113
●エンジン本体 …… 114

●バルブシステム …… 115
●可変バルブシステム …… 116
●アトキンソンサイクル
&ミラーサイクル …… 117
●燃料噴射装置 …… 118
●点火装置 …… 120
●吸気装置 …… 122
●排気装置 …… 123
●排出ガス浄化装置 …… 124
●冷却装置 …… 125
●潤滑装置 …… 126
●充電・始動装置 …… 127
●充電制御&回生発電 …… 128
●アイドリングストップ …… 129
●過給機 …… 130
●ダウンサイジングエンジン …… 131
●トランスミッション …… 132
●MT …… 133
●AT …… 134
●CVT …… 136
●AT & CVT制御 …… 138
●AMT …… 139
●DCT …… 140
●駆動系 …… 141
●シャフト類 …… 142
●デフ …… 143
●4WD …… 144

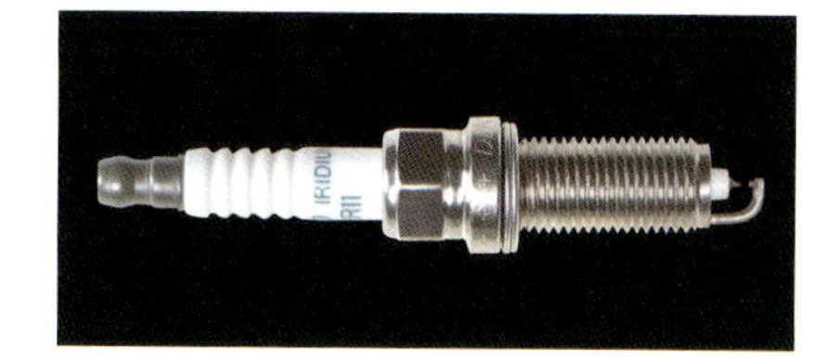

PART 7 ハイブリッド車と電気自動車

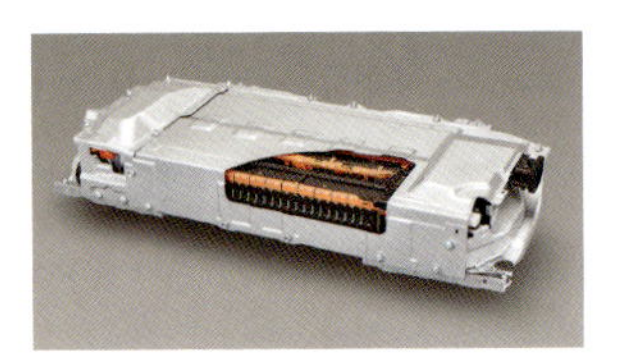

PART 8 シャシーメカニズム

安全装置 PART 9

●安全装置 …… 184
●シートベルト …… 185
●エアバッグ …… 186
●安全インテリア …… 188
●チャイルドシート …… 190
●トラクションコントロール …… 191
●横滑り防止装置 …… 192
●統合車両挙動制御 …… 193
●アダプティブフロントライティングシステム …… 194
●コーナリングランプ …… 195
●予防安全パッケージ …… 196
●衝突被害軽減ブレーキ …… 198
●プリクラッシュセーフティシステム …… 200
●追従機能付クルーズコントロール …… 201
●車線逸脱防止システム …… 202
●ハイビームサポート …… 204
●誤発進抑制制御 …… 205
●車線変更支援システム …… 206
●後退出庫支援システム …… 207
●インフラ協調型運転支援システム …… 208
●その他の安全装置 …… 210

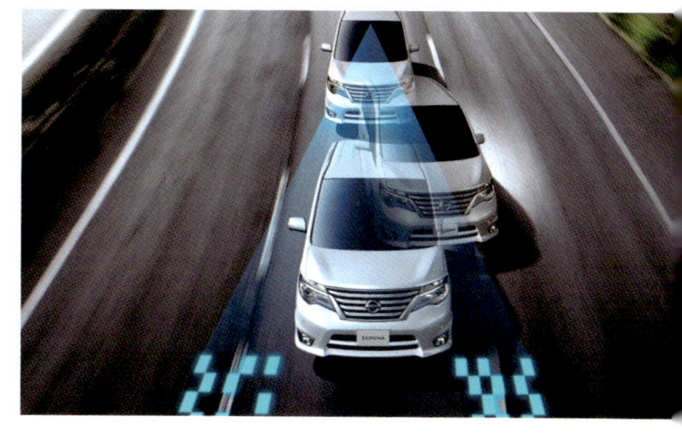

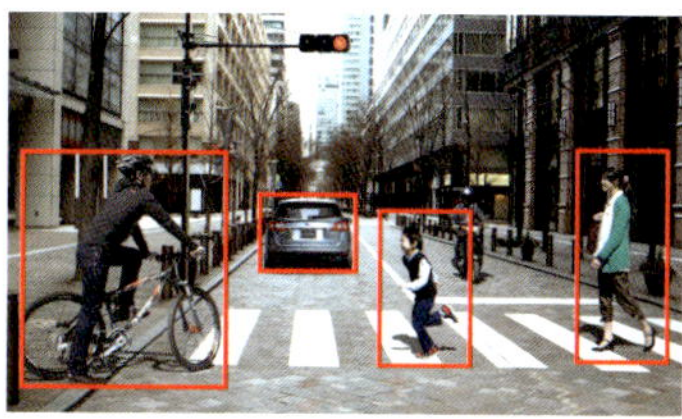

PART 10 快適装置

●カーナビゲーション …… 214
●テレマティクスシステム …… 216
●VICS …… 217
●ETC …… 218

●カー AV …… 219
●キーレスシステム …… 221
●エアコン …… 222
●空気清浄機能 …… 224
●シートヒーター …… 225
●クリーンインテリア …… 226

PART 11 購入と維持管理

●クルマの税金 …… 228
●自動車保険 …… 230
●通販式保険とリスク細分型保険 …… 231
●保険の等級制度 …… 232
●保険の年齢条件と家族限定 …… 233
●保険料制度 …… 234
●車両保険 …… 235
●人身傷害補償保険 …… 236
●保険の見積もりと見直し …… 237
●クルマの購入先 …… 238
●クルマの見積書と契約書 …… 240
●メンテナンス …… 242
●整備工場 …… 244
●自動車検査登録制度（車検） …… 246
●車検の必要書類 …… 248
●車検の費用 …… 249
●トラブル対応 …… 250

* *

■ 索引 …… 252

PART 1

クルマの種類

PART 1

クルマの分類

▲スズキ・バレーノは1000ccターボまたは1200ccエンジンだが、全幅が1745㎜なので3ナンバー。

普通自動車、小型自動車、軽自動車

一般的な乗用車は**普通自動車**と**小型自動車**、**軽自動車**に分類される。普通自動車は**3ナンバー**、小型自動車は**5ナンバー**ということが多い。軽自動車と小型自動車に**排気量**と長さ、幅、高さの上限があり、1項目でも上限を超えると、上の分類になる。たとえば、排気量が1500ccでも、幅が1.7mを超えていれば普通自動車だ。この分類は道路運送車両法上のもので、クルマの登録などに関連する。

道路運送車両法における自動車の種別

	大きさ	排気量
小型自動車	長さ：4.70m以下 幅：1.70m以下 高さ：2.00m以下	2000cc以下
軽自動車	長さ：3.40m以下 幅：1.48m以下 高さ：2.00m以下	660cc以下

※軽油や天然ガスを燃料とする場合は排気量の基準が適用されない

自家用と事業用

自家用もクルマの分類のひとつで、**自家用自動車**や**自家用小型自動車**、**自家用普通自動車**といったように使われる。自家用に対する言葉は**事業用**で、料金などを受け取って荷物や人を運ぶ用途に使われるクルマを示す。会社所有のトラックやバスでも、会社の荷物や社員を運ぶのに使用しているのであれば自家用だ。

▲自家用と事業用はナンバープレートの色が違う。事業用であるタクシーは緑。白ナンバーの自家用車でタクシー行為を行うことを白タクといい違法。

普通免許、準中型免許、中型免許、大型免許

道路交通法上、つまり運転免許制度上では車両総重量3.5トン未満、最大積載量2.0トン未満、乗車定員10人以下の自動車が**普通自動車**に分類される。軽自動車もこの区分に含まれ、運転には**普通自動車免許**（または普通自動車第二種免許）が必要だ。これより車両総重量や最大積載量、乗車定員が大きいと**準中型自動車**や**中型自動車**、**大型自動車**に分類され普通免許では運転できない。なお、普通免許にはオートマチック車に限り運転できる**AT限定免許**（**オートマチック限定免許**）もある。

自動車運転免許における自動車の種別

	車両総重量	最大積載量	乗車定員
普通自動車	3.5t未満	2.0t未満	10人以下
準中型自動車	7.5t未満	4.5t未満	10人以下
中型自動車	11.0t未満	6.5t未満	29人以下
大型自動車	11.0t以上	6.5t以上	30人以上

普通免許と準中型免許は18歳以上が取得できるが、中型免許は20歳以上で免許期間2年以上が必要で、大型免許は21歳以上で免許期間3年以上が必要。

免許の条件等　中型車は中型車（8ｔ）に限る
中型車（8ｔ）と普通車はAT車に限る

▲免許の制度変更が何度か行われているため、変更以前に免許を取得した人の場合は、運転できるクルマについてさまざまな条件が加えられていることもある。

PART 1

ナンバープレート

ナンバープレート

ライセンスプレートとも呼ばれる**ナンバープレート**は、正式には**自動車登録番号標**(軽自動車は**車両番号標**)という。**自家用**は白地に緑の文字(軽自動車は黄色地に黒の文字)、**事業用**は地色と文字色の配色が逆になる。

上段の左側の文字は、以前は管轄する陸運支局自動車検査登録事務所(通称、陸事)の地域名だったが、**新たな地域名表示ナンバープレート**(通称、**ご当地ナンバー**)の導入以降は、使用の本拠を示す地域名になっている。

右側の1～3桁の数字(一部ではアルファベットも使用)はクルマの分類を表わす。**3ナンバー**、**4ナンバー**、**5ナンバー**という呼び方は、この数字のいちばん左側の数字を示す。4ナンバーは小型貨物車のことだ。5ナンバーの不足している地域では**7ナンバー**も使われている。

自家用自動車用ナンバープレート

品川 500
な 86-24

自家用軽自動車用ナンバープレート

多摩 500
な 86-24

もっともめだつ数字を一連指定番号(軽自動車は車両番号)といい、4桁では中央に区切り記号の「-」が入れられる。1～3桁は空白になる桁が「・」でうめられる。

抽選になるナンバー(順不同)

・・・1	・・・7	・・・8	・・88	・333
・555	・777	・888	11-11	20-20
33-33	55-55	77-77	88-88	

上記はほぼ全国共通だが地域ごとに抽選制にしている数字が異なる。

希望ナンバーとデザインナンバープレート

下段の4桁の数字は登録の際に陸事で決められるのが普通だが、**希望ナンバー制**を利用すれば好みの数字にできる。人気の高いと考えられる番号については抽選制が導入されている。

また、現在では**図柄入りナンバープレート**(通称、**デザインナンバープレート**)も選択できる。観光振興や地域振興を目指したもので、全国版と地方版がある。地方版はその地域に住む人のみが選択できる。通常の交付手数料に加えて寄付を行うと図柄がカラーになり、行わない場合は図柄がモノクロになる。

図柄入りナンバープレート(一例)

PART 1

ボディサイズ

全長、全幅、全高がサイズの基本

クルマのカタログや**車検証**には、**全長**、**全幅**、**全高**のボディサイズが記載されている。全幅にドアミラーは含まれず、全高に可倒式や脱着式のアンテナは含まれないが、当初から装着されているルーフレールは含まれる。**小型自動車**には法律上の制限があるため、限度いっぱいの大きさのことを**5ナンバーサイズ**ということがある。ただし、数値はあくまでも数値。並べてみれば違いがわかるが、単独で見るとデザインや色で数値より大きく見えるクルマもあれば、小さく見えるクルマもある。また、車両感覚のつかみやすさや、取り回しなどの扱いやすさは、サイズだけではわからない。

▲▼スズキのイグニス（上）とソリオ（下）は全長と全幅には大きな差はないが、丸みを帯びたイグニスに比べると、角ばっていて背が高いソリオのほうが大きく見える。

コンパクトカーとリッターカー

小型自動車のなかでも小さめのものを**コンパクトカー**と呼ぶ。法律などに定めがあるわけではないが、一般的には排気量が1500cc以下のものをさすことが多い。**ハッチバック**や**トールワゴン**が多い。また、最近はあまり使われない用語だが、排気量が1000cc程度の小型自動車は**リッターカー**と呼ばれることもある。

▲コンパクトカーはハッチバックやトールワゴンだけではない。マツダ・CX-3のようなSUVもある。とはいえ、全幅は1700㎜を超えている。

機械式立体駐車場は高さ1550㎜まで

高さに余裕をもたせると入庫できる台数が減ってしまうため、機械式の立体駐車場は高さ**1550㎜**までに制限されていることが多い。背の高いミニバンやトールワゴン、SUVを購入する場合は覚悟しておいたほうがいい。幅に関しても、以前は3ナンバーお断りという駐車場もあったが、こちらはかなり減ってきている。

▲転居などの際にマンションの駐車場が機械式の場合は事前に高さ制限を確認しておいたほうがいい。

PART 1
ボディスタイル

3ボックス、2ボックス、1ボックス

クルマのボディスタイルでは、内部がいくつの空間で構成されているかによって分類する方法がある。

●3ボックス

エンジンルーム、車室、トランクルームがそれぞれ独立しているクルマを**3ボックス**と呼ぶ。荷物が車外から見えず、車室の前後に空間があるため事故時の安全性を高めやすいが、車室を広くしにくいというデメリットがある。そのため、比較的大きめのクルマでの採用が多い。なお、荷物スペースが独立しているが、十分な広さがない場合は**2.5ボックス**ということもある。

●2ボックス

荷物スペースが独立しておらず、車室とエンジンルームで構成されるクルマを**2ボックス**と呼ぶ。車室を広くできるというメリットがあり、乗員スペースと荷物スペースを状況に応じてかえることも可能となるため、現在では採用例が多い。

●1ボックス

実際にエンジンルームが独立していないわけではないが、車室の下に収められているため、ひとつの空間のように見えるクルマを**1ボックス**と呼ぶ。エンジンの上にキャビン(Cabin＝客室)があることから**キャブオーバー**とも呼ばれる。車室を広くできるが、前面衝突時の安全性を確保しにくいため、乗用車での採用は非常に少ない。なお、外観上は1ボックスに近いが、非常に短いエンジンルームがクルマの前方にあり、装置の一部が車室の下に入っている2ボックスは、**1.5ボックス**や**セミキャブオーバー**と呼ばれることもある。

3ボックス

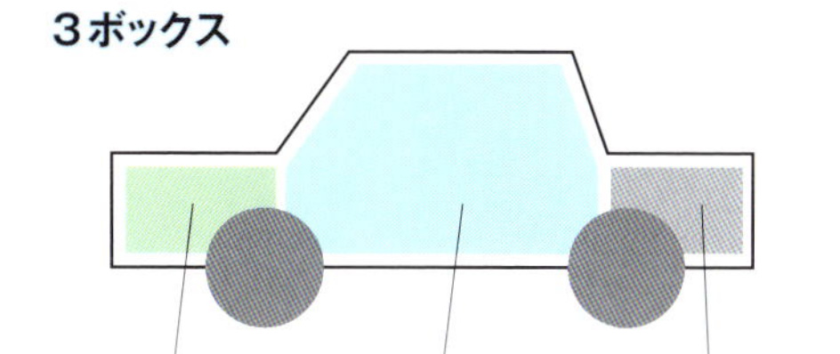

2.5ボックス

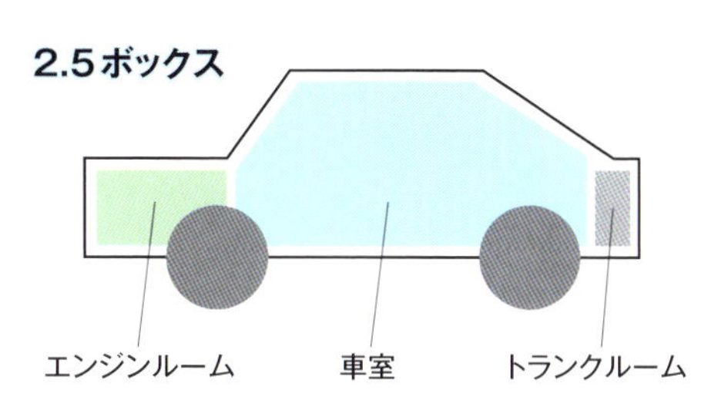

2ボックス

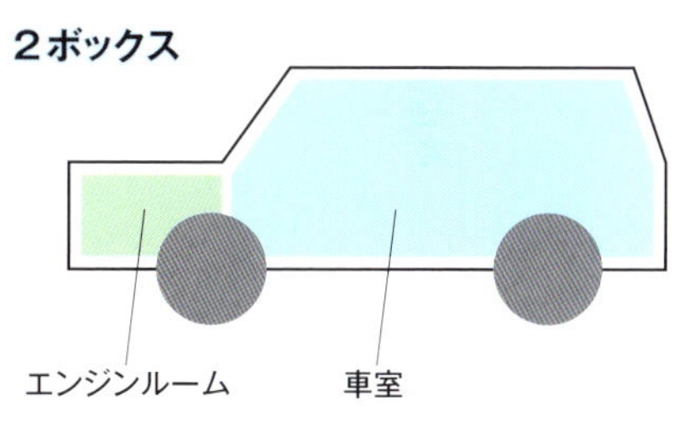

1.5ボックス

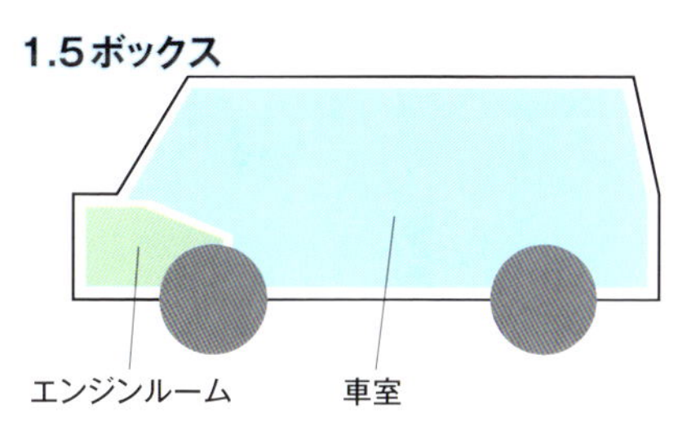

1ボックス

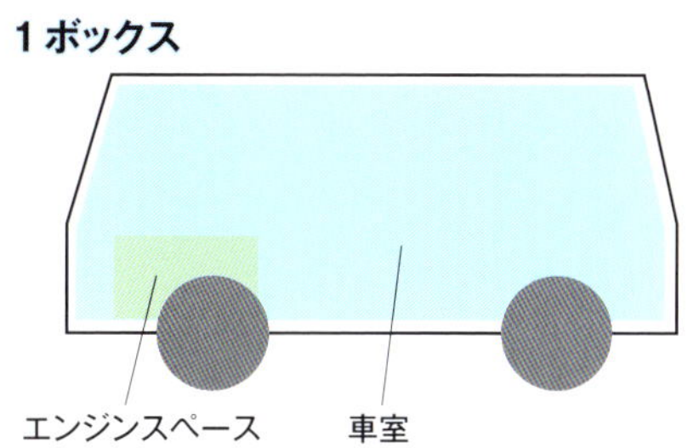

ドアの数

ドアの数はボディスタイルはもちろん、クルマの使い勝手にも大きな影響を及ぼすため、その枚数でボディスタイルを分類することもある。この場合のドアとは、車室を開閉できるものを意味しており、**テールゲート**(**リヤゲート**)など通常は人の乗り降りに使われないものも含まれる。

3ボックスは前列シートと後列シートの両側にそれぞれフロントドアとリヤドアがある**4ドア**が一般的だが、**2ドア**もある。2ドアはスポーティなデザインにしやすい。ただし、乗員が2人でシートが1列のクルマなら問題ないが、シートが2列の場合は、前列のシートを倒さなければ後列に乗り降りすることができない。

2ボックスや**1ボックス**では人間が使用するドアの枚数にテールゲートが加わるため、**5ドア**、**4ドア**、**3ドア**がある。4ドアとは、リヤドアが片側にしかない場合で、**スライドドア**のことが多い。

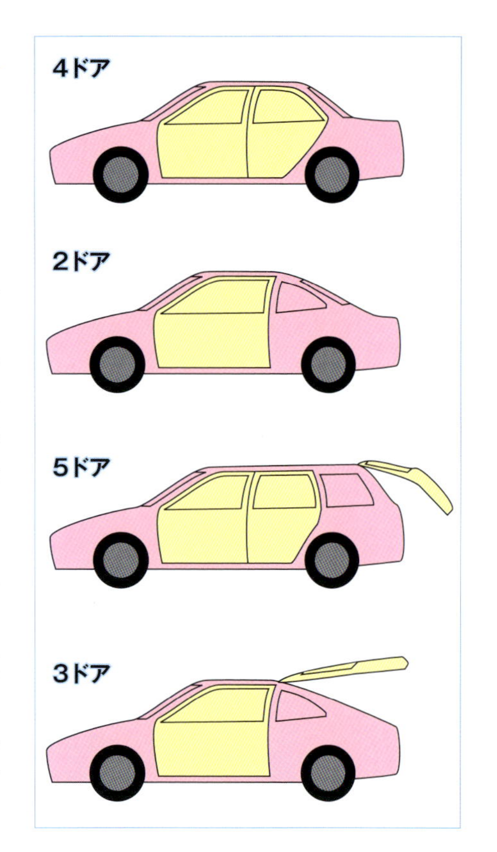

乗員の数

クルマの大きさやボディスタイルによって乗員の数は変化する。スポーツカーの場合は走行性能を重視して、**2人乗り**の**2シーター**が作られることもあるが、一般的に乗用車の乗員は4人以上だ。3ボックスは**2列シート**で、クルマのサイズやシートの構造によって**4人乗り**か**5人乗り**が一般的。**3列シート**が可能な2ボックスや1ボックスでは**6人乗り**、**7人乗り**、**8人乗り**もある。**4シーター**や**5シーター**という言葉はたまに使われ、**7シーター**もCMで使われたため定着しているが、**6シーター**や**8シーター**は語呂(ごろ)が悪く、いいにくいためか、ほとんど使われない。

▶5ナンバーサイズの8人乗りは姿を消しつつあるが、3ナンバーであってもサイズはさまざま。特に3列目シートは大人が3人座ると窮屈な車種もある。

天井を支えるピラー

クルマのルーフを支える構造を**ピラー**といい、ボディスタイルに影響を与えるほか、その位置や数、大きさは、ドライバーの視界に影響を与える。前から順に**Aピラー**、**Bピラー**、**Cピラー**…と呼んでいくのが普通で、3ボックスの場合、左右片側に3本ずつのピラーを備えるのが一般的だ。2ボックスや1ボックスでは**Dピラー**が存在する。現在では、ドアを開けた際の開口部を大きく確保するために、Bピラーに相当する構造をドア側に備えた**ピラーレス**のクルマもある。なお、Cピラーは最後部のピラーであるという考え方もあり、その場合、右図のDピラーをCピラーと呼ぶ。

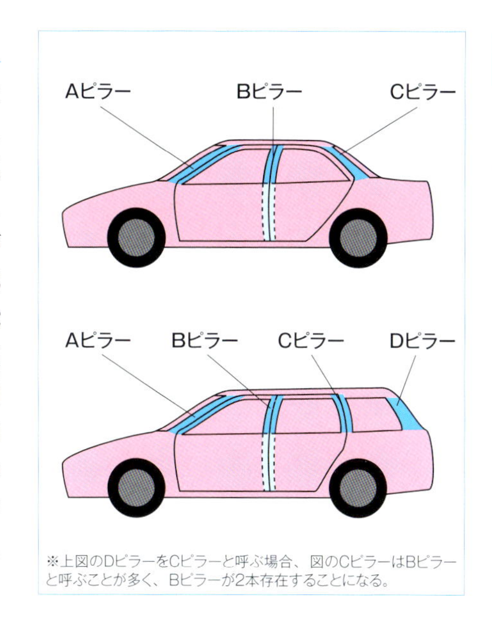

※上図のDピラーをCピラーと呼ぶ場合、図のCピラーはBピラーと呼ぶことが多く、Bピラーが2本存在することになる。

ノーズとバック

クルマの前方で一段低くなり、一般的にはエンジンルームが収められる部分を**ノーズ**という。この部分が長いデザインを**ロングノーズ**と呼ぶ。エンジンルームを広くできるためスポーツタイプや高級車に多い。ノーズが短いデザインは**ショートノーズ**と呼ばれ、車室を広くできる、視界がよくなり運転しやすいといったメリットがある。現在ではショートノーズが主流だが、あまり短くすると安全の確保がむずかしくなる。

クルマのルーフ後方のデザインでは、横から見た際にルーフからリヤエンドまでがなだらかな線で描かれたものを**ファストバック**と呼ぶ。直線に近いこともある。これに対して、トランクの上部に**リヤデッキ**と呼ばれる平坦な部分があり、リヤウインドウなどに対して、折れ曲がったラインを描くデザインを**ノッチバック**と呼ぶ。現在では3ボックスでもリヤデッキが非常に短いことが多い。こうした場合は**セミノッチバック**と呼ぶこともある。

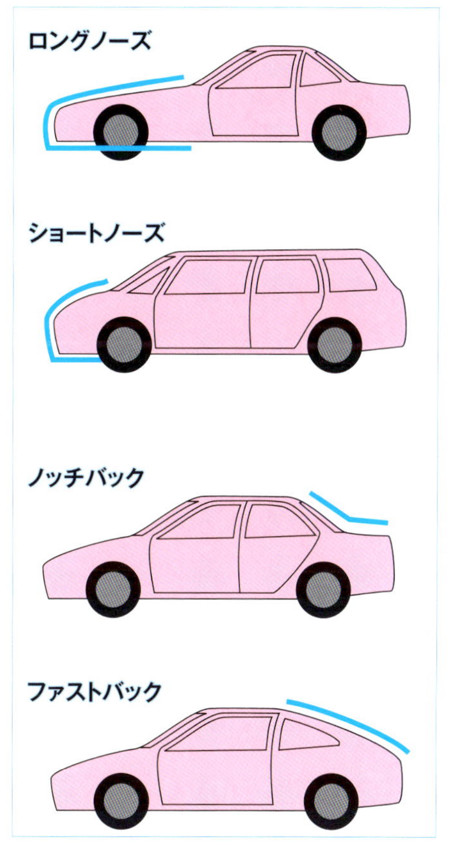

PART 1

セダン

現代のセダンは滑らかなラインを描きリヤデッキも短め。写真はトヨタ・クラウン ロイヤル。

オーソドックスなクルマのスタイル

3ボックスで**リヤデッキ**を備えた**ノッチバック**が**セダン**だ。**4ドアセダン**とも呼ばれる。凸型のボディが基本形といえるが、前後のウインドウを寝かせてもノーズとリヤデッキを短くすれば空間を確保できるため、全体としてなめらかな曲線を描くデザインが増えている。JISではセダンと**サルーン**を同じものとしているが、過去に上級グレードの名称に多用されたため、サルーンの名には高級感がともなう。

セダンのバリエーション

クーペに分類されることも多いが、リヤデッキがない**ファストバックセダン**もある。そのため通常のセダンは**ノッチバックセダン**ともいう。また、2ボックスで**リヤハッチ**を備えていても、外観上はセダンのように見える車種や、構造は3ボックスだがリヤハッチを備える車種は**ハッチバックセダン**や**5ドアセダン**と呼ばれることがある。

▲トヨタ・プリウスは構造は2ボックスでリヤハッチを備えているが、5ドアハッチバックセダンと呼ばれることが多い。ヨーロッパではこうした分類が定着している。

セダンのメリット・デメリット

5ナンバーサイズもあるが、セダン＝**3ナンバー**の高級車というイメージが定着しつつある。大きな荷物は積みにくいというデメリットはあるが、充実の車内空間は快適だ。ミニバンにも高級車はあるが、乗り心地は車高の低いセダンのほうが有利。

▼高級セダンの室内は上質で快適な空間。特にリヤシートは格別。写真は日産・フーガ。

PART 1

クーペ&ハードトップ

ルーフからテールへと美しいラインを描くクーペスタイル。写真はレクサス・RC300h。

2ドアのスポーツタイプがクーペ

もともとは**3ボックス**の**2ドア**でセダンより全高（ぜんこう）がおさえられたスポーツタイプのクルマが**クーペ**と呼ばれ、**2ボックス**で**リヤハッチ**を備えた**3ドアクーペ**もあった。しかし、後（のち）に**4ドアクーペ**や**5ドアクーペ**と呼ばれるクルマも登場したため、定義があいまいになり、スポーティなスタイルのクルマ全般に使われるようになった。クーペは減少傾向にあり、国産車では本来の**2ドアクーペ**が中心になった。

▲▼久々に登場した小型のFRスポーツであるトヨタ・86。クーペ本来の姿が美しい。

クーペのメリット・デメリット

クーペは走りが楽しめるクルマであることはいうまでもない。ある程度のステイタスが感じられる車種も多い。しかし、2シーターなら問題ないが、2列シートの場合、リヤシートの居住性は非常に悪いことがほとんど。フロントシートを倒さなければ乗り降りできないことも大きなデメリットだ。リヤシートは補助的なものと考えておいたほうがいい。

Bピラーがないのがハードトップ

ハードトップとはもともとは**オープンカー**（P018参照）に取りつける金属などの硬い屋根のことだ。そのイメージからデザインされたため、**3ボックス**で**Bピラー**のないスタイルをハードトップと呼ぶ。ドアウインドウに窓枠（まどわく）がないのも特徴で、**サッシュレスドア**とも表現されるが、Bピラーを残したままハードトップ風のデザインにした**ピラードハードトップ**もあった。現在ではハードトップの名が使われるクルマはない。

PART 1

オープンカー

▶思う存分に開放感が味わえるオープンカー。写真はマツダ・ロードスター。

屋根のないボディスタイル

屋根のないボディスタイルが**オープンカー**。**コンバーチブル**や**カブリオレ**とも呼ばれる。遊び心満載の軽自動車のオープンカーもある。**2ドア**の**2シーター**がほとんどだが、一部にリヤシートのある4～5人乗りやリヤドアのある**4ドア**もある。屋根のないことによる強度の弱点や安全性をおぎなうために、リヤのピラーが残された**タルガトップ**や、左右中央部に細く屋根を残した**Tバールーフ**というボディスタイルもオープンカーに含まれる。オープンカーには数々のデメリットがあるが、走行中の爽快感(そうかいかん)はオープンカー以外では得られないものだ。

▲ホンダ・S660はロールバーとして機能するリヤのピラーがあるため、タルガトップに分類される。

屋根が硬いハードトップと軟らかいソフトトップ

オープンカーには着脱式の屋根が用意されていることが大半で、金属や樹脂製(じゅしせい)の硬いものを**ハードトップ**、布やビニールなどの軟らかいものを**ソフトトップ**や**幌**(ほろ)という。これらはトランクなどに収納できることが多く、手動で着脱を行うものもあるが、スイッチ操作で着脱できる**電動開閉式ルーフ**もある。こうしたスタイルを**クーペカブリオレ**や**クーペコンバーチブル**、**リトラクタブルハードトップ**などと呼ぶ。

▼ダイハツ・コペンはハードトップを採用。電動開閉式を採用していて約20秒でフルオープンにできる。

▼ホンダ・S660はロールトップと呼ばれるソフトトップを採用。巻いてフロントフード内に収納できる。

PART 1
ステーションワゴン

▲スポーティなデザイン、性能が現在のステーションワゴンの主流。写真はスバル・レヴォーグ。

セダンをベースにした2ボックスカー

セダンをベースにしつつルーフを後方まで伸ばして車室とトランクルームを一体化した**2ボックス**が**ステーションワゴン**だ。**エステート**や**ブレーク**とも呼ばれる。一部には**3ドア**もあるが、基本的に**5ドア**。セダンと同じように扱えるうえ、荷物もたくさん積める。エンジン性能や足まわりなどをスポーティにした**スポーツワゴン**や**スポーティワゴン**と呼ばれるタイプなら、走りを楽しむことも可能だ。

ステーションワゴンのメリット

ステーションワゴンのメリットは、セダンやクーペに近い性能や乗り心地の車種があること。スポーティワゴンなら走行性能も高い。それでいて、荷物もたくさん積むことができる。リヤシートを倒して収納力を高めたり、長い荷物を積むことも可能だ。スポーティワゴンの場合は、空力などのデザインが優先されるため荷物スペースが小さくなるが、それでもトランクルームよりは使いやすい。

◀どのシートでも乗っている感じはセダンとかわりない。写真はスバル・インプレッサ。

ワゴンとバン

以前は同じステーションワゴンの車種に**ワゴン**設定と**バン**設定が存在することがあった。その違いは法律上の扱いであり、ワゴンは乗用車を、バンは**貨物車**（**貨客兼用車**（かきゃくけんようしゃ））を意味する。バンで小型自動車のものは一般的に**4ナンバー**と呼ばれる。バンのほうが乗り心地や装備が劣り、価格もおさえられているのが普通だ。ワゴン設定とバン設定はステーションワゴンに限られたものではないが、現在では同一車種に両設定があることは少なくなっていて、**1ボックス**と軽自動車の一部に存在する程度だ。

PART 1

ハッチバック

▲▼コンパクトカーといえばハッチバックが多い。写真はマツダ・デミオ。

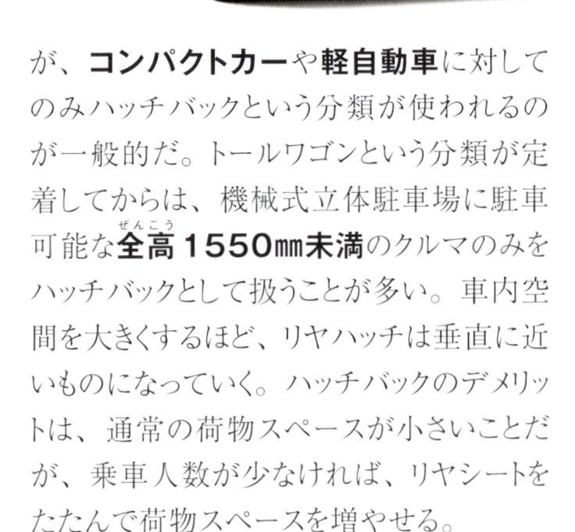

リヤハッチを備えたコンパクトカー

後部にはね上げ式のドアである**リヤハッチ**を備えたボディスタイルを**ハッチバック**という。クルマの全長に対して車内空間を長く確保することができる。**5ドア**か**3ドア**の**2ボックス**で、シートが2列というのが普通だ。よほど小さなクルマ以外では使い勝手を重視して5ドアが採用されている。広くとらえた場合にはステーションワゴンやミニバンも含まれることになるが、**コンパクトカー**や**軽自動車**に対してのみハッチバックという分類が使われるのが一般的だ。トールワゴンという分類が定着してからは、機械式立体駐車場に駐車可能な**全高**(ぜんこう)**1550㎜未満**のクルマのみをハッチバックとして扱うことが多い。車内空間を大きくするほど、リヤハッチは垂直に近いものになっていく。ハッチバックのデメリットは、通常の荷物スペースが小さいことだが、乗車人数が少なければ、リヤシートをたたんで荷物スペースを増やせる。

▲日産・リーフもボディスタイルはハッチバック。

スポーツタイプのハッチバック

スポーツタイプのクルマでは、コンパクトカー以外でもハッチバックと呼ばれることがある。こうしたハッチバックでは、リヤハッチの傾斜が大きめで、**3ナンバーサイズ**のクルマも増えている。

▼マツダ・アクセラスポーツは2000ccエンジン搭載車もある3ナンバーサイズのスポーティなハッチバックだ。

トールワゴン

▲リヤドアにスライドドアを採用するトールワゴン。写真はスズキ・ソリオ。

上下方向に空間を広げるために背を高くしたコンパクトカー

コンパクトカーの**ハッチバック**のなかでも、多くの機械式立体駐車場に入らない全高が**1550㎜以上**で、シートが2列のものを**トールワゴン**という。以前はハッチバックと呼ばれることも多かったが、現在ではトールワゴンの名称が定着している。**2列シートミニバン**と呼ばれることもある。5ドアが一般的で、リヤドアはスイングドアの場合とスライドドアの場合がある。コンパクトカーが基本であるため、ステーションワゴンのように前後方向で荷物スペースを確保することができないが、上下方向で空間を確保している。

◀4ドアを採用しているトヨタ・ポルテ。運転席側は前後にスイングドア、助手席側は大きめのスライドドア。

トールワゴンのメリット・デメリット

ハッチバック以上に車内空間が大きいのがトールワゴンのメリット。特に背の高いものを積みやすい。運転席の位置が高くショートノーズの車種だと、運転しやすいという人も多い。立体駐車場に駐車できないのがデメリットだが、利用する機会がほとんどないのなら問題ない。

▲ステーションワゴンと違って背の高いものでもトールワゴンならば積みこみやすい。写真はトヨタ・スペイド。

ミニバン

▲3ナンバーサイズのミニバンは車内に十分なゆとりを確保できる。写真はトヨタ・ヴェルファイア。

大人数が乗れて荷物もある程度は積める21世紀のファミリーカー

ミニバンの定義は固定していないが、一般的には**3列シート**で、ショートノーズの**2ボックス**や**セミキャブオーバー**の**1.5ボックス**だ。**3ナンバーサイズ**も**5ナンバーサイズ**もある。**5ドア**でリヤが**スライドドア**のことが多い。国産車では**6人乗り、7人乗り、8人乗り**が大半。大人数が乗れて、積もうと思えば荷物もたくさん積めるため、1990年代後半からファミリーカーの主流になり、現行の車種数ももっとも多い。ミニバンに人気が集中した頃にはコンパクトカーの**2列シートミニバン**や軽自動車で**軽ミニバン**という呼称があったが、**トールワゴン**という分類が定着したことで現在ではあまり使われていない。

▼5ナンバーサイズで7人乗りを実現しているコンパクトなミニバンもある。写真はトヨタ・シエンタ。

ミニバンのメリット・デメリット

人間も荷物もたくさん積めることがミニバンの大きなメリット。見晴らしがよく開放感もある。セダンからの乗りかえでは、運転席の視界やアップライトぎみ（上半身が垂直に近い）のシートに違和感を覚えることもあるが、慣れれば大丈夫。全高が**1550㎜以上**なので機械式立体駐車場に入らないことがデメリットだ。高級なミニバンの車内は快適だが、2列目、3列目シートに3人が横に並んで座ると窮屈で長距離の移動がつらい車種もある。

◀高級ミニバンの車内は非常に快適な空間。写真はトヨタ・ヴェルファイア。

PART 1
SUV & クロスオーバー SUV

▲現在のSUVは無骨なデザインよりスポーティなスタイルが多い。写真は日産・エクストレイル。

SUVにはルーツが異なる2種類のタイプがある

本格的なオフロード走行に耐えられる**4WD**車の日本での呼び名は、**四駆**(よんく)、**オフロード車**、**クロカン車**(クロスカントリー車)、**RV**など、時代によってかわったが、ウインタースポーツなど各種レジャーで使いやすいため、常に一定の人気がある。オフロードが前提のクルマだが、実際にはシティユースも多いため、オンロードの性能が高められたものが多い。こうした車両を、現在では**SUV**と呼ぶ。SUVとは、Sport Utility Vehicle(スポーツ・ユーティリティ・ビークル)の頭文字をとったもので、**スポーツ多目的車**と訳される。アメリカで生まれたクルマのジャンルで、**ピックアップ**の荷台に屋根をつけたものがルーツだ。

日本でSUVと呼ばれるクルマには、もうひとつのタイプがある。こちらは**ステーションワゴン**などをベースにしたもの。アメリカのSUVはフレーム構造のものをさし、モノコック構造で乗用車ベースのものは**クロスオーバー SUV**や単に**クロスオーバー**と呼ばれる。SUVとクロスオーバーでは扱いがトラックと乗用車になって税金が違うためアメリカでは区別されるが、日本ではクロスオーバーもSUVと呼ばれることが多い。

▲本格的オーフロード用4WDとして長い歴史をもつトヨタ・ランドクルーザーも現在ではSUVと呼ばれる。

SUVの特徴

クロスオーバーを含めて日本のSUVは**2ボックス**の**5ドア**が一般的で、**2列シート**が多い。一部に**3列シート**もあり、ミニバンとの境界があいまいな車種もある。ミニバンよりスポーティな印象を与えるクルマが多い。雪道などに強いのがSUVのメリットだが、本格的なオフロード走行はむずかしい**2WD**のクロスオーバーもあるので注意が必要だ。4WDは車重が大きく燃費も悪くなり、コストも高くなりやすい。

PART 1

軽自動車のボディスタイル

▲全高1835㎜のダイハツ・ウェイク。

▲全高1780㎜のホンダ・N-BOX。

軽自動車の主流はトールワゴン

軽自動車は**軽ハッチバック**が主流だったが、現在では全高(ぜんこう)が**1550㎜以上**の**軽トールワゴン**が主流だ。車高を高くしてシートをアップライトぎみにすることで室内に前後方向の余裕が生まれる。天井も高いので居住性が改善される。**軽ハイトワゴン**や**軽ミニバン**と呼ばれることもある。ハッチバック風デザインの車種でも、全高が1500㎜を超えていることがある。

軽トールワゴンのうち、全高が1700㎜以下の車種では前後に**スイングドア**が採用されるが、1700㎜を超える車種ではリヤドアに**スライドドア**が採用される。現在では1800㎜を超える車種もある。これら全高1700㎜を超える車種を**軽スーパーハイトワゴン**として区別して扱うこともある。

ワゴン設定とバン設定がある軽セミキャブオーバー

軽セミキャブオーバーは軽自動車の伝統的なボディスタイルで、**ワゴン**設定と**バン**設定が存在することが大半だ(車種名が異なることもある)。伝統から**軽1ボックス**と呼ばれることも多い。全高は1800㎜台の車種が大半だ。その高さから軽トールワゴンに分類されることもある。

◀セミキャブオーバーの日産・NV100クリッパーリオ。

軽自動車にはオープンカー、SUV、クロスオーバーもある

軽自動車では、ターボエンジンなどを搭載したスポーティなグレードが設定されることがある。完全にスポーツタイプの軽自動車としてはオープンカーもある。また、本格的な**軽SUV**の車種もあるが、最近では**クロスオーバーSUV**的な軽トールワゴンも登場してきている。

◀クロスオーバーSUVスタイルのスズキ・ハスラー。

PART 1

動力源

エンジンとモーター

▲ハイブリッド車に搭載されるエンジンも、基本的な構造はエンジン車のものと同じだ。

クルマの動力源はエンジンとモーターの2種類に大別できる。エンジンを動力源とするクルマがエンジン車、モーターを動力源とするクルマが各種の**電気自動車**であり、モーターとエンジンの双方(そうほう)を使用するのが**ハイブリッド車**だ。エンジンには**ガソリンエンジン**、**ディーゼルエンジン**、**ロータリーエンジン**の3種類があるが、新車で購入できるのはガソリンエンジンとディーゼルエンジンであり、ディーゼルの乗用車はまだまだ数が少ない。ハイブリッドシステムに組み合わされるのもガソリンエンジンである。そのため、クルマ選びの際にエンジンの種類で悩(なや)むことはあまりないといえる。

ガソリンエンジンにも実際にはさまざまな種類があるが、普通にクルマを使ううえで、そうした違いを気にする必要はあまりない。構造を知らなくても、燃費や出力といったわかりやすい性能の差に、その違いが反映されている。ディーゼルエンジンにしても燃料の種類が異なる程度だ。

ただし、電気自動車は従来のクルマとは走行感がかなり異なる。また、電気自動車や**燃料電池自動車**の場合は充電や**水素充填**(すいそじゅうてん)という従来の給油とは異なる作業が必要になるので、多少は使い方を考える必要がある。**プラグインハイブリッド車**の場合も充電方法を考えるべきだ。

ディーゼルエンジンとロータリーエンジン

絶滅(ぜつめつ)したように思われていたディーゼルエンジンだが、燃費がよく環境にもやさしい**クリーンディーゼルエンジン**としてよみがえってきている。ガソリンより価格が安い軽油が燃料というのも魅力的だ。

いっぽうロータリーエンジン搭載車(とうさいしゃ)は、もはや中古車でしか入手できなくなったが、普通のガソリンエンジンとはひと味違った走りを楽しむことができるものだ。ロータリーエンジンを搭載したコンセプトモデルもモーターショーでは公開されているので、今後が楽しみな存在といえる。

第44回東京モーターショーで公開されたMazda RX-VISION。次世代ロータリーエンジンSKYACTIV-Rを搭載。

PART 1

駆動方式

どの車輪でクルマを動かしているか

エンジンから動力が伝えられる車輪を**駆動輪**といい、その配置を**駆動方式**という。駆動方式はクルマの設計や性格に影響を与える。4輪のクルマの駆動輪の数は2か4だ。2輪で駆動する方式は、**2輪駆動**や**2WD**(2 Wheel Drive)といい、前輪での駆動を**前輪駆動**や**FWD**(Front Wheel Drive)、後輪での駆動を**後輪駆動**や**RWD**(Rear Wheel Drive)という。4輪で駆動する方式は、**4輪駆動**や略して**四駆**、**4WD**(4 Wheel Drive)、**4×4**という。全車輪が駆動輪であることから、**全輪駆動**や**AWD**(All Wheel Drive)ともいうが、前輪駆動と読み(音)が同じになるため、全輪駆動はあまり使われない。

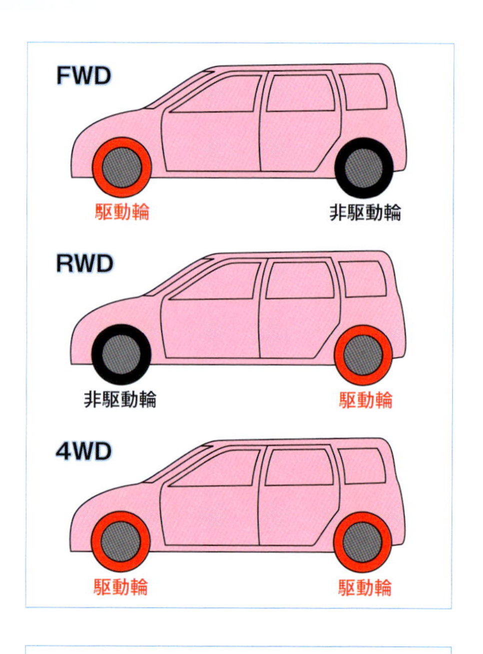

駆動輪とエンジンの位置

駆動方式はエンジンの配置とまとめて表現されることが多い。エンジンを前方に置く前輪駆動を**FF**(Front engine Front drive)といい、後輪駆動を**FR**(Front engine Rear drive)という。エンジンを後方に置く前輪駆動はほとんどなく、後輪駆動は**RR**(Rear engine Rear drive)という。また、エンジンを前後中央付近に配置することを**ミッドシップ**(Midship)といい、ほとんどの場合は後輪駆動で、**MR**(Midship Rear drive)と略される。

エンジンは位置だけでなく、置く方向もクルマの設計や性格に影響を与える。エンジンの回転軸をクルマの前後方向にした配置を**縦置き**、左右方向にした配置を**横置き**という。なお、トランスミッションにも同じように縦置きと横置きがある。

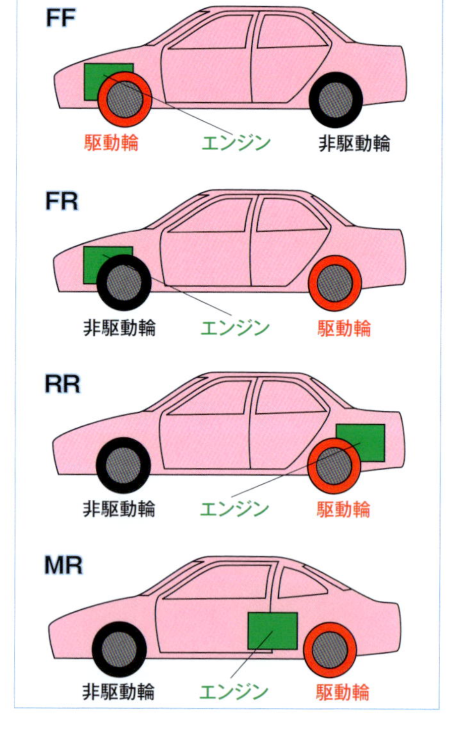

FF

FFのメリット

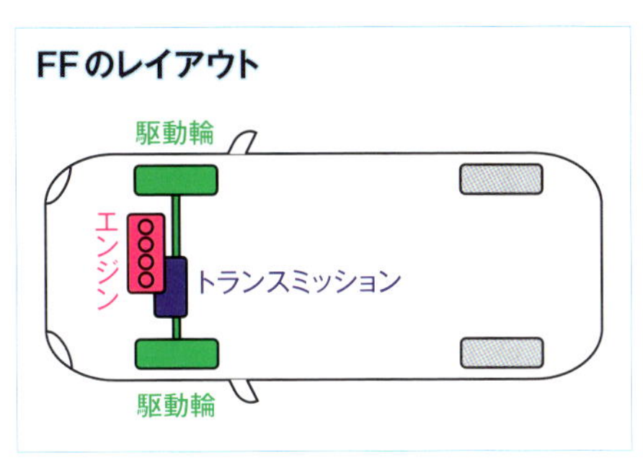

FFではエンジンやトランスミッションをコンパクトにまとめることができるうえ、多くの車種ではどちらも**横置き**にされるため、エンジンルームを短くできる。FRのようにクルマの前方から後方へ動力を伝えるプロペラシャフトがないので低床化(ていしょうか)も可能となる。結果、FFは車内空間を広く確保できる。これらのメリットにより、以前は車内空間を広くしたいコンパクトカーでの採用が中心だったが、現在では大きなボディのクルマも含め、多くの車種がFFを採用している。

▲昔は3ナンバーのセダンといえばFRだったが、現在ではFFもある。写真はマツダ・アテンザ。

▲ミニバンは大型の車種でもFFのことが多い。写真はトヨタ・ヴェルファイア。

FFのデメリット

乗用車では前輪でクルマの方向をかえる**前輪操舵式**(ぜんりんそうだしき)が一般的。FFでは操舵と駆動の両方を行う前輪の負担が大きい。重いエンジンとトランスミッションが前方にあるため、クルマの重量バランスが前方にかたよりやすい。また、付近の構造が複雑で前輪に大きな角度をつけにくいため、FRより**最小回転半径**が大きくなりやすい。

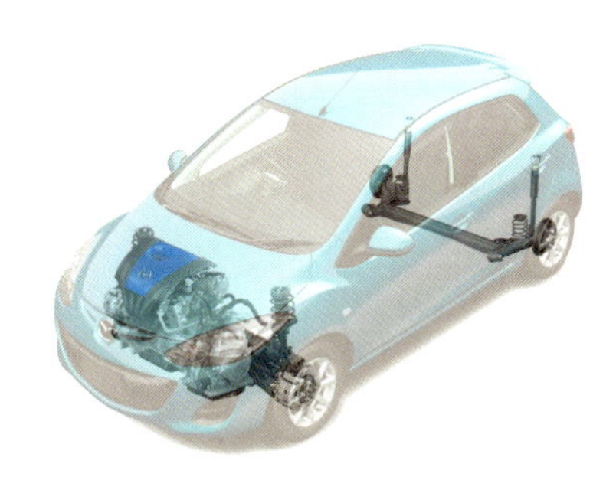
▲FFであれば後輪周辺の構造がシンプルなのでコンパクトカーでも大きな車内空間を確保しやすくなる。

FFは走行安定性が高い

FFは前輪にかかる重量が大きいため強く路面に押しつけられるうえ、駆動と操舵の両方を行うため、FRより走行安定性が高い。しかし、前輪の負担が大きいので限界性能はFRより低い。一定の速度を超えると**アンダーステア**(P192参照)になって曲がりにくくなったり、アクセル操作でクルマが急に曲がりこむ**タックイン**が起こったりしたが、こうしたクセは過去のもの。非常に無理な運転をした時でも各種の安全装置が支援してくれる。通常の走行ではFFならではの安定性を体感できる。

PART 1

FR

FRのメリット

FRではクルマの前方に備えられたエンジンとトランスミッションから**プロペラシャフト**で後輪左右中央付近にある**デフ**(P143参照)に動力を伝達。ここで左右後輪に動力を分配している。**縦置き**エンジンの後方にトランスミッションが縦置きで配置されることがほとんど。動力を伝える装置の一部が後方に配置されるため、FFよりクルマの重量バランスがよい。加速時には慣性(かんせい)によって重心が後方に移動し、後輪にかかる重量が大きくなるため、FFより加速時に駆動力(くどうりょく)を強く発揮することができる。

▲高級セダンといえばFR。写真はレクサス・LS600h。

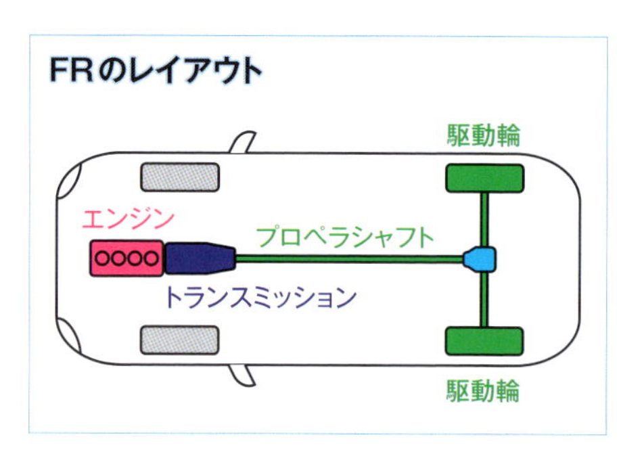

また、操舵(そうだ)と駆動を前後輪で行うため、タイヤの負担が小さくなる。前輪付近の構造がFFよりシンプルなため、大きな角度をつけることが可能で、**最小回転半径**を小さくできる。さらに、限界走行に近い状態では、アクセルワークで駆動力を変化させて、クルマの挙動(きょどう)をあやつれる。

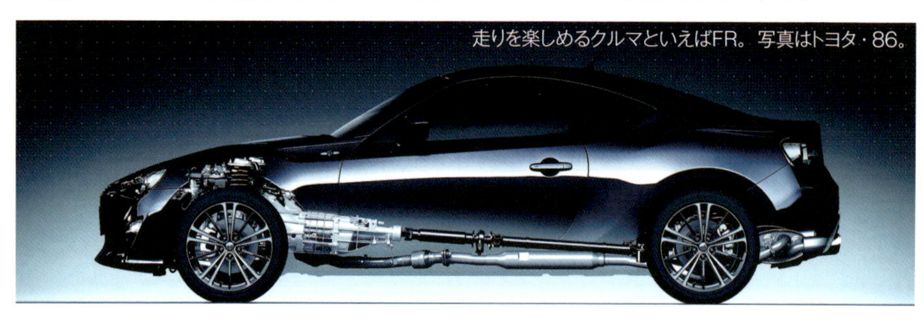

走りを楽しめるクルマといえばFR。写真はトヨタ・86。

FRのデメリット

FRでは縦置きのエンジンが一般的なので、横置きが主流のFFよりエンジンルームが長くなり、車内空間が狭(せま)くなりやすい。トランスミッションの一部も車内の空間を奪(うば)う。また、プロペラシャフトがあるため、床を低くすると**トンネル**と呼ばれるふくらみが床に必要になる。駆動輪を支えるリヤにシンプルな構造のサスペンションが採用できないため、そのスペースが車内の空間を奪うこともある。これらのデメリットがあるため、現在では採用車種は非常に少ない。走行性能を高めたいスポーツタイプのクルマや、スペースに余裕(よゆう)のあるサイズが大きな高級車での採用に限られている。

ミッドシップ

MRのメリット・デメリット

重心の近くに重量物があったほうが、クルマを旋回（せんかい）させやすく、元の状態にも戻しやすいため、エンジンを前輪と後輪の間に配置する**ミッドシップ**は、クルマのコーナリング性能を高めやすく、走行性能が向上する。**MR**であれば、FR同様に操舵と駆動を前後輪で分担するため、タイヤの負担が小さくなる。しかし、車室の空間をエンジンやトランスミッションに奪われてしまう。そのため市販車ではスポーツタイプの車種にしか採用されず、2人乗りの**2シーター**が多い。また、市販車の場合はクルマの前後中央にエンジンを置くことはむずかしいため、比較的後方にされることが多く、RRに近い配置になってしまうが、MRの場合は後輪の車軸より前方にエンジンが配置される。

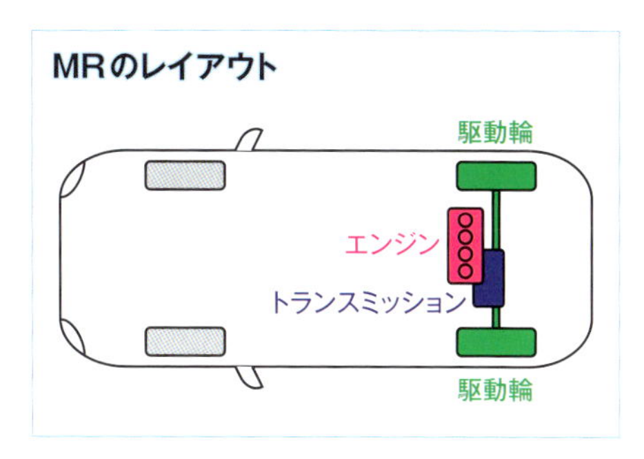

▲ホンダの次期NSXはエンジンをミッドシップして後輪を駆動、前輪はモーターで駆動する4WDになる。

▶ホンダ・S660のエンジンの位置はかなり後方だが、まぎれもないミッドシップ。

フロントミッドシップ

エンジンをクルマの前方に置くが、その重心が左右前輪の中心をつないだ線より後方になるようにしたものを、**フロントミッドシップ**と呼ぶことがある。こうすることで、前方にかたよりやすい**FF**の重量バランスを改善（かいぜん）できる。ミッドシップの運動性能の高さを利用した営業戦略上のネーミングともいえるが、効果はある。エンジンの位置が後方になるので車内空間が狭くなりやすいが、前輪を前方にすれば改善される。

PART 1

4WD

4WDは動力を4輪に分配するから安全性や走行性能が高い

4WDというと、悪路走破性や安定した雪道走行などをイメージする人が多い。確かに、こうした性能も4WDならではのものだが、4WDは走行性能や安全性を高めるシステムであるともいえる。

4WDの最大のメリットは力を分散できることだ。雪道のようなすべりやすい(摩擦の少ない)路面で、駆動輪に大きな力を伝えれば、スリップして車輪が空転する。すべりにくいアスファルト路面でも、非常に大きな力をタイヤに伝えれば**ホイールスピン**(車輪の空転)が起こる。

たとえば、エンジンに100の力があっても、30の力を駆動輪の1輪に伝えるとホイールスピンが起こる路面だと、2WDの場合は最大で60の力しか使えないが、4WDなら各駆動輪に25ずつの力を伝えて合計100の力を発揮させられるので、発進や加速の性能を高められる。10の力ですべる雪道だと、2WDは20の力が限界だが、4WDなら40まで力を高められるので、安定した走行が可能になる。

2WDの場合、駆動輪以外の2輪は路上を転がっているだけだが、4WDであれば全輪が路面をとらえていることになる。そのため、コーナリングのようにクルマの挙動が乱れやすい状況でも、4WDなら安定して走行できるため、安全性が高く、コーナリングスピードを高めやすい。4WDにはこうしたメリットがあるため、スポーツタイプのクルマに採用されることがある。

実際には、数多くの車種で4WDが設定されている。これは寒冷地での販売を前提にしたものだが、通常の走行での安全性を高めるために4WDを選択するということも十分に考えられる。

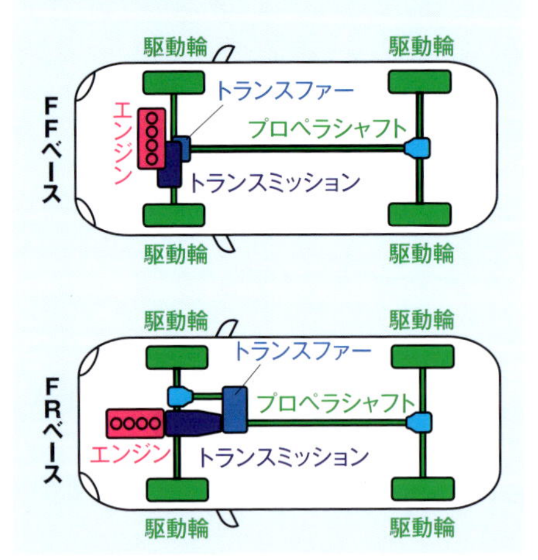

▲4WD専用に開発されたシステムもあるが、多くの場合はFFかFRをベースにしている。トランスファーとは前後に動力を分配するパーツのこと。

▼2WDだと、エンジンに100の力があっても、30の力でホイールスピンが起こるので、2輪合計で60の力しか発揮させることができない。

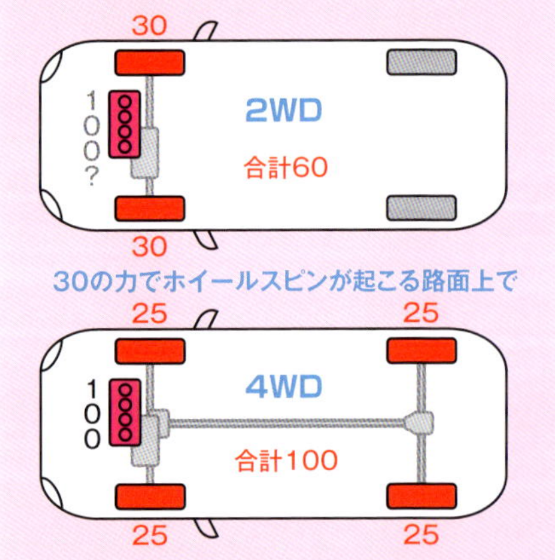

▲4WDだと、各輪に25の力を分配してもホイールスピンが起こらないので、エンジンの力100をすべて発揮させることができる。

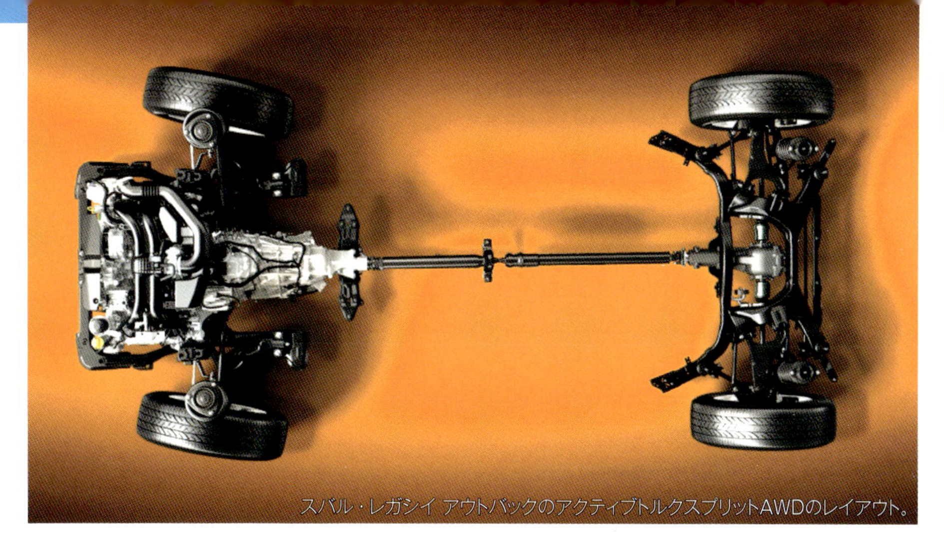
スバル・レガシイ アウトバックのアクティブトルクスプリットAWDのレイアウト。

すべての4WD車が道なき原野を走れるわけではない

2WDに比べて**4WD**は部品点数が増えるため、車両価格が高くなる。その分だけ重くなるので、燃費も悪くなる。FFと比べた場合、プロペラシャフトなどによって、車内空間が狭(せま)くなることもあるなど、4WDはデメリットも多い。

また、ひと口に4WDといっても、実際にはさまざまな構造のものがある。どんな4WDでも道なき原野を走行できるわけではない。ぬかるみで簡単にスタックしてしまう4WD車もあれば、1輪が浮いただけで走行不能となる4WD車もある。詳しくは144ページで説明するが、本格的にオフロードが攻略できるのは**SUV**のなかでも古くからクロカン車の伝統を備えたものが大半だ。

そのほかの4WDについても、高いレベルで走行性能を高めるシステムもあれば、高速走行や雪道での安全性を高める程度のものまでさまざまだ。4WDを選ぶ際には、その性格をしっかり見抜く必要がある。最近ではカタログなどで4WDの性能が詳しく解説されていないこともあるが、こうした車種の場合は高度な4WDシステムと考えにくい。しかし、それでもFFやFRに比べれば安全性が格段に高い。

◀▲どんな路面を走行できるかは、4WDの構造や機能で決まる。写真左はスズキ・エスクード、右はトヨタ・FJクルーザー。

PART 1

トランスミッション

従来からあるMTとATにCVTなどが加わった

AT車やCVT車というのは、クルマに使われている**トランスミッション**の種類を表わしたものだ。詳しくはPART6で説明するが、トランスミッションは日本語では**変速機**といい、大別すると手動操作が必要な**手動変速機=マニュアルトランスミッション**(Manual Transmission)、略して**MT**と、手動操作がまったく必要ない**自動変速機=オートマチックトランスミッション**(Automatic Transmission)、略して**AT**がある。

CVTは、Continuously Variable Transmissionの頭文字をとったもので、日本語では**連続無段変速機**と呼ばれる。自動変速が可能なため、CVTはATの一種といえるが、従来のATとは構造が大きく異なるため、ATと呼ばれることはほとんどない。単にATといった場合、従来のATだけをさすことが大半だ。

また、基本構造はMTと同じだが、コンピュータ制御で自動変速を可能にしたトランスミッションも登場してきている。これもATの一種といえるもので、**自動制御式MT**というが、通常は**AMT**(Automated Manual Transmission)と呼ばれている。AMTにはさまざまな構造のものがあるが、そのなかでは**DCT**(Dual Clutch Transmission)の採用がもっとも多い。

CVT

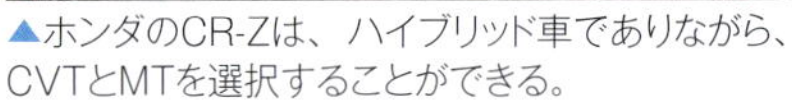

▲ホンダのCR-Zは、ハイブリッド車でありながら、CVTとMTを選択することができる。

6MT

主流はATからCVTへ

扱いやすく簡単に運転できるため、長くAT車が主流だったが、同じように簡単に操作できるうえ、CVT車のほうが燃費がいい。そのためCVT車の比率がどんどん高まってきている。採用され始めた当初のCVTは、大きなトルクが扱えなかったため小さめのクルマが中心だったが、現在では高出力エンジンのクルマにも対応している。しかし、まだまだATを主力にしているメーカーもあり、メーカーそれぞれの考え方はさまざまだ。ただし、現在では同じ車種でATとCVTが設定されていることはほとんどない。つまり、ある車種で自動変速できるタイプを選んだ時点で変速機の種類は決まってしまうということだ。実際の使い勝手にほとんど差はないので、大きな問題にはならないといえる。

なお、MTが設定される車種は非常に少なくなっている。スポーティなクルマでの採用が中心だ。

PART 1

ハイブリッド車と電気自動車

どんどん増えているハイブリッド車のラインナップ

エンジンとモーターという2種類の動力源を搭載する**ハイブリッド車**は、燃費がよく環境にやさしい（詳しくはPART7で説明）。誕生当初は限られた車種だったが、現在ではコンパクトカーはもちろん、セダンやミニバン、SUVなどさまざまなボディスタイルのハイブリッド車がある。**ハイブリッド専用車**も増えている。ラインナップの増加につれて、人気はさらに高まっている。**エコカー減税**や補助金の効果も大きいが、ハイブリッド車の販売比率の上昇は続いていて、もはや特殊なクルマではなく、普通のクルマだ。**電気自動車**など次世代自動車の本格的な普及までにはもう少し時間がかかりそうなので、ハイブリッド車の人気は今後も続きそうだ。

▲いずれの車種も国内においてはハイブリッド専用車。左からトヨタ・カムリ、日産・シーマ、ホンダ・レジェンド。

プラグインEV、燃料電池自動車、プラグインハイブリッド車

日産のリーフのような**電気自動車**（**EV**）はコンセントにプラグをさして充電を行うため**プラグインEV**という。火力発電による二酸化炭素の排出を考えなければ、走行時に**二酸化炭素**や**大気汚染物質**を排出することがまったくない環境に非常にやさしいクルマだ。しかも、ガソリンなどの燃料より電気のほうがエネルギーコストが安いので、サイフにもやさしい。連続航続距離や充電場所など、まだまだ問題が残されているが、魅力的な存在ではある。

EVには、**燃料電池自動車**（**FCEV**）もある。燃料である水素を使って車内で発電を行う。いよいよ一般的な市販が始まっている。まだまだ課題は残しているものの環境にやさしいクルマとして期待が高い。

ハイブリッド車もEVの一種と考えられる。なかでも、コンセントから充電ができる**プラグインハイブリッド車**（**PHEV**）はプラグインEVに近い存在だ。ガソリンを使わずにある程度の距離は電気だけで走行できるので、環境にやさしい使い方が可能だ。

▼プラグインEV、日産・リーフ。

▼燃料電池自動車、トヨタ・MIRAI。

▼プラグインハイブリッド車、トヨタ・プリウスPHV（写真はアメリカ仕様）。

PART 1

モデルと仕様

クルマの名前

クルマはさまざまな**車種**が販売されている。こうした車種のことを**モデル**ともいう。車種を表現する場合、一般的にはプリウスやフィットといった名前が使われる。こうした名称は商品名といえるもので、**ペットネーム**と呼ばれる。しかし、公的な書類のうえでは、クルマは**車名**と**型式**(かたしき)で分類されている。カタログの諸元表などには必ず型式が表示されている。**車検証**で使われるのも車名と型式だ。車名には通常は自動車メーカー名が使われ、型式はアルファベットと数字による記号だ。型式は車種が同じでも駆動方式(くどうほうしき)やグレードによって違うこともある。また、車検証の**車体番号**(クルマ1台1台の識別番号(しきべつばんごう))には、型式の記号の一部が頭に記載される。

クルマに関連する型式には**エンジン型式**もある。公的な書類上でのエンジンの分類記号といえるもので、車検証では原動機の型式の欄に記載されている。

▲マニアは型式名の一部で車種を表現することがある。ハチロクと呼ばれた1983年発売のトヨタ・カローラレビンの型式名の共通部分はAE86。その思想が、トヨタ・86に受けつがれた。

フルモデルチェンジとマイナーチェンジ

車種の名前を保ったままクルマが改良されることを**モデルチェンジ**といい、**MC**と略される。このうち全面的に改良されることを**フルモデルチェンジ**や**全面改良**といい、**FMC**と略される。FMCの場合は**型式**(かたしき)もかわる。部分的な改良の場合は**マイナーモデルチェンジ**といい、**MMC**や**MC**と略される。MMCの場合は各グレード共通の型式名の頭の部分はそのまま継続(けいぞく)される。日本ではFMCが4～6年のサイクルで、その中間にMMCが行われるのが一般的だった。MMC以前のものを**前期型**、以降のものを**後期型**と呼ぶ。しかし、FMCのサイクルは長くなる傾向があり、複数回のMMCが行われることもある。

また、**一部改良**や**仕様変更**が行われることがある。これらの用語の意味はメーカーによって異なるが、通常はMMCより小規模な技術的な改良だ。外観の変更がともなう場合をMMCと表現するメーカーが多いが、これを一部改良として発表するメーカーもある。ほかにも、定期的にほぼ1年ごとに一部改良が行われることもある。FMCのサイクルが長い欧米では一般的な方法で**年次改良**といい、それぞれの年度のものを**イヤーモデル**という。

▼ステップワゴンは2009年10月にFMCを受けて4代目に。2012年4月のMMCを経て、2015年3月のFMCで5代目に生まれかわった。写真はすべてスパーダ。

4代目前期型

4代目後期型

5代目

寒い地域でも安心してクルマが使える仕様

寒冷地仕様車とは、寒い地域での使用を前提として装備されたクルマのこと。充電・始動装置や冷却装置の低温対策のほか、ワイパーや暖房能力の強化などがある。ヒーター付ドアミラー（P067参照）やワイパーディアイサー（P081参照）などが組み合わされていたりもする。当然、標準仕様より価格が高い。寒冷地仕様車でないと寒冷地で使えないわけではないが、仕様車であれば安心なのは確かだ。ただし、寒冷地仕様はすべてのメーカーの全車種にあるわけではない。設定がない場合は、寒冷地でも問題なく使用できるように最低限の対策は行われているといえる。

グレードと特別仕様車

エンジンや装備が異なる仕様がある場合、それぞれの仕様を**グレード**といい、グレード名が与えられて分類される。以前はアルファベットなどの記号だけだったが、現在では**パッケージ**や**バージョン**、**エディション**、**タイプ**、**セレクション**などが記号や名称にそえられることが多い。

スペシャルエディションとも呼ばれる**特別仕様車**は、本来はオプションの装備が加えられていたり、それまでにはないボディカラーや内装にしたモデルのこと。価格がおさえられていることが多い。台数や期間が限定されることが多いので**特別限定車**や**限定モデル**とも呼ばれる。こうした特別仕様車に対して、通常のカタログに掲載されているグレードを**カタログモデル**という。

▲上から3台の型式はいずれもDBA-HA36S。仕様違いで、ターボRSやワークスはグレード名ととらえることもできる。一番下のアルト バン（商用車）はアルトと同じように見えるが型式はHBD-HA36V。

オプションと社外品

クルマの装備のうち、そのグレードに無条件で装備されているものを**標準装備**といい、注文で装備できるものを**オプション装備**という。オプション装備は、その車種に採用されているどんな装備でも選べるわけではなく、グレードによって装備できるオプションには制限がある。また、単独では取りつけることができず、複数の装備をまとめて装着しなければならない**パッケージオプション**（**セットオプション**）もある。

オプションには工場の製造ラインで装着する**メーカーオプション**と、販売店で取りつける**ディーラーオプション**がある。メーカーオプションは新車の購入時にしか装着できないものがほとんどだが、ディーラーオプションは購入後にも取りつけられるものが多い。こうした装備や消耗品などのうち、自動車メーカーやディーラーが扱っているものを**純正**や純正品といい、他のメーカーのものを**社外品**という。

PART 1

福祉車両

すべての人の行動範囲を広げてくれるクルマ

身体にハンディキャップのある人や高齢者などが使いやすいようにしてあるクルマを**福祉車両**という。自動車メーカーが非常に力を入れていて、さまざまなタイプをラインナップしている。乗り降りしやすい回転シートやステップが備えられたタイプ、車いすから乗りうつりやすかったり、移乗を介護しやすいタイプ、リフトやスロープで車いすごと乗りこめるタイプなどがある。介護施設への送迎のためばかりではない。福祉車両を使えばレジャーや旅行など行動範囲を広げられる。

回転シートタイプ

▲セダンなど車高の低い車で助手席のシートが回転して乗り降りしやすくするタイプ（マツダ・デミオ）。

回転チルトシートタイプ

▲回転した助手席のシートがさらに少し傾斜して乗り降りしやすくするタイプ（トヨタ・プリウス）。

助手席リフトアップシートタイプ

▲ミニバンなどで回転させた助手席を低い位置に下ろすことができるタイプ（ホンダ・ステップワゴン）。

後席リフトアップシートタイプ

▲ミニバンなどでリフトアップシートが後席に装備されるタイプ（トヨタ・ノア）。

スロープ式車いす移動車

◀車両後方にスロープを設けて車いすを乗せられるタイプ。走行中は車いすを固定することができる（ホンダ・N BOX+）。

リフト式車いす移動車

▲カーゴスペースに備えられたリフトで車いすを乗せたり降ろしたりできるタイプ（日産・セレナ）。

脱着シート式車いす移動車

▲車内のシートが車いすとしても使うことができるタイプ（トヨタ・アルファード）。

福祉車両には税金の優遇制度などがある

身障者手帳をもっている人なら、**自動車税**が減免されたり、助成金がもらえることもある。また、身障者手帳の有無にかかわらず、条件を満たしている福祉車両は**消費税**の減免が受けられる。条件は福祉車両として認められる装備が装着されていることだが、助手席の回転シートだけでは認められないことが多い。また、購入時や福祉車両への改造時の資金貸付を行っている自治体もある。

これらの制度の窓口は市区町村が大半なので、まずはどんな制度があるかを問い合わせてみるといい。ディーラーに詳しいスタッフがいることもある。的確な回答やアドバイスがもらえるようなら、信頼できるディーラーといえる。

ハンディキャップのある人が運転するクルマも福祉車両

福祉車両には介護用だけではなく、身体にハンディキャップのある人が自分で運転するクルマも含まれる。こうしたクルマを**自操式福祉車両**という。さまざまなメーカーが用意しているが、障害の部位や度合いは人によってさまざま。あくまでもベース車両であり、改造が必要になることも多い。もっとも多いタイプは、下肢に障害のある人のためのもので、車いすから運転席にうつることができ、両手で運転操作ができる**手動運転補助装置**。運転席が車いすになるタイプもあったりする。また、両上肢が不自由な人が足だけで運転できる**足動運転補助装置**もある。

▲ホンダの足動運転補助装置、フランツシステム。左足の部分に備えられたステアリングペダルを踏んだり戻したりすることでハンドルを操作できる。

▲ホンダの手動運転補助装置、テックマチックシステム。左手側のコントロールレバーを前に押すとアクセルになり手前に引くとブレーキになる。

ハンディキャップのある人でも自動車運転免許を取得できる

各都道府県の運転免許試験場や運転免許センターの運転適性相談窓口で、クルマを運転する能力があるか、どんなクルマなら運転できるかを相談し適性検査を受ける必要がある。ここで適格（免許の種別や車両に条件がつけられることが多い）になれば、免許を取得してもよいことになる。後は、条件を満たしたクルマがある教習所で運転技術を習い、試験に合格すればOKだ。教習所に条件を満たしたクルマがあるとは限らないが、事前に購入したクルマでの教習を行ってくれる教習所もある。

PART 1

環境性能

環境も気になるが、経済性はもっとも気になる

ユーザーの関心がもっとも高い**環境性能**が燃費だ。環境だけでなくサイフにも直結している。メーカーが燃費を公表する際に使用している表示方法は、2018年10月に**JC08モード燃費**から**WLTCモード燃費**に変更された。世界共通の燃費測定方法を目指して制定されたもので、EUでもすでに採用されている。日本のWLTCモードの走行パターンは市街地(Low)モード、郊外(Medium)モード、高速道路(High)モードの3種類に分けられている。実際の燃費表示では、WLTCモード全体の燃費に加えて、3種類の燃費も示される。なお、日本では採用されていないが、EUでは上記3モードのほかに、100km/h超の走行が行われるEx-Highモードが加えられている。新しい燃費表示でも実走行燃費との間には差が生じるだろうが、車種を比較する際にはある程度の目安になってくれる。

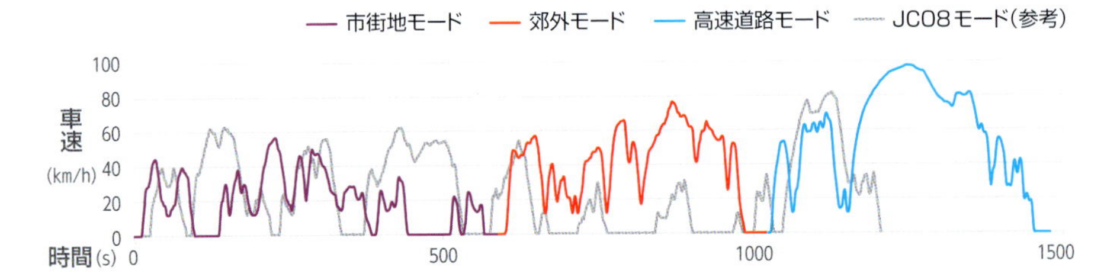

2030年度燃費基準

2030年度燃費基準とは2020年1月に公布された「エネルギーの使用の合理化等に関する法律施行令の一部を改正する政令」にもとづき、2030年度までに達成すべき目標基準値として策定された燃費基準だ。この基準の達成度合いに応じて**燃費優良車**として認定される。

▲燃費基準55%達成の0.5星から100%達成の5つ星まで、0.5星単位で10段階ある。以前は、2020度燃費基準をもとに認定されていた。

低排出ガス車認定制度

排出ガスに含まれる有害物質が、最新規制値よりどのくらい削減(さくげん)されているかを示すための制度。平成28年10月以降に新たに型式認定を受けたクルマで、**平成30年排出ガス基準**に対し50%低減したものは**★★★★低排出ガス車**、75%低減したものは★★★★★低排出ガス車)として認定される。

▲平成28年10月以前に型式認定を受けたクルマには平成17年排出ガス基準が適用される。

製造から廃棄まですべての段階で環境にやさしいクルマを…

環境への影響はクルマの走行中ばかりではない。製造から廃棄まで、さまざまな段階で影響を与える。こうした影響を**LCA**（Life Cycle Assessment）といい、総合評価する手法がISO14040シリーズで国際標準化されている。たとえばリサイクル素材やリサイクルしやすい素材の採用、解体性の向上、素材名の表示、部品単一素材化などによってリサイクル性を向上させている。**リサイクル可能率**（日本自動車工業会の算出方法によるガイドライン）が表示されることも多い。

リサイクル素材の採用例
（日産・リーフ）

新車で体調が悪くならないように

VOCとはホルムアルデヒドやアセトアルデヒド、トルエンなどの**揮発性有機化合物**のこと。大気や水に放出されると健康被害や公害を引き起こす。新築の住居で体調が悪くなるシックハウス症候群の原因になり、クルマでも同様の症状が起こることがある。こうした**シックカー症候群**を防ぐために、各メーカーは内装部品の素材や接着剤の見直しによってVOCの発生量の低下につとめている。基準には厚生労働省が定める室内濃度指針値や、さらにきびしい業界自主目標がある。

総合的な環境性能は環境仕様でわかる

燃費や排出ガス、リサイクル性などの環境性能は、車種ごとの**環境仕様**にまとめられていて、詳細な情報を知ることができる。環境仕様はクルマのカタログに記載されていたり、メーカーのホームページで確認できたりすることが多い。

▼環境仕様の例

燃料消費率	JC08モード	燃料消費率 *1（国土交通省審査値） km/L	37.0	33.8
		CO_2排出量 g/km	63	69
	参考		「平成32年度燃費基準 *2」をクリアしています。	
	主要燃費改善対策		ハイブリッドシステム、アイドリングストップ装置、電気式無段変速機、可変バルブタイミング機構、電動パワーステアリング	
排出ガス	認定レベルまたは適合規制（国土交通省）		SU-LEV *3*4	
	認定レベル値または適合規制値（g/km）	CO	1.15	
		NMHC	0.013	
		NOx	0.013	
車外騒音	適合騒音規制レベル	dB-A	加速騒音規制値：76	
冷媒の種類（GWP値 *5）/使用量		g	HFC-134a（1,430 *6）/420	
環境負荷物質削減		鉛	自工会自主目標達成（1996年比1/10以下）	
		水銀	自工会自主目標達成（2005年1月以降使用禁止）	
		カドミウム	自工会自主目標達成（2007年1月以降使用禁止）	
		六価クロム	自工会自主目標達成（2008年1月以降使用禁止）	
車室内VOC			自工会自主目標達成	
リサイクル関係	リサイクルし易い材料を使用した部品	TSOP *7	バンパー、リヤコンソールボックス、インストルメントパネル	
		TPO *8	フロントスポイラー、カーテンシールドエアバッグ	

PART 1

安全性能

衝突試験などの客観的な評価を行う自動車アセスメント

自動車アセスメントとはユーザーが安全なクルマを選びやすくするとともに、メーカーが安全なクルマを開発することで、安全なクルマの普及を促進しようとするもの。国土交通省が実施していて(実施機関は自動車事故対策機構)、**JNCAP**(Japan New Car Assessment Program)と呼ばれる。平成23年度からは、**新安全性能総合評価**として、車種別に**乗員保護性能評価**(100点満点)、**歩行者保護性能評価**(100点満点)、**シートベルトリマインダー評価**(8点満点)の合計208点満点で5段階評価が行われている。乗員保護性能評価では、**フルラップ前面衝突試験**、**オフセット前面衝突試験**、**側面衝突試験**、**後面衝突頚部保護性能試験**の4種類の試験、歩行者保護性能評価では**歩行者頭部保護性能試験**と**歩行者脚部保護性能試験**が行われる。対象車種については、**ブレーキ性能試験**と**後席シートベルト使用性評価試験**の結果も公表される。残念なことに、すべての車種で実施されているわけではないが、評価結果は国土交通省や自動車事故対策機構のホームページで確認できる。自動車メーカーでも同様、もしくはそれ以上に過酷な実験を行い、クルマの安全性を高めることにつとめている。

▲自動車メーカーでも独自の衝突実験を行うことで安全性向上につとめている(ダイハツ・ウェイク)。

▼新安全性能総合評価の公表例。

●フルラップ前面衝突試験

乗員保護性能			頭部	頚部			胸部		下肢部			車体変形		ドアの開扉性 / 衝突後の燃料漏れ	救出性
	レベル1 2 3 4 5		傷害値【HIC】	せん断荷重【kN】	引張荷重【kN】	伸展モーメント【Nm】	合成加速度【m/s²-3m秒】	胸部変位【mm】	大腿骨荷重【kN】 右脚 / 左脚	右下肢 上部TI / 下部TI	左下肢 上部TI / 下部TI	ステアリング変形量[mm] 後方移動量 / 上方移動量	ブレーキペダル変形量[mm] 後方移動量 / 上方移動量		
運転席	レベル5	11.18点 (93.2%)	306.6	0.47	1.62	18.12	364.27	28.14	2.30 / 2.68	0.27 / 0.14	0.28 / 0.20	0 / 1	14 / 30		
助手席	レベル4	9.80点 (81.7%)	317.0	1.08	1.09	18.55	463.74	27.40	1.29 / 0.91	0.52 / 0.24	0.71 / 0.27				

●オフセット前面衝突試験

乗員保護性能	二次衝突	頭部	頚部			胸部		下肢部				車体変形		ドアの開扉性	救出性
		傷害値	せん断荷重	引張荷重	伸展モーメント	合成加速度	胸部変位	ラップベルト	大腿骨荷重【kN】	右下肢	左下肢	ステアリング変形量[mm]	ブレーキペダル変形量[mm]		

先進安全装置も客観的に評価する予防安全性能アセスメント

平成26年度からは自動車アセスメントの一環として、**予防安全性能アセスメント**も行われている。こちらは**先進安全装置**(P184～参照)の性能を評価するもので、**衝突被害軽減ブレーキ**(32点満点)と、**車線逸脱防止支援システム**(8点満点)の合計40点満点で性能評価が行われ、2点以上は**ASV**、12点以上は**ASV+**として認定される。ASVとは**先進安全車**を意味する。こちらの評価結果もインターネットで確認できるし、ASV+を認定された車種についてはメーカーがカタログやホームページなどでアピールしていることが多い。

▲先進安全車ASV+の認定を受けたクルマに表示することができるステッカー。

JNCAPでは、ほかにも**チャイルドシートアセスメント**を行っている。**前面衝突試験**と**使用性評価試験**による評価を行い、その結果をチャイルドシートの安全性能として公表している。

万一の事故時には歩行者も保護する安全なボディ

歩行者を保護することも、安全なクルマ社会には欠かせないもの。そのため**歩行者頭部保護基準**が定められている。フロントバンパーやボンネットなどさまざまな部分で、対人事故の際に歩行者の頭部や脚部への衝撃緩和に配慮した構造が採用されている。こうした構造のボディは**歩行者傷害軽減ボディ**という。車種によっては、歩行者事故の際にボンネットの後ろ側を持ち上げて硬いエンジンなどとの間に空間を作ることで、歩行者の頭部に与える衝撃をやわらげる**ポップアップエンジンフード**が採用されている。

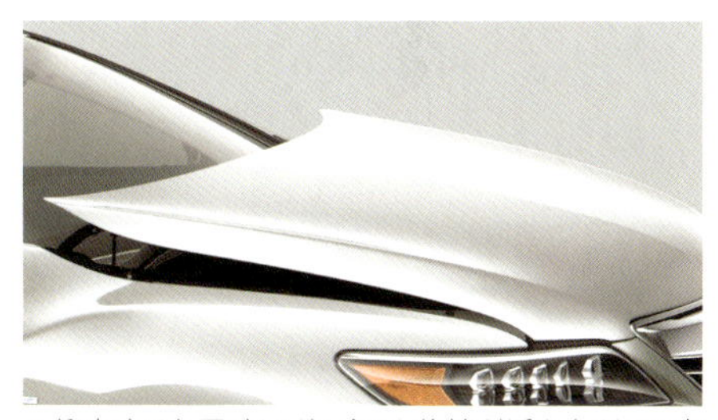
▲衝突すると同時にボンネット後端が浮き上がって空間を生みだすことで歩行者への衝撃を緩和するポップアップフードシステム(ホンダ・レジェンド)。

自車の乗員だけでなく事故の相手車両も保護

事故の際に保護すべき対象は、自車の乗員や歩行者ばかりではない。車両対車両の事故においては、相手車両の乗員にダメージを与えてしまうこともある。そのため現在では、自車の安全性を確保すると同時に相手車両に対する攻撃性を低減させるボディ構造も採用されるようになってきている。こうしたボディ構造を**コンパティビリティ対応ボディ**などという。

▲ダイハツによるサイズの異なるクルマの衝突実験。

PART 1

スペック

クルマの基本仕様がわかる諸元表

クルマのさまざまな性能は**諸元表**(しょげんひょう)にまとめられていて、カタログやホームページで確認できる。**主要諸元**(しゅようしょげん)として表示されていることもある。こうした諸元は、**スペック**とも呼ばれる。スペックとは仕様や性能を意味する英語のSpecification（スペシフィケーション）を略したもので、「スペックが高い」といった使われ方もする。

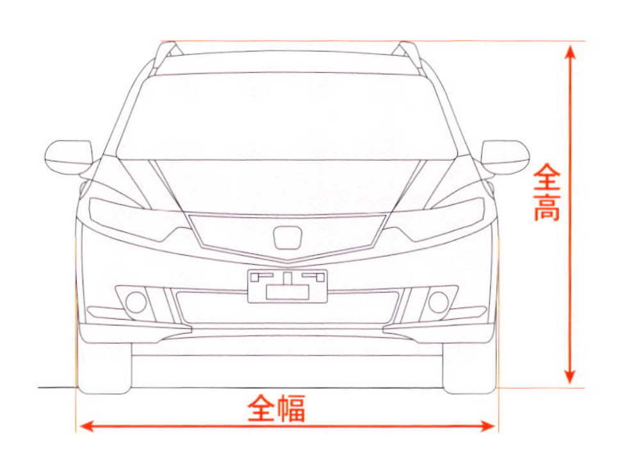

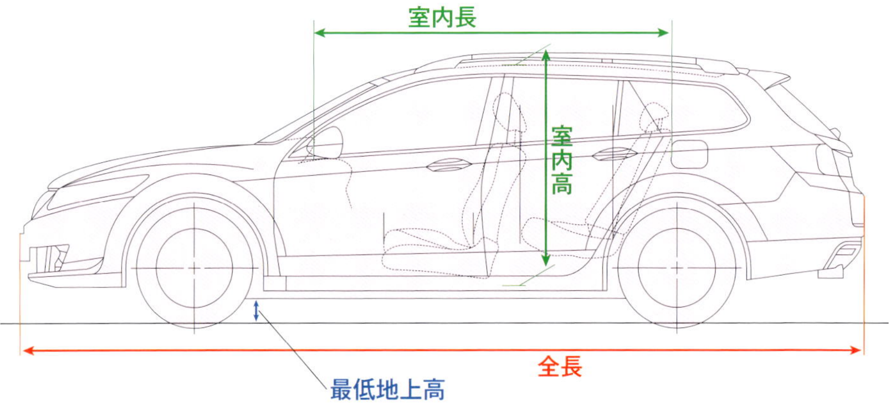

諸元表に記載されたサイズや重量の意味は…

室内寸法(しつないすんぽう)の測定方法には、それぞれに決まりがあるが、**室内高**と**室内幅**はもっとも高い部分や広い部分で測定したものと考えればいい。**室内長**は、インストゥルメントパネルのもっともでっぱった部分から、最後列のシートの背の後端(こうたん)までを測定している。諸元表の寸法のうち、**全長**(ぜんちょう)、**全幅**(ぜんぷく)、**全高**(ぜんこう)は12ページに説明してある。これらの寸法は**四面図**や**三面図**でも確認できる。四面図とは前、後ろ、横、上から見たクルマの図だ。上または後ろからの図を省略した場合を三面図という。こうした図は、カタログにも掲載されていることが多い。

車両重量とは、人間は乗車せず、オイルや水、燃料タンク容量の90%以上の燃料など走行に必要なものを含めた重量のこと。オイルや水などをのぞいた場合は**乾燥重量**という。また、**4ナンバー**の場合は、車両重量に55kg×乗車定員数が加えられた**車両総重量**が表示される。

最低地上高とは、平坦(へいたん)な路面にクルマを置いた時、地上から車体のもっとも低い部分までの高さのこと。**ロードクリアランス**や**グランドクリアランス**ともいう。ただし、サスペンション関連の部品のうち動く部分や、泥よけなどは車体に含まれない。

車内の広さは座って感じるのがベスト

室内寸法はひとつの目安にはなるが、実際に乗ってみて感じる車内の広さや狭さは数値だけではわからない。カタログなどでは数値化されないシートに座った時の頭上の余裕（**ヘッドクリアランス**）や、ひざの前の余裕（**ニークリアランス**）も重要だ。また、2列目シートや3列目シートの圧迫感や開放感は、実際の広さだけでなく視界にも影響される。前方や左右がよく見えると、圧迫感が弱くなり広く感じるもの。

▲試乗の際には運転席だけでなく、ほかのシートにも座ってみるべきだ。クリアランスは体感してみるのがいちばんわかりやすい（ホンダ・ヴェゼル）。

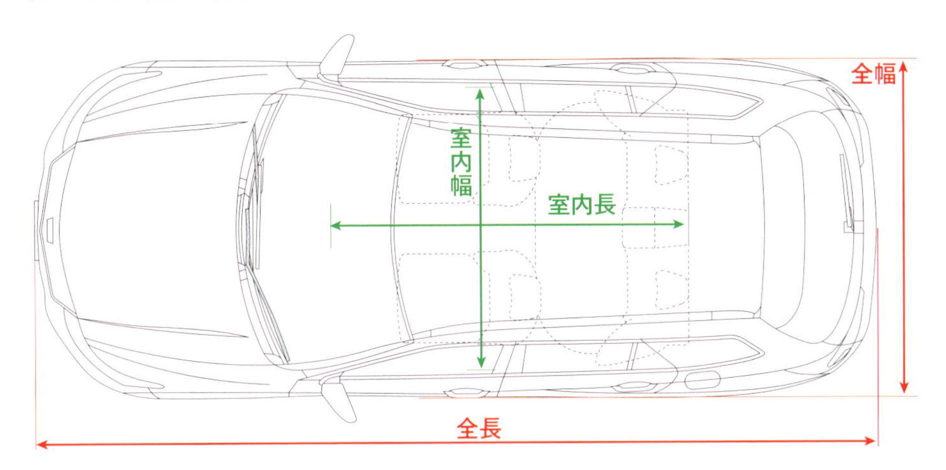

荷物スペースの大きさも数値だけではわからない

諸元表に記載されていないことがほとんどだが、カタログなどにはトランクルームや荷室の大きさが表示してあることもある。幅や奥行き、高さのほか、○○ℓのように**トランク容量**や**荷室容量**が記載されていることもあるが、室内寸法同様にあまり数値を信じないほうがいい。容積が大きくても、積みにくい荷室もあれば、後輪部分のはりだしが大きくて、幅のある荷物が積みにくいこともある。実際の試乗の際に持ちこむのは面倒だが、ゴルフのキャディーバッグやスーツケースなど、自分で大きさの感覚をつかんでいるものを積んでみるとわかりやすい。

◀▼カタログの写真だけではどんな大きさのスーツケースなのかわからない。ゴルフバックはサイズが表示されていたりするが、やはり実際に確かめるのがベスト。

快適性を重視してホイールベースを大きくとることが多い

ホイールベースとは、左右前輪の中心軸と、左右後輪の中心軸の距離のこと。また、ホイールベースの外側の部分を**オーバーハング**といい、前輪中心軸からクルマの前端までを**フロントオーバーハング**、後輪中心軸から後端までを**リヤオーバーハング**という。

ホイールベースが長いほど、ゆれが小さくなるので乗り心地がよくなり、直進安定性が向上する。車内空間も広く確保できる。逆にホイールベースが短いと小回りがきき、車体の剛性が向上する。現在では、車内空間を優先して、ホイールベースを大きくとる傾向が強い。軽自動車やコンパクトカーでは、タイヤ前後のオーバーハングがわずかしかない車種もある。

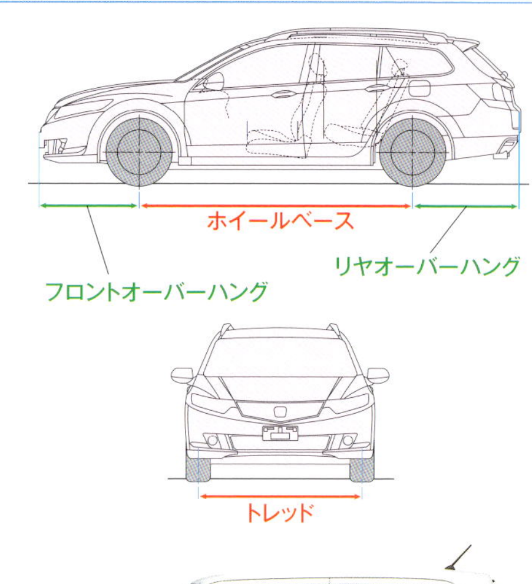

▲軽自動車はオーバーハングを小さくしてホイールベースを長くすることが多い(スズキ・アルト ラパン)。

車幅からトレッドは決まる

トレッドとは左右輪接地面の中心距離のこと。前輪のものを**フロントトレッド**、後輪のものを**リヤトレッド**といい、前後は等しいか、差があったとしてもわずかなもの。ホイールベースの場合と同じように、トレッドが広いほうが、乗り心地がよく直進安定性がよくなるが、小回りがきかなくなる。しかし、トレッドは設計段階で先に決まっているクルマの全幅に合わせて決められることがほとんどだ。

▲コンパクトカーもオーバーハングが小さい。ハッチバックでは特にリヤオーバーハングを小さくして車内空間を広くする傾向がある(マツダ・デミオ)。

小回り性の目安は最小回転半径で確認できる

最小回転半径とは、ハンドルを最大に切った状態で、カーブの外側になる前輪の接地面中心が描く円の半径のこと。小回り性の目安になるが、実際にはフロントオーバーハングが大きいほど、小回りがむずかしくなる。こうした実際に回転できる半径を**実用最小回転半径**という。

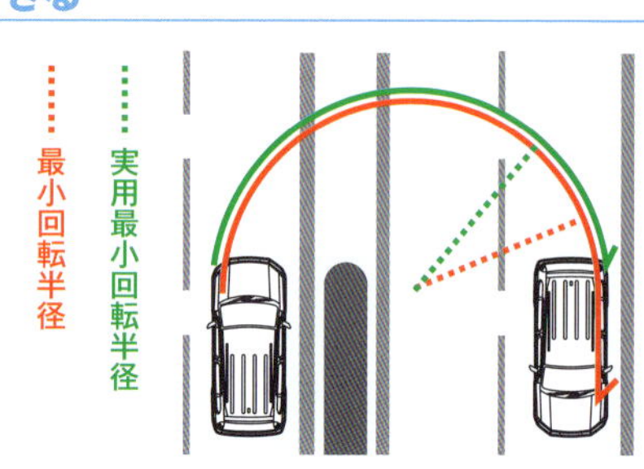

PART 2

ボディ

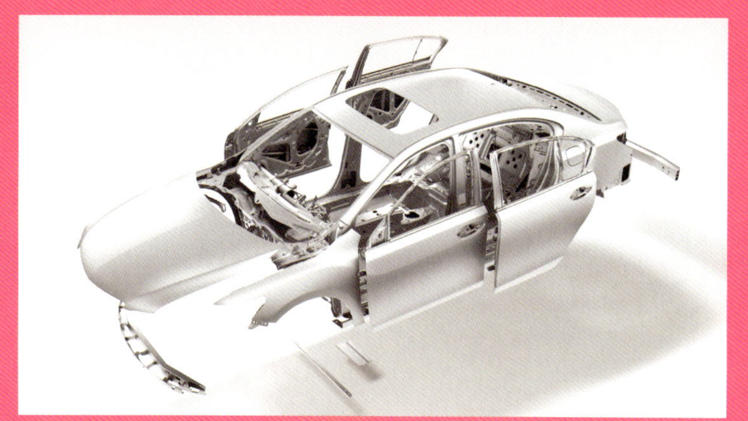

●ボディ構造　046
●ボンネット&バンパー　048
●ドア　049
●テールゲート&トランクリッド　050
●衝突安全ボディ　051
●エアロダイナミクス　052
●エアロパーツ　054
●塗装　056

PART 2

ボディ構造

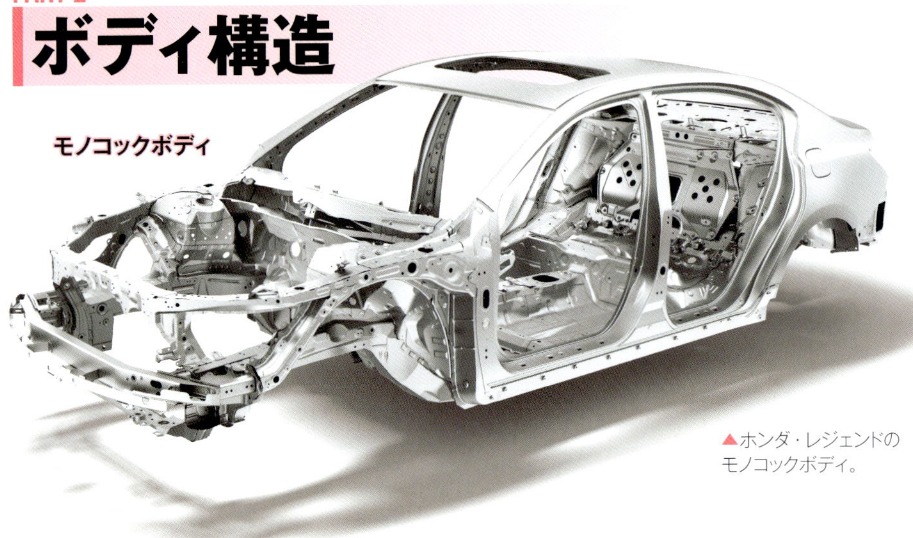

▲ホンダ・レジェンドのモノコックボディ。

軽量になるモノコックボディ

現在の乗用車のボディは**モノコック構造**を採用していることがほとんどで、**モノコックボディ**と呼ばれる。モノコックは日本語では**応力外皮**（おうりょくがいひ）といい、1枚の板だけでは強度を作りだすことができないが、折り曲げたり箱状にすると、全体として強度を高めることができるという考え方だ。昔の乗用車のような**フレーム構造**より軽量化が可能となる。

ただ、モノコックだけでは十分な強度が作りだせないこともあり、エンジンや足まわりを支えるような部分や事故の衝撃を受け止める部分には補助的な骨格（こっかく）となる**サブフレーム**が備えられることもある。

強い力にも耐えられるフレーム構造

フレーム構造は現在でもトラックなどでは一般的だが、一部の乗用車では今も採用されている。たとえば、本格的なオフロード走行を前提としたSUVの場合、路面の凹凸によって、サスペンションから強い力が伝わったりボディがねじれる可能性があるため、強固なフレーム構造で力を受け止めている。フレームは、その形状がはしごのようであるため**はしご形フレーム**や**ラダーフレーム**という。こうしたフーム上に備えられるボディも乗用車ではモノコック構造だといえる。また、フレームとモノコックボディを完全に一体化した**ラダーフレームビルトインモノコックボディ**を採用するSUVもある。

▲トヨタ・ランドクルーザーのラダーフレーム。

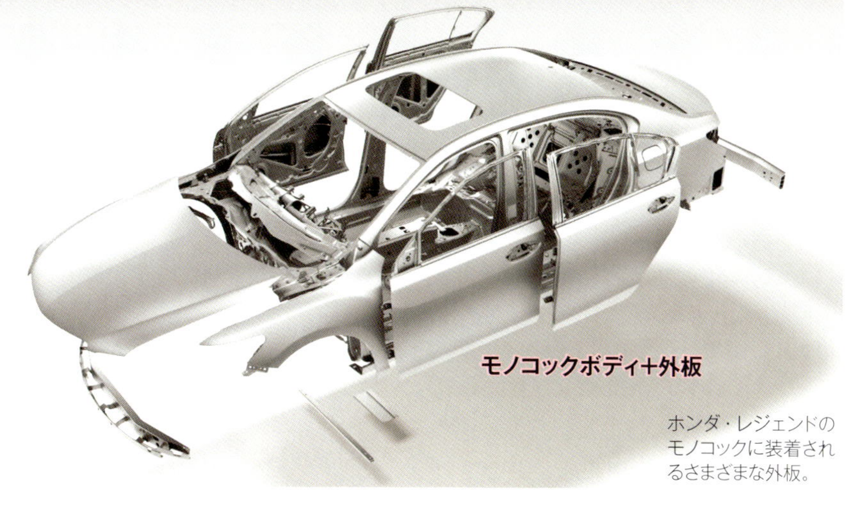

ホンダ・レジェンドのモノコックに装着されるさまざまな外板。

さまざまなパーツが加えられてクルマの外観が完成する

モノコックボディだけでクルマの外観が完成するわけではない。**ドア**や**トランクリッド**(または**リヤゲート**)、**ボンネット**などの開閉する部分が必要だ。クルマ全体としての強度は、こうした開口部(かいこうぶ)を閉めた状態を前提としている。さらに、**バンパー**や**ドアミラー**などのエクステリアが加えられてクルマの外観が完成する。これらモノコックに取りつけられてボディ形状の一部を構成する部品を総称して**ボディ外板**(がいはん)や単に**外板**という。軽量化のためにさまざまな部分に**樹脂外板**(じゅしがいはん)が採用されるクルマもある。

▲ダイハツ・ウエイクの樹脂外板採用箇所。

骨格構造を採用することで着せ替えが可能になった樹脂外板

モノコックやフレームという従来のボディ構造にとらわれず、**骨格構造**によってクルマの安全性とスポーツカーとしての剛性を実現しているのがダイハツの**D-Frame**だ。ボディが**骨格+樹脂外板**によって構成されているので、クルマを購入後であっても、外板を交換することで、カラーはもちろん異なったデザインへも変身させることができる。

▲ダイハツ・コペンは骨格構造に樹脂外板を装着。

PART 2
ボンネット&バンパー

エンジンルームをおおうボンネット

エンジンルームのカバーとなるのが**ボンネット**で、**エンジンフード**とも呼ばれる。整備のうえで必要不可欠なもの。ボディと同じ鋼板が使われるのが一般的だが、軽量化のために**アルミ製ボンネット**が採用されることもある。チューニング用パーツのなかには、さらに軽量化が可能な**FRP製ボンネット**もある。通常ボンネットに開口部はないが、エンジンや過給機を冷却するために、**エアスクープ**や**エアダクト**と呼ばれる開口部を備えることもある。

▲スバル・レヴォーグに備えられたボンネットのエアスクープ。エンジンルームの冷却に貢献する。

衝撃を受け止めるバンパー

クルマの前後に備えられ、衝突の際の衝撃を受け止めるパーツを**バンパー**という。昔は金属製の**メッキバンパー**が多かったが、現在は**樹脂製バンパー**がほとんど。ボディのアウトラインの一部を構成していて、塗装が施されている。しかし、樹脂だけでは衝撃を吸収できないため、内部に**バンパーリインフォースメント**と呼ばれる金属製のパーツが備えられている。樹脂の部分は強い力を受けると割れたり変形したりするが、**自己復元性**を備えたものもあり、小さな変形なら復元する。

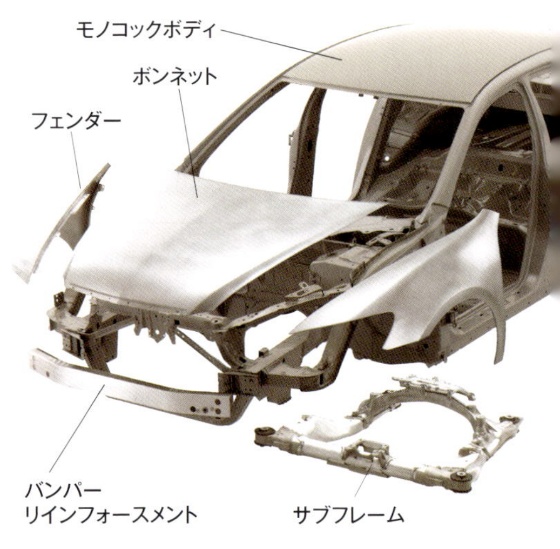

▲商用車でも塗装されていないバンパーは少数派になっている(日産・AD)。

バンパーの色

カタログの装備表を見ると、**カラードバンパー**と表示されていることがある。今ではボディと同色が当たり前だが、樹脂製バンパーが採用された当初は、素材の色である黒やグレーがほとんどで、ボディカラーにそろえられたものは重要なアピールポイントだった。そのなごりでカラード(色づけされた)と表現される。同じようにドアミラーでも**カラードドアミラー**と表現されることがある。

ドア

乗員が乗り降りするスイングドアとスライドドア

乗員が乗り降りする**ドア**は、家庭のドアと同じ開き戸で、クルマの進行方向側にヒンジ(蝶番)を備えた**スイングドア**(**ヒンジドア**)が一般的だが、ほかにもふすまのように開閉する引き戸(**スライドドア**)を採用しているクルマもある。スイングドアの場合、大きく開くためにはクルマの横に大きな空間が必要になる。スライドドアならこうした空間は不要で、開口部を大きくすることができる。そのため3列目シートの乗り降りのために開口部を大きくしたいミニバンではリヤドアにスライドドアが採用されることが多い。トールワゴンで採用されることもあり、軽自動車での採用例も多い。

スイングドア

▲スイングドアの場合、クルマの側面にある程度の空間がないと、ドアを大きく開けない。

スライドドア

▲ミニバンが登場した当初は片側だけがスライドドアという車種もあったが、今では両側スライドドアが当たり前だ。

安全なオートクロージャーと電動スライドドア

スライドドアでは半ドア状態にすると自動的にドアが閉まる**オートクロージャー**が採用されることがある。自動で開けたり閉じたりできる**電動スライドドア**(**パワースライドドア、オートスライドドア**)の採用も多い。こうしたドアには安全のために**挟みこみ防止機能**が備えられていることが大半だ。なお、オートクロージャーはスイングドアに採用されることもある。安全確実にドアを閉めることができるが、採用しているのは高級車に限られる。

キーレスエントリーを採用している車種では、ドアノブなどに備えられたボタンを押すだけでスライドドアを開閉できる機構が採用されることもある。これを**ワンタッチパワースライドドア**や**ワンアクションオートスライドドア**などといい、雨の日などには便利だ。さらに進化した**ウェルカムパワースライドドア&予約ロック機能**の場合は、事前に予約しておけば、乗車時にリモコンを持った人間が一定距離に近づくとスライドドアが開き、下車時にはクルマからはなれるとドアが閉じてロックされる。

ワンタッチオートスライドドア

▲傘や荷物で手がふさがっているときに、ワンタッチでスライドドアをオープンできるとありがたい。

PART 2

テールゲート&トランクリッド

荷室を開閉するテールゲート

荷室（にしつ）のドアは**テールゲート**や**リヤゲート**といい、はね上げ式ドアが多いため**リヤハッチ**とも呼ばれる。ロックは車外からリモコンやキーで操作できるが、運転席のスイッチで操作できる車種もある。ダンパーで開いた状態を保持することが多いが、運転席のスイッチやリモコンで開閉できる**電動テールゲート**（**パワーテールゲート**）を採用する車種もある。

▲スバル・フォレスターはパワーリヤゲートを採用。ワンタッチでリヤゲートを全開にできる。

使いやすいテールゲート

ヒンジを横に備えた**横開きテールゲート**や左右2分割で開く観音開きテールゲートというものもあるが、乗用車ではほとんど採用されない。ただ、横開きは小さく開けただけでも手をさし入れられるすき間ができるので便利だという考え方もある。そのため、ホンダでははね上げ式テールゲートの一部が横開きにもできるドアを採用している車種もある。

▲ホンダ・ステップワゴンのわくわくゲートはテールゲートの一部を横開きさせることができる。ほかのミニバン同様に全体をはね上げて開けることも可能だ。

トランクをカバーするトランクリッド

トランクルームのカバーである**トランクリッド**は、ハッチ型ドアの一種といえる。前方にヒンジがあり、後方が上下して開閉する。現在では上部だけでなく、テール側まで回りこみ、横から見るとL字形のリッドが多い。これによりトランクの開口部（かいこうぶ）が大きくなり、荷物が出し入れしやすくなる。リッドのロックは車外からのリモコンやキー操作のほか、運転席の**トランクオープナー**でもロックを解除することができる。自動で開閉する**電動トランクリッド**（**パワートランクリッド**）を採用する車種もある。

▲ホンダ・レジェンドのセルフオープン式トランクリッドはトランクリッドオープンスイッチを操作すると、ロックが解除され自動的に全開の状態になる。

PART 2

衝突安全ボディ

ボディ構造が衝撃を吸収する

現在の主流である**モノコックボディ**は、軽量化には効果があるものの、事故の強い衝撃に対抗するのはむずかしい部分もある。そのため強度部材として**サブフレーム**や**リインフォースメント**と呼ばれるパーツを加えている。こうして開発が進んだのが**衝突安全ボディ**だ。開発設計段階からコンピュータシミュレーションなどで検証するのはもちろん、実車を使ったメーカー独自の衝突試験も繰り返し行われている。

乗員を保護する空間を作る

現在のボディは、事故で衝撃を受けた際に変形することで衝撃のエネルギーを吸収している。しかし、ボディ全体が変形してしまったのでは、車内の乗員がつぶれてしまう。そのためボディは、事故の際につぶれて衝撃を吸収する**クラッシャブルゾーン**と、変形せずに乗員を保護する空間となる**セーフティゾーン**で構成されている。このセーフティゾーンを確保しにくいため、1ボックスの採用が減った。

ドアはビームで補強される

ドアはボディと同じような鋼板で作られた**モノコック構造**で内部は空洞だが、クルマの事故は前後からとは限らない。側面から衝突されることもある。こうした場合、衝撃を受け止めて乗員を守るのはドアやピラーだが、乗員までの距離が近いため**クラッシャブルゾーン**を作るのがむずかしい。そのためドア内には**サイドドアビーム**と呼ばれる金属製の補強バーが入れられている。

衝突安全ボディのゾーン

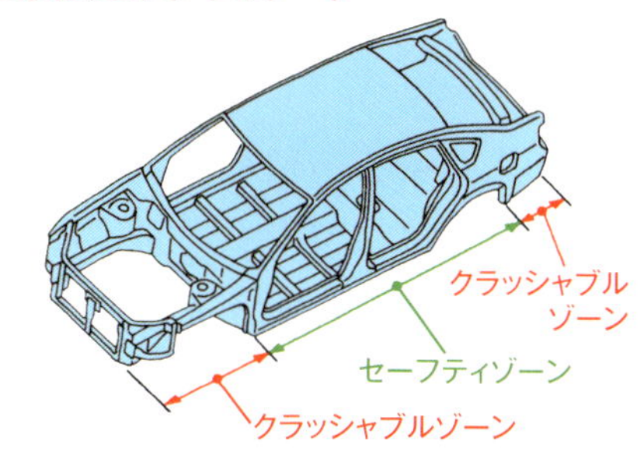

▼前面衝突時の力の伝わり方（イメージ）の一例。

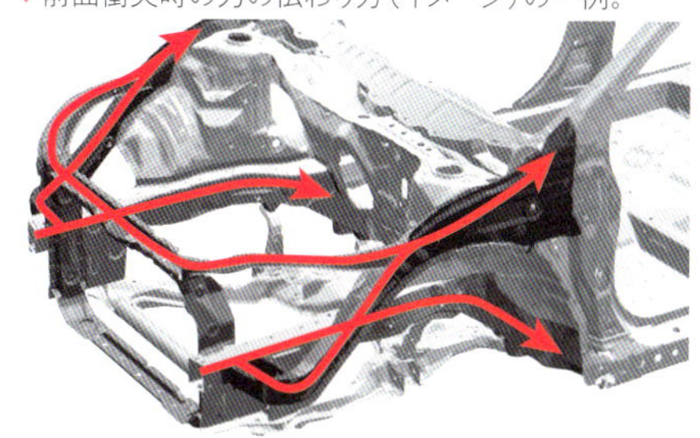

各社の衝突安全ボディ

トヨタ●GOA	日産●ゾーンボディ
ホンダ●G-CON	三菱●RISE
マツダ●MAGMA／SKYACTIV-BODY	
スバル●新環状力骨構造ボディ	
スズキ●TECT	ダイハツ●TAF

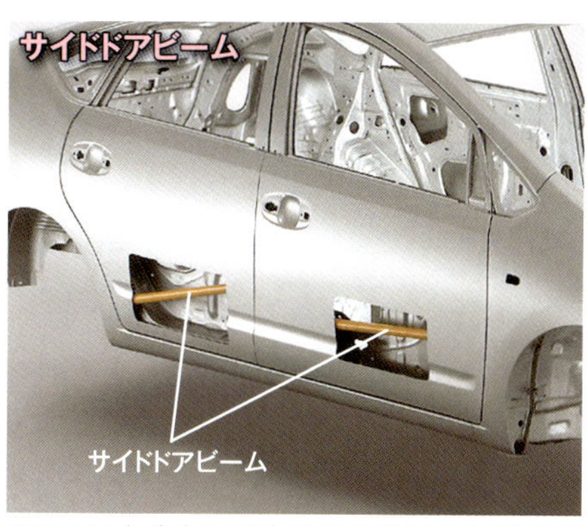

▲モノコックボディに取りつけられるドアの内部には安全性を高めるためにサイドドアビームが備えられる。

エアロダイナミクス

走行によって発生する空気の流れによる力の影響

現在のクルマのデザインでは**エアロダイナミクス**が重視されている。エアロダイナミクスとは**空気力学**（**空力**）のことで、空気の流れ方やそれによって発生する力の作用を扱う学問のこと。

エアロダイナミクスでもっとも重視されているのは、**空気抵抗**の軽減だ。空気抵抗はクルマが進もうとするエネルギーを奪うことになる。そのため空気抵抗を小さくすれば、エンジンの力が無駄に使われないことになるので燃費がよくなり、加速性能や最高速を高められる。

▲▼風洞実験によってボディ各部の空気の流れが詳しく検証される。写真はホンダ・ヴェゼルの風洞実験風景。

空気がクルマを浮かせる

周囲の空気の流れ方によっては、ボディを浮き上がらせようとする力が発生することがある。特にボディの床下で発生しやすい。これを**揚力**といい、車輪を路面に押しつける力が小さくなってしまうため、それまでより駆動輪にかけられる力が小さくなり、クルマの挙動も不安定になる。そのため揚力が発生しにくいボディデザインがめざされている。

空気でクルマを押しつける

さらに積極的にエアロダイナミクスを活用する方法が**ダウンフォース**だ。空気の流れによってクルマに下向きの力（ダウンフォース）を発生させ、車輪を路面に押しつけると、駆動輪にそれまでより大きな力をかけられるようになり、加速性能や最高速が高められ、安定性も向上する。ただし、ダウンフォースを発生させるとそれだけ空気抵抗も大きくなる。

速度の2乗に比例する

空気の流れによって発生する力は、速度の2乗に比例する。たとえば80km/hの時の**空気抵抗**は、40km/hの時の4倍だ。120km/hの時なら9倍になる。そのため、以前はスポーツタイプのクルマでエアロダイナミクスが重視されたが、現在では燃費改善のために、すべてのクルマで重視されている。設計段階からコンピュータ解析が行われたり、空気の流れを作る**風洞**という装置で検証されている。

Cd値だけでは比較できない

クルマの空気抵抗の小ささをアピールするためにカタログなどに**Cd値**が表示されていることがある。Cd値とは**空気抵抗係数**と呼ばれるものだが、実際には、この数値だけでは空気抵抗の大きさを比較できない。車種ごとに比較するのなら**前面投影面積**をかける必要がある。前面投影面積とは、クルマを真正面から見た際の面積のこと。この面積が大きいほど、空気抵抗が大きくなる。

下まわりの空気の流れの解析イメージ（ホンダ・S660）。

なめらかなボディデザインが空気抵抗を軽減してくれる

ボディ表面の凹凸を減らしてなめらかにすると、空気の流れに乱れがなくなり、空気抵抗が軽減される。これを**フラッシュサーフェイス化**といい、**風切り音**の低減効果もあるため、現在のほとんどのクルマで実施されている。ウインドウの周囲やピラー、ボディパネルのつぎ目、ドアノブなどでフラッシュサーフェイス化が行われる。

PART 2

エアロパーツ

空力効果を高めてくれるパーツ

▲スバル・WRX STIに装備される大型リヤスポイラー。

現在のクルマのボディデザインは十分に**エアロダイナミクス**が検証されていて、それだけでも**空力ボディ**（**エアロボディ**）と呼べるものだが、さらに効果を高めるためにパーツを取りつけることもある。こうしたエクステリアパーツを**エアロパーツ**（**空力パーツ**）という。エアロパーツというと、レースカーに装着されているような大きな**ウイング**をイメージする人が多いが、さまざまなタイプのものがある。これらのパーツの名称は、メーカーによって呼び方が違っていたりする。

エアダムとは車体の下に流れこむ空気を減らして揚力をおさえるパーツ。フロントバンパー下の**フロントエアダム**（**フロントスカート**）や側面に備えられる**サイドエアダム**（**サイドスカート**）などがある。

スポイラーとは新たな空気の流れを作りだしてボディに発生する揚力をおさえるパーツ。後方に備えられる**リヤスポイラー**は装着される場所によってトランクリッドスポイラー、ルーフエンドスポイラー、テールゲートスポイラーなどと呼ばれる。また、フロントバンパーの下端に備えられる**リップスポイラー**や**チンスポイラー**などもある。

ウイングとはクルマの後部に備えられ**ダウンフォース**を発生するパーツのこと。後輪を路面に押しつけることで、駆動力が高まり、高速時の安定性が高まる。

▲▼スバル・WRX STIのオプションに用意されているさまざまなエアロパーツ。

小さなパーツが生みだす効果

最近ではボディなどに小さな突起を設けるエアロダイナミクスの手法もある。**ボルテックスジェネレーター**や**エアロスタビライジングフィン**、**空力フィン**などと呼ばれるもので、ボディ周囲の空気の流れにあえて小さな渦(うず)を発生させることで、空気がボディにそって流れるようになり、クルマの安定性が高まる。

▲ダイハツ・ウェイクのドアミラーの根元に備えられた空力フィン。この車種ではリアコンビネーションランプの側面にも空力フィンが備えられている。

見えないところも重要

エンジンルームの下は通常は床がないので各種装置をはね石などから保護するために**アンダーカバー**が備えられることがある。このカバーで空気の流れをコントロールしてエンジンの冷却能力を高めたり、車体の下に流れこむ空気で発生する揚力(ようりょく)をおさえていることもある。車体下の広い面積をカバーでおおって床下全体(ゆかしたぜんたい)を平坦(へいたん)な**フラットボトム**にし、**エアロダイナミクス**の効果を高めている車種もある。

▲スバル・BRZのフルフロアアンダーカバー。もちろんエンジンルーム下にもアンダーカバーを備える。

エアロパーツはドレスアップアイテムとしても魅力的な存在

現在ではエアロダイナミクスの効果を期待する人ばかりか、見た目重視の**ドレスアップ**目的でエアロパーツを装着する人もいる。そのため、メーカーも積極的に扱うようになっていて、オプションで用意していたり、当初から標準装備しているグレードもある。レースをサポートしている関連会社などのエアロパーツをメーカーが扱っていることもある。エアロパーツは単独ではなく、複数のパーツをセットにした**エアロパッケージ**として設定されていることも多い。すべてのエアロパーツを備えたボディを**フルエアロ**といい、逆にまったく装備していないボディを**エアロレス**と呼ぶこともある。

トヨタ・ヴォクシーにオプション設定されるエアロパーツセット。

PART 2

塗装

形だけでなく色でも印象がかわる

ボディカラーは通常は何色かがラインナップされているが、グレードで選べる色が違っていたりする。最近では特にコンパクトカーや軽自動車で色数が多い傾向があり、**2トーンカラー**の設定が増えている。さらに、定期的に新色を登場させたり、特別な色の**特別仕様車**をだすことで、車種の新鮮味を保っていることもある。なお、**有料色**（**有償色**）や**特別塗装色**（**特別色**）が設定されることもあり、その他の色より数万円程度高くなる。

▲ダイハツ・ブーンのフルモデルチェンジ時のカラーバリエーションは、単色12種、2トーンカラー 7種。

塗装は4種類の層で構成されている

クルマのボディカラーは**塗装**によって作られる。一般的な**ボディ塗装**は4層で、下から順に、金属と塗料の密着を高めサビを防止する**下塗り**、耐衝撃性を高めたり発色をよくしたりする**中塗り**、実際のボディカラーになる**上塗り**、塗装を保護し光沢を高める**クリア塗装**が施される。

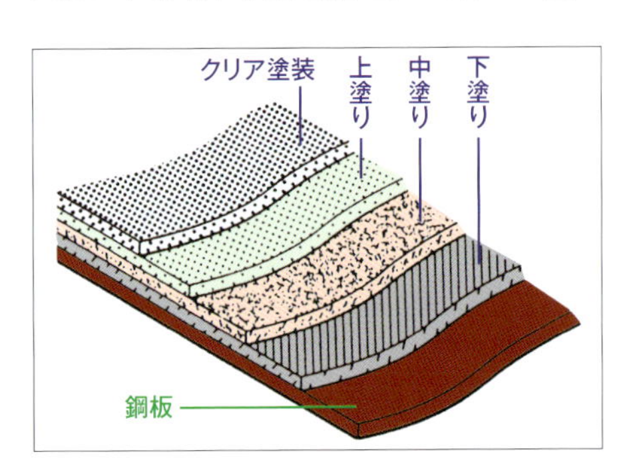

それぞれに表情が異なるソリッド、メタリック、マイカ、パール

塗装は基本的に4種類に大別できる。単色の**ソリッド塗装**、アルミなどの微細な金属片で金属的なキラキラとした光沢が演出される**メタリック塗装**、メタリックに比べるときらめきは弱いが雲母（うんも）（マイカ）という鉱物の粒子（りゅうし）で独特な光沢がある**マイカ塗装**、真珠のように光の加減で色合いが微妙に変化する**パール塗装**がある。この4種類以外にも、ほかにはない車種独自やメーカー独自の色合いの塗装を採用することで差別化が図（はか）られることもある。こうした特殊な塗装では4層以上のこともある。

▲印刷で光沢の違いを表現するのはむずかしい。

PART
3
視界

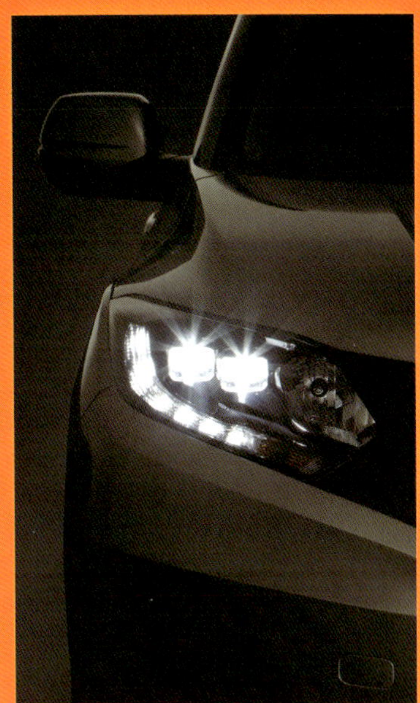

●ウインドウ 058
●ウインドウガラス 060
●サンルーフ 062
●ミラー 063
●ルームミラー 064
●室内ミラー 065
●ドアミラー 066
●アンダーミラー 068
●ソナー＆モニター 069
●リヤモニター 070
●サイド＆フロントモニター 071
●アラウンドモニター 072
●ヘッドランプ 074
●フォグランプ 077
●補助灯火 078
●ワイパー＆ウォッシャー 080
●デフロスター＆デフォッガー 082

PART 3

ウインドウ

ボディ各部に配されたウインドウの名称

クルマの**ウインドウ**は視界を確保するのはもちろん、車内の開放感や明るさを高めたり、換気を行う役割がある。車室の前方にあるのが**ウインドシールド**とも呼ばれる**フロントウインドウ**、後方にあるのが**リヤウインドウ**で、ほとんどの場合ははめ殺し（開閉できない）だ。側面のウインドウは**サイドウインドウ**と呼ばれるが、一般的にドアに備えられるものは**ドアウインドウ**といわれる。前後で**フロントドアウインドウ**、**リヤドアウインドウ**と呼ばれ、開閉できるものがほとんどだ。ドア以外の側面のウインドウは**クォーターウインドウ**または**ステーショナリーウインドウ**と呼ばれ、はめ殺しが多いが、一部には開閉できるものもある。

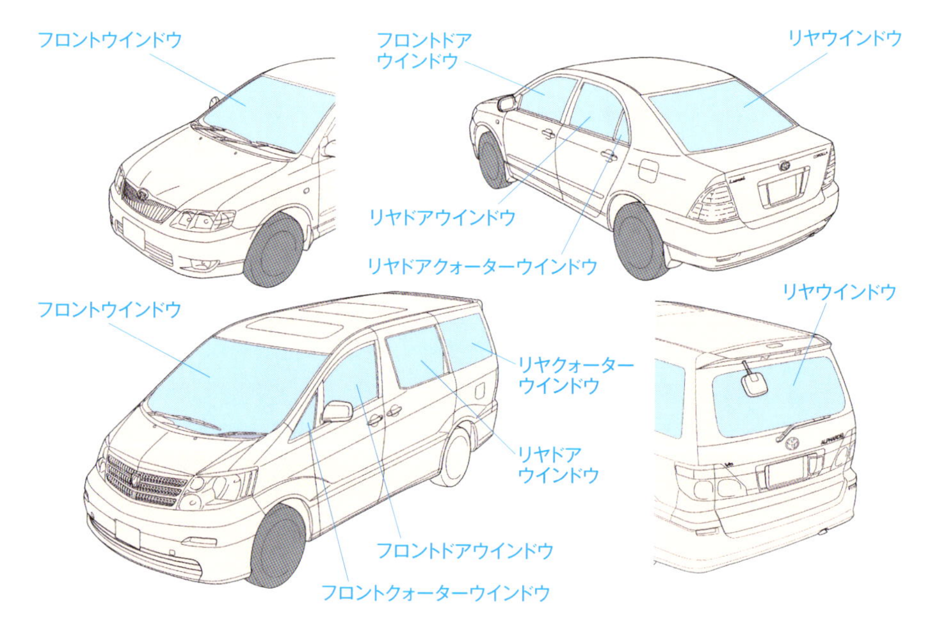

リヤドアウインドウを全開できるようにするために

リヤドアウインドウは2分割にされ、前方に通常の開閉するウインドウ、後方に小さめのはめ殺しのウインドウが備えられることがある。ウインドウが分割されていないと、ドアの形状によっては全体を収められず全開できない構造になる。しかし、後方の一部をはめ殺しにすれば、残る前方部分が全開にできる。はめ殺しの部分は**リヤドアクォーターウインドウ**や**リヤドアステーショナリーウインドウ**と呼ばれる。

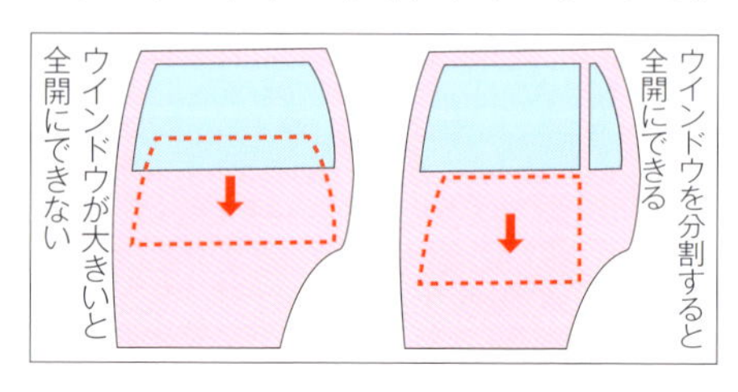

右ななめ前方や左側面の視界がよくなる三角窓

最近では**フロントドアウインドウ**が分割され、前方が**デルタウインドウ**とも呼ばれる**三角窓**(さんかくまど)などにされることがある。また、フロントドアより前方に三角窓が備えられることもある。昔の三角窓は**ベンチレーションウインドウ**(**換気窓**(かんきまど))といわれ、エアコンが普及(ふきゅう)していない頃には、換気に重要な役割を果たしていた。しかし、現在の三角窓は視界をよくして安全性を高めるために備えられる。はめ殺しのものがほとんどで、三角形以外のものもあり、**フロントクォーターウインドウ**や**フロントステーショナリーウインドウ**とも呼ばれる。ドアに備えられる場合は**フロントドアクォーターウインドウ**や**フロントドアステーショナリーウインドウ**とも呼ばれる。

▲左側に三角窓があると、左折の際に歩道の様子を確認する際の死角が小さくなる。サイドアンダーミラーの視界を三角窓で確保する車種もある。写真はトヨタ・ヴィッツ。

◀右側にフロントクォーターウインドウがあると、右折の際に進行方向の状況が確認しやすくなる。写真はダイハツ・タント。

イージーに操作できるパワーウインドウ

乗用車の**ドアウインドウ**は電動モーターの力で開閉できる**パワーウインドウ**になっていることがほとんどだ。パワーウインドウスイッチは運転席には全ドアのものが備えられ、その他のドアにはそのドアのウインドウのものが備えられるのが一般的だ。一部には運転席と助手席の間にスイッチが備えられ、助手席のドアにスイッチが備えられないこともある。

運転席のドアだけは運転に集中しやすくするためにワンタッチで全開や全閉にできるオート機構が装備されていることが多い。最近では全ウインドウにオート機構が装備されることもある。さらに、パワーウインドウには安全のために**挟みこみ防止機能**(はさみこみぼうしきのう)(**自動反転機能**(じどうはんてんきのう))が備えられていることが多い。ウインドウを閉めている時に一定以上の圧力を感じると、自動的に動作が反転して開いていく。

▲軟らかいものでも挟みこみ防止機能は反応してくれる。

ウインドウガラス

安全に配慮してガラスがチョイスされている

クルマの**ウインドウガラス**には**強化ガラス**と**合わせガラス**の2種類がある。強化ガラスは熱処理されたもので、割れると細かな破片になり鋭利な部分が少ないためケガをしにくい。しかし、衝撃を受けると無数のヒビが入り視界が悪くなるため**フロントウインドウ**には使われない。合わせガラスは2枚のガラスの間に樹脂製の膜を挟んだもので、強化ガラスより高価だ。衝撃を受けても破片がほとんど飛び散らないためフロントウインドウに使われるが、その他のウインドウに採用している車種もある。

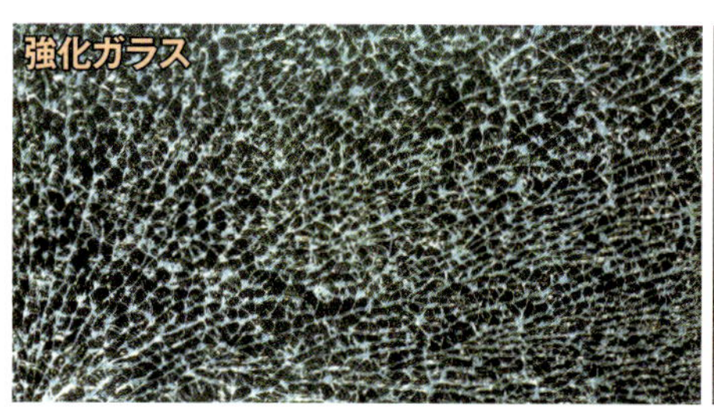

ウインドウガラスは多機能だ

クルマのウインドウガラスにはさまざまな機能ガラスが採用されている。複数の機能が採用されたものもある。

●IRカットガラス

断熱ガラスとも呼ばれる**IRカットガラス（赤外線カットガラス）**は、赤外線の透過を減らし、夏場の車内温度の上昇を防ぐもの。特殊な膜を使用する合わせガラスタイプと強化ガラスの表面にコーティングしたタイプがある。

●UVカットガラス

UVカットガラス（紫外線カットガラス）は、紫外線の透過を減らしたガラス。日焼け防止効果のほか、クルマの内装の紫外線による劣化も防ぐことができる。

●遮音ガラス

防音ガラスとも呼ばれる**遮音ガラス**は音の透過を防ぐ膜を使った合わせガラス。騒音の侵入が防がれ車内が静かになる。

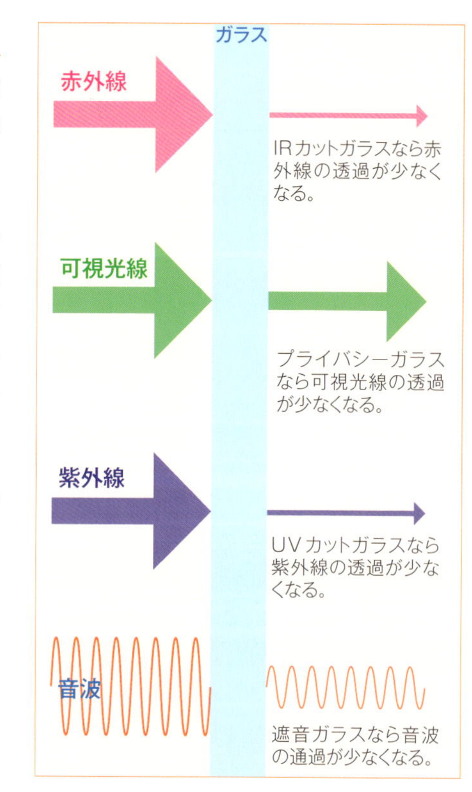

▲プライバシーガラスが使われていないフロントドアウインドウと比較すると色の違いがよくわかる。

▲トップシェードの部分に使われる色にはブルー系やグリーン系、グレー系などの種類がある。

●プライバシーガラス

スモークガラスとも呼ばれる**プライバシーガラス**は素材を調整することで可視光線の透過をおさえた**濃色ガラス**のこと。外部から車内が見えにくくなるのでプライバシーが守られるが、車内からの視認性が悪くなるため、フロントウインドウとフロントドアウインドウへの採用は禁止されている。紫外線と赤外線をカットする機能を備えているものも多い。

●トップシェードガラス

フロントウインドウに濃色ガラスを使用することは禁じられているが、日よけのために上部の限られた範囲を濃色にすることは許されている。こうしたガラスを**トップシェードガラス**や**ハーフシェードガラス**、**シェードバンドガラス**といい、ドライバーの目に入る太陽光線をやわらげてくれる。

●撥水ガラス

撥水ガラスとは雨水を水玉にして走行風で飛ばし、雨中の視界をよくするガラスのこと。ガラス表面をコーティングすることで実現していて、永久に能力が持続するものではない。それでも市販のガラスコーティング剤と違って寿命は長く、2～3年は能力が保たれる。

●その他の機能ガラス

電気装置として機能するガラスもある。**リヤデフォッガー**（P082参照）や**ワイパーディアイサー**（P081参照）に使われるガラスには電熱線が、ラジオなどのアンテナ機能を備えた**ガラスアンテナ**では専用の配線がガラスに備えられる。これらには合わせガラスの間に配線を挟むタイプや配線を備えたフィルムをはるタイプ、導電インクで印刷するプリントタイプがある。

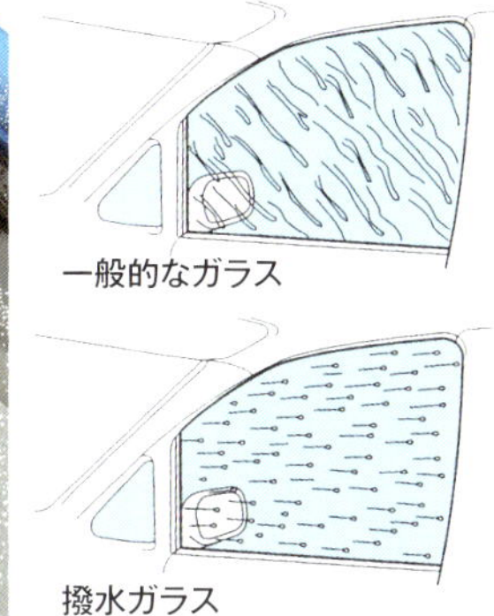

◀フロントドアウインドウを撥水ガラスにするとドアミラーの視界が守られる。

PART 3

サンルーフ

爽快感が味わえるサンルーフ

サンルーフはガラスなどの透明ウインドウで開閉式かはめ殺しが一般的。車内が明るくなり開放感が増すが、夏場は車内温度が上昇しやすい。そのため、日よけとなる**サンシェード**が組み合わされることが多い。なお、**プライバシーガラス**のような**濃色ガラス**を使用したものもあり、メーカーごとに名称はさまざまだが**ムーンルーフ**などと呼ばれる。

◀インナースライドでは開いたウインドウはルーフ内に収納。

◀アウタースライドはウインドウがルーフ上を後退。

スライド式とチルトアップ式

サンルーフの開閉はスライド式とチルトアップ式に大別できる。**スライド式サンルーフ**は**スライディングサンルーフ**ともいい、前後方向にスライドして開く。天井内に格納される**インナースライド式サンルーフ**が多いが、天井が低くなるためルーフの上部に移動する**アウタースライド式サンルーフ**もある。**チルトアップ式サンルーフ**は前方を支点にして後方がはりだすもので、効率よく換気が行える。現在では両方の開閉機構を備えたものも多い。

▲◀サンルーフの後方が上がるのがチルトアップ。この状態でフロントドアウインドウを開けると車内を空気がよく流れる。

開放的な空間を作りだしてくれる大きなウインドウ

複数のサンルーフを備えた車種もあり、**ツインサンルーフ**や**ダブルサンルーフ**という。また、さらに見晴らしよく、開放感を高めるためにルーフの広い範囲をガラスにした車種もある。メーカーによって名称はさまざまだが、**パノラマウインドウ**や**パノラマルーフ**、**ガラスルーフ**などと呼ばれることが多い。

▼サンルーフが2個並ぶツインサンルーフ。

▼ルーフの広範囲がガラス面のパノラマルーフ。

ミラー

死角をカバーするミラー

運転中は後方にも注意する必要があるが、ひんぱんに振り返るわけにはいかない。また、**ウインドウ**である程度の視界が確保されているが、**死角**（しかく）も残っている。こうした後方の視界を確保したり、死角をなくすために、クルマには**ミラー**（鏡）が備えられる。最近では**モニター**（P069参照）を備えるクルマも多くなり、ミラーでも死角になる部分をカバーしてくれたり、ミラーより見やすい視界を提供してくれるが、基本となるのはミラーだ。ミラーのうち車外に備えられるものを**アウターミラー**、車内に備えられるものを**インナーミラー**という。また、後方の視界を確保するミラーを**リヤビューミラー**という。車高が高いクルマの場合、クルマの近くにできる死角が大きくなる。こうした部分の死角をカバーするのが**アンダーミラー**だ。

クルマを前から見た時のドライバーの視界

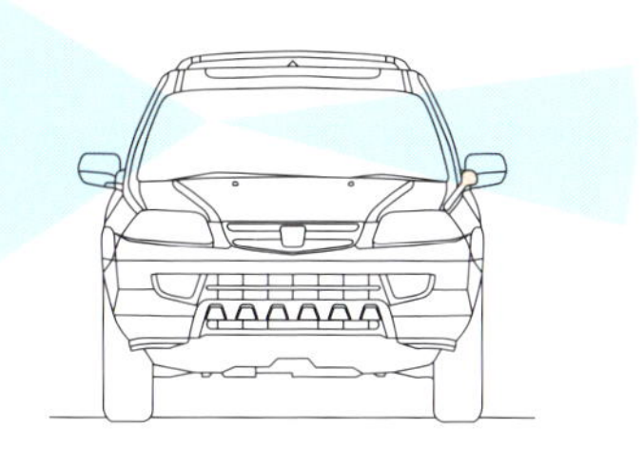

クルマを横から見た時のドライバーの視界

クルマを上から見た時のドライバーの視界

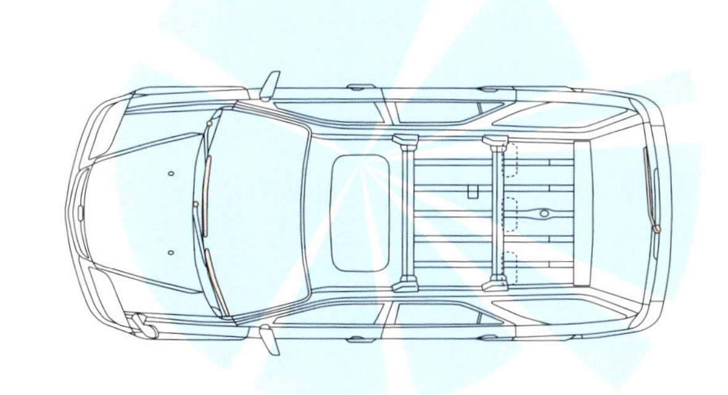

後方を見るミラーは車外にも車内にも備えられる

車外にある**アウターリヤビューミラー**は、フロントドアに備えられる**ドアミラー**か、フロントフェンダーに備えられる**フェンダーミラー**だ。視線の移動が少ないフェンダーミラーのほうがすぐれているという意見もあるが、空力面（くうりきめん）で有利でありデザインも好まれるため、現在ではドアミラーが大半だ。

車外に**アンダーミラー**を装備する車種もあり、助手席側のクルマの近くをカバーする**サイドアンダーミラー**と、後方の近くをカバーする**リヤアンダーミラー**がある。

また、車内の**インナーリヤビューミラー**は**ルームミラー**といい、**バックミラー**とも呼ばれる。なお、ルームミラーだけをリヤビューミラーと呼ぶ人や、ドアミラーをバックミラーと呼ぶ人もいる。

PART 3

ルームミラー

ライトのまぶしさを防ぐ

ルームミラーは天井の最前部の左右中央付近からフロントウインドウの上部中央に備えられる。角度の調整を手動で行うものがほとんどだが、一部には電動で調整できるものもある。

また、夜間走向で後続車のライトの光がルームミラーに反射してドライバーの目に届くとまぶしい。そのため、ルームミラーは**防眩ルームミラー**（**防眩ミラー**）にされていることがほとんど。一般的な鏡はガラスの裏にある反射面を利用しているが、ガラスの表面でも反射は起こる。防眩ミラーでは反射面とガラス面が平行ではなく、一定の角度がつけられている。通常は反射面で見やすいように角度を調整するが、根元のレバーを操作するとルームミラーの角度がかわり、ちょうどガラス表面の反射が目に届くようになる。この表面反射は通常の反射面より反射率が低いため、まぶしくなくなる。

なお、リヤモニターの映像を表示できるルームミラーも登場してきている（P069、070参照）。今後の進化に期待がかかる。

▲▼後続車のライトがルームミラーに入ってまぶしい時は、レバーを手前に引いて角度をかえればいい。

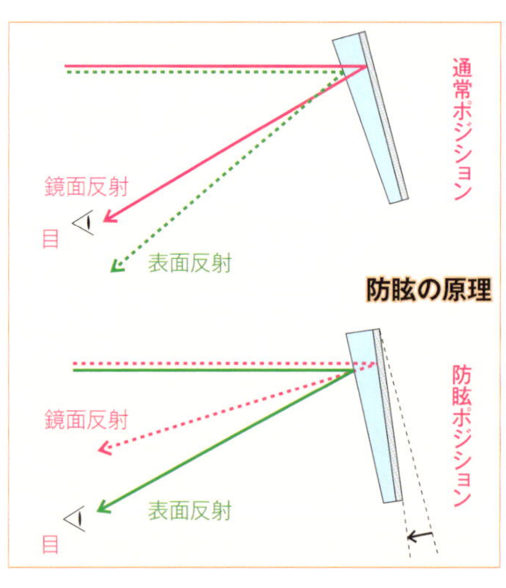

自動的にまぶしさを防ぐ

一般的な**防眩ルームミラー**ではまぶしい時にレバー操作する必要があり、戻し忘れると視界が極端に悪くなってしまう。しかし、現在では切り替え操作が不要な**自動防眩ルームミラー**も開発されている。これは電気が流れると色が濃くなる発色層をミラー内部に備えたもので、色が濃くなれば反射率が低下する。周囲の明るさを感知するセンサーが備えられていて、その明るさに応じて反射率を変化させてくれる。

▲▼自動防眩機能が作動していないとまぶしい光であっても、防眩機能が作動するとまぶしくなくなる。

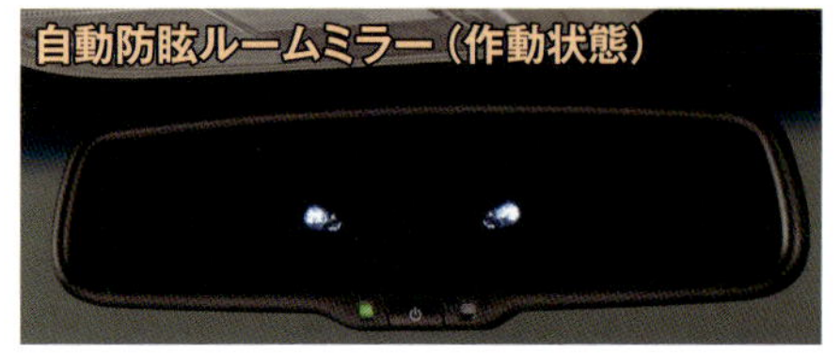

PART 3

室内ミラー

リヤシートが気になるのなら

子供を後部に乗せて運転していると、その状態が気になるものだが、運転中に振り返って見るわけにはいかない。カー用品店で販売されている吸盤つきの小さなミラーをフロントウインドウに取りつければ確認できるようになるが、リヤシートの状態がチェックできる**室内確認用ミラー**や**後席確認ミラー**が備えられている車種もある。

また、自分でもクルマを運転する人だと、助手席に乗った時に後方が気になることがある。特に、夫婦で運転を交代したりすると、相手の運転が気になることが多いようだ。あまり運転について発言すると、喧嘩になることもあるという。こうした場合にもカー用品店で販売されている吸盤つきの小さなミラーを助手席用のルームミラーとして取りつけるといい。助手席からも後方が確認できるようになり安心だ。

車内での身だしなみ用ミラー

運転のための視界を確保するものではないが、最近では化粧用の鏡を装備しているクルマが多い。女性の化粧直しだけでなく、身だしなみに気をつかう男性にも重宝なものだ。こうした鏡は**バニティミラー**といい、どんどん大型化してきている。一般的な位置は助手席のサンバイザーの裏だが、女性の運転を重視したクルマでは運転席のサンバイザーに備えられていることもある。また、車内は昼間でもそれほど明るくはないので、**照明付バニティミラー**も登場してきている。高級車では、リヤシート用の照明付バニティミラーが備えられていることもある。

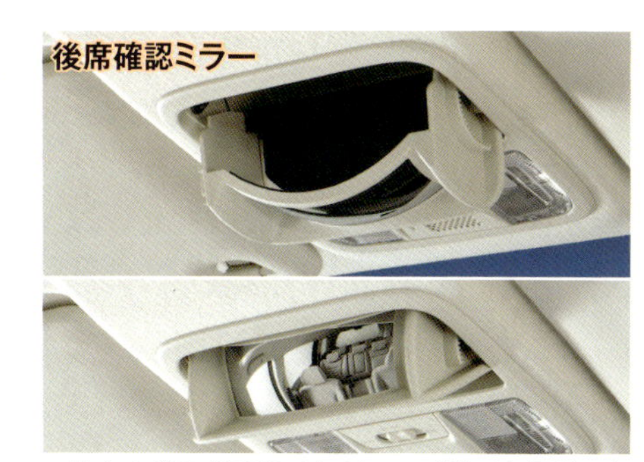

▲後席の様子が確認できるミラーがあると便利で安心。使わない時には格納できる。サングラスなどの収納場所として利用できるものもある。

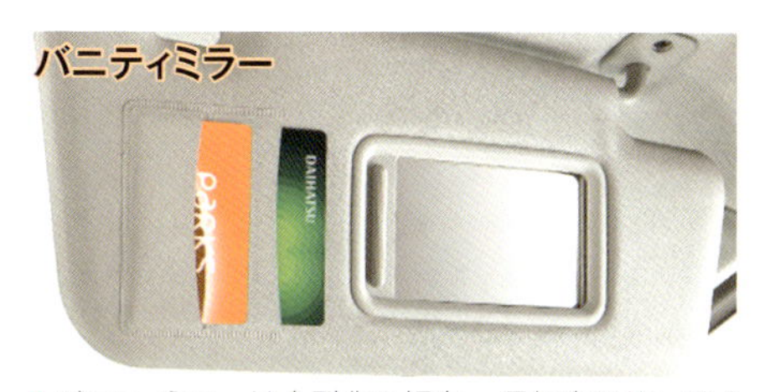

▲バニティミラーは大型化の傾向。運転席のサンバイザーに装備されることも増えている。

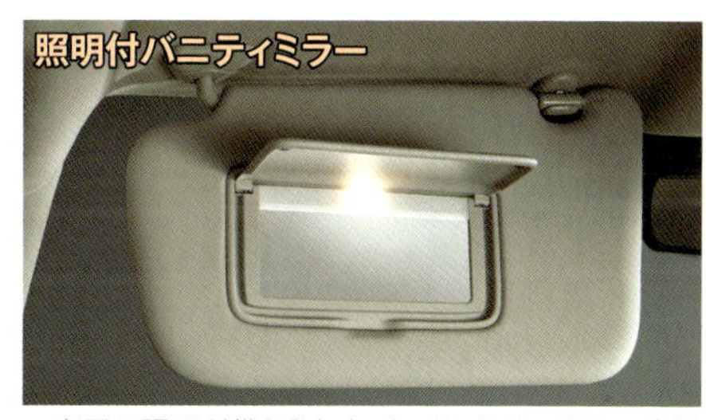

▲専用の照明が備えられたバニティミラーだと、夜間でも身だしなみのチェックに使いやすい。

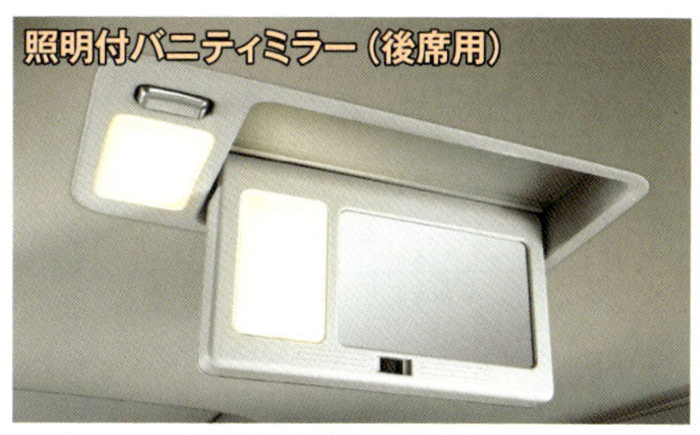

▲リヤシートの天井に格納できる照明付バニティミラーが備えられている高級車もある。

ドアミラー

視野が調整でき倒して格納できる

ドアミラーの鏡面には、広い範囲が見えるように凸面鏡が採用されている。ミラーはドライバーの体格やシートの位置に応じて視野を調整する必要がある。昔は手動で面の向きをかえていたが、現在では内部に電動モーターが備えられていて、運転席からスイッチ操作で調整できる**リモコンドアミラー**が一般的だ。また、折りたたんで狭い場所にも駐車できるように、**可倒式ドアミラー**とされている。現在では電動モーターが備えられ運転席のスイッチ操作で倒したり戻したりできるドアミラーが多く、**電動格納式ドアミラー**や**電動可倒式ドアミラー**という。いちいちスイッチを操作しなくてもいいように、エンジンを切りドアをロックすると格納され、始動時には元の位置に戻る**自動格納ドアミラー**も多い。

▲モーターショーなどで公開されるコンセプトカーでは以前からドアミラーレスが存在したが、いよいよ市販車でも登場しそうだ。写真はマツダ・RX-VISION。

▲軽自動車を含め乗用車は電動格納式が一般的だ。

なお、ドアミラーなどのミラーの装備は法定だが、国土交通省がすべてのミラーについてカメラとモニターでの代用を認める方針を打ちだしたため、今後は**ドアミラーレス**のクルマが登場する可能性がある。

広い範囲が見えるように曲面に変化をつけたミラー

ドアミラーの凸面鏡の曲率(曲がり具合)を大きくすれば、より広い範囲が見られるようになるが、距離感がつかみにくくなり像がゆがんだりする。そこで通常使用する鏡面の曲率はおさえめにし、外側に近い一部の曲率を大きくしたドアミラーもある。こうしたミラーは**ワイドビュードアミラー**や**広角ドアミラー**、**高曲率ドアミラー**などと呼ばれる。また、車高の高いクルマでは、近くの低い位置を見やすくするために、鏡面の低い位置の曲率を大きくしたワイドビュードアミラーが使われることがある。

ワイドビュードアミラー

境界線

少しずつ
曲率増大

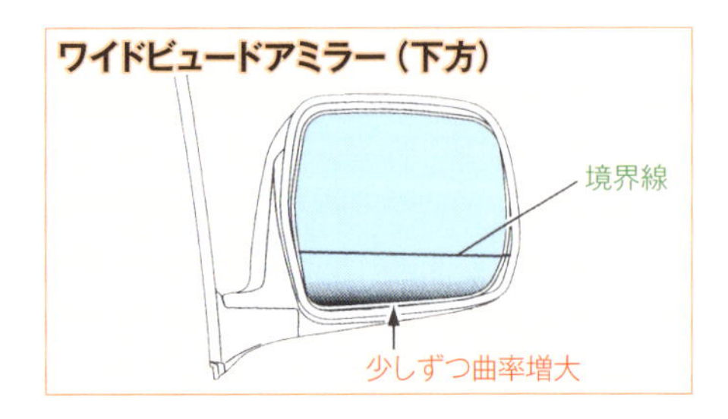

シフト操作に連動してミラーが下を向く

バックで駐車の際には左側の**ドアミラー**で、左後輪付近など走行時より低い位置が見たくなる。**リバース連動ドアミラー**なら、シフトレバーをバックにすると、自動的にミラーの角度がかわり低い位置が見えるようになる。**リバース連動下向きドアミラー**や**オートミラーシステム**と呼んでいるメーカーもある。

また、一部にはシフトレバーをバックにすると、リヤワイパーが数回動いて後方の視界をよくしてくれる**リバース連動リヤワイパー**もある。

▲シフトレバーをRレンジにすると、自動的にドアミラーの鏡面の角度が調整されて、低い位置が見やすくなる。

雨の日にも見やすいミラー

雨の日にドアミラーに水滴がつくと見にくくなる。特に駐車中にはつきやすい。撥水加工して水滴を走行風で飛ばす方法もあるが、鏡面には風が当たりにくいため、現在は親水加工されたものが多い。こうした**親水ドアミラー**は濡れても水滴ができず、水が薄い膜になるので、視界がそこなわれない。また、光触媒によって汚れが分解される機能も備えたものがあり、**レインクリアミラー**や**レインクリアリングミラー**と呼ばれる。

▲親水ドアミラーは鏡面が雨水に濡れても細かな水滴にならず薄い膜になるのでミラーの視界が保たれる。鏡面を拭く必要がない。

寒冷期の視界を確保する

寒い季節にはドアミラーがくもって見にくくなることがある。このくもりを防ぐために、鏡の裏に電熱線ヒーターを備えて鏡面を温められる**ドアミラーデフォッガー**を備えたドアミラーがある。こうしたドアミラーを**ヒーター付ドアミラー**や**ヒーテッドドアミラー**ともいう。これらは、走行中に雪や氷がミラーにつくのを防ぐこともでき、駐車中についた雪や氷を取りのぞく際にも役だってくれる。

▲ヒーター付ドアミラーならくもる心配がない。雪や氷もとかして取りのぞくことができる。

アンダーミラー

側面の死角をカバーする

SUVのようにノーズにある程度の長さがありボンネットの位置が高いクルマでは、左のフロントフェンダーやフロントドアの横に大きな**死角**ができる。この死角をカバーするのが**サイドアンダーミラー**だ。鏡面は小さいが比較的大きな曲率（曲がり具合）の鏡を使うことで広い範囲が確認できるようにされている。クルマ直前の低い位置も見えるように2面鏡にしたものもある。モニターで死角がカバーされていれば、サイドアンダーミラーは備えられないことが多い。

見ばえを重視したミラー

サイドアンダーミラーは必要なものだが、クルマの外観デザインを重視する人には評判が悪い。そこで左側のドアミラーに同様の機能を備えたものもある。**補助確認装置**と呼ばれるものはドアミラーの下に前方用と後方用の小さな2面鏡が備えられる。また、同じくドアミラーの下にプリズムによる屈折を利用した**プリズムアンダーミラー**が備えられる車種もある。

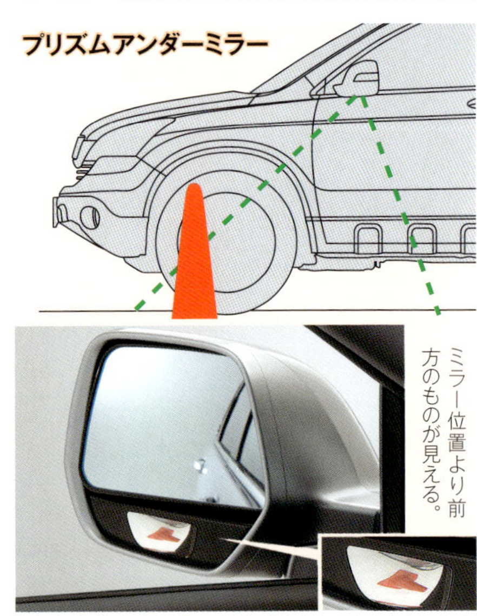

ミラー位置より前方のものが見える。

後方の死角をカバーする

車高の高いクルマでは後方にも大きな死角ができる。この死角をカバーするのが**リヤアンダーミラー**だ。安心してバックすることができる。デザイン性を重視する場合には、車内最後部に広角のミラーを備えることもある。こうしたミラーを**後方視界支援ミラー**という。しかし、最近ではリヤモニターで車両後部の死角が見えるようにしている車種も多いため、リヤアンダーミラーを採用するクルマは減ってきている。

PART 3

ソナー&モニター

視界をアシストする装置

ウインドウやミラーがあっても**死角**は残る。こうした死角の情報を補ってくれるのが**ソナー**や**モニター**だ。障害物との距離を教えてくれるのがソナーで、死角を映像で見せてくれるのがモニターだ。モニターのほうが安全性が高いが、価格も高い。しかし、現在ではカーナビ装備が一般的なので表示装置を追加する必要がなく、以前よりソナーとの価格差は小さい。

周囲との距離を警告する

ソナーはクルマと障害物の距離を超音(ちょうおん)波(ぱ)などで測定し、一定以下になると警告音などで知らせてくれる。クルマの後方のすき間を測定する**バックソナー**や、四隅との間隔を測定する**コーナーソナー**がある。名称は**クリアリングセンサー**など各社で異なるが、ソナーや**センサー**という語句が含まれている。

モニターの表示方法もさまざま

リヤモニターに始まったクルマのカメラ&モニターはどんどん進化し、現在ではクルマの全周囲をモニターで確認することも可能だ。モニターがさまざまな先進安全技術(P184参照)の一部に組みこまれていたりもする。ソナーを採用するクルマは少なくなっているようだが、実際には障害物との距離の測定のために搭載されていて、各種のモニターの警告などに使われていたりする。表示についてはカーナビ兼用のモニターばかりでなく、ルームミラーの活用も始まっている。近い将来、まったくミラーのないクルマが登場するかもしれない。

バックソナーの感知範囲の例

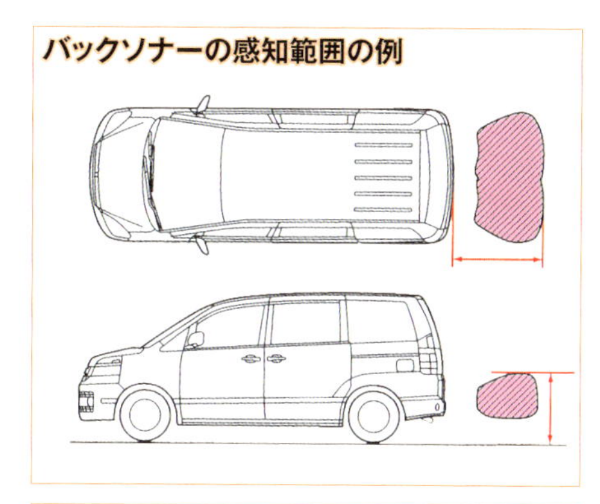

コーナーソナーの感知範囲の例

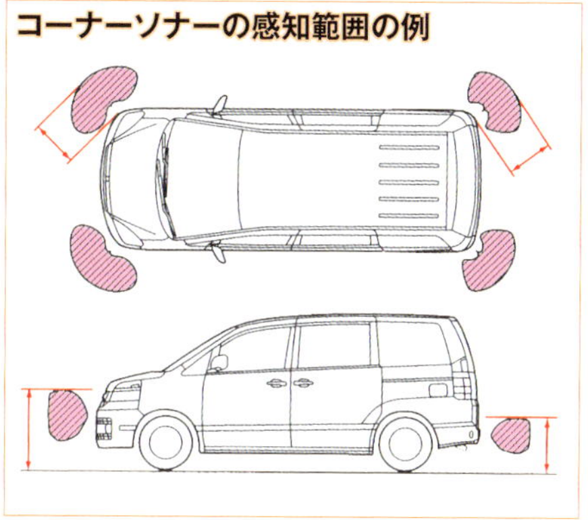

モニターディスプレイ付ルームミラー

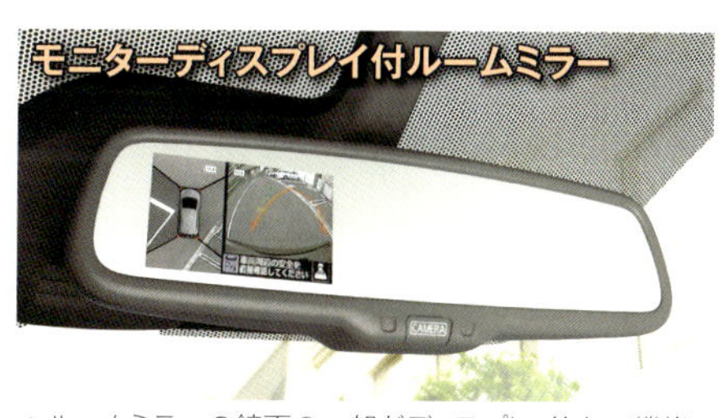

▲ルームミラーの鏡面の一部がディスプレイとして機能。

スマートルームミラー

▲リヤモニターの映像がルームミラー全面に表示される。

PART 3

リヤモニター

後方の視界を映しだす

もっとも普及(ふきゅう)しているモニターがクルマの後方を映す**リヤモニター**だ。**リヤカメラ**や**リヤビューモニター**、**バックビューモニター**などと呼ばれ、車庫入れや縦列駐車(じゅうれつちゅうしゃ)の際に便利なもの。シフトレバーをバックに操作すると、表示されるものが大半。後方の映像だけでなく、車幅や距離の目安を表示してくれるものもある。この技術の進化形がさまざまな**パーキングアシスト**(P212参照)で、予想進路の表示をはじめ、ハンドルの自動操作まである。

◀リヤモニター用のカメラはナンバープレート付近やルーフ付近に備えられることが多い。

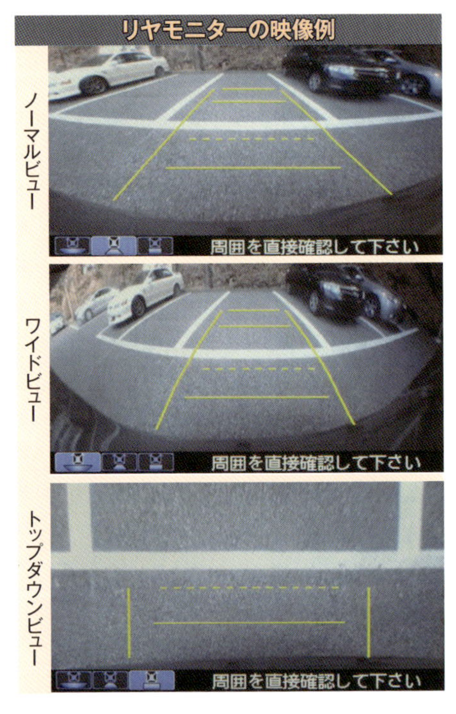

後方を横切るクルマなども確認できる

駐車位置から後退して道路にでるような際には通り過ぎるクルマに注意したいものだが、簡単には見ることができない。しかし、視野を広くとった**ワイドリヤモニター**(**ワイドリヤビューモニター**)があれば、安全に後退できる。現在では、必要に応じて視野を切り替えられるリヤモニターもある。また、状況によってはクルマ後端の真下付近を見たいこともあるが、こうした視野への切り替えが可能なものもある。

ルームミラーの進化形

後部座席の乗員や荷物が邪魔(じゃま)になってルームミラーで後方視界が得られないことがある。そんな時でも、車外にカメラがあるリヤモニターであれば、問題なく後方が確認できる。その映像を使えばルームミラーを代用できる。また、薄暗くてミラーでは確認がむずかしい状況でも、カメラの感度を高めることによって、見やすい映像に処理することも可能だ。

▲▼薄暗くて肉眼ではミラーの映像がわかりにくくても、スマートミラーなら映像処理で見やすくできる。

サイド&フロントモニター

左側方の死角を映しだす

サイドアンダーミラー（P068参照）にかわるものとして登場したのが**サイドモニター**（**サイドカメラ**）だ。左ドアミラーの下にカメラが備えられている。当初はクルマ側面でも比較的前方を映しだすものだったが、現在ではクルマの側面全体をカバーする。**サイドブラインドモニター**とも呼ばれ、縦列駐車の際に縁石と車輪の間隔を確認することができる。クルマの予想進路を表示してくれるものもある。また、クルマの左前の角も車両感覚がつかみにくい部分だが、狭(せま)い路地で曲がるような際にも、バンパーをこすることなく通り抜けられる。

なお、多機能なモニターの主流はアラウンドモニター（P072参照）になってきており、サイドモニターもその機能の一部であるといえるため、単独で装備できるクルマは少なくなっている。

左右前方の視界を映しだす

運転席はクルマの最前部にあるわけではない。路地から幹線道路に合流するような場合、視界が開けるまでが非常に危険だ。こうした状況の時に、左右の死角を補ってくれるのが**フロントモニター**（**フロントカメラ**）だ。こうした左右の映像だけでなく、クルマ直前の死角もあわせて表示してくれるものもあり、**ワイドビューフロントモニター**や**ノーズビューカメラ**、**ブラインドコーナーモニター**などさまざまな名称がある。ただし、フロントモニターの機能もアラウンドモニターに内包(ないほう)されているため、こちらも単独で装備できるクルマは少なくなっている。

▲サイドモニター用のカメラは左ドアミラーの下に備えられるのが一般的だ。

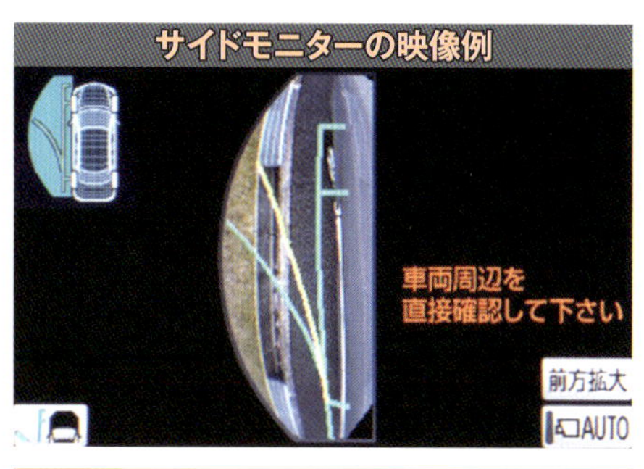

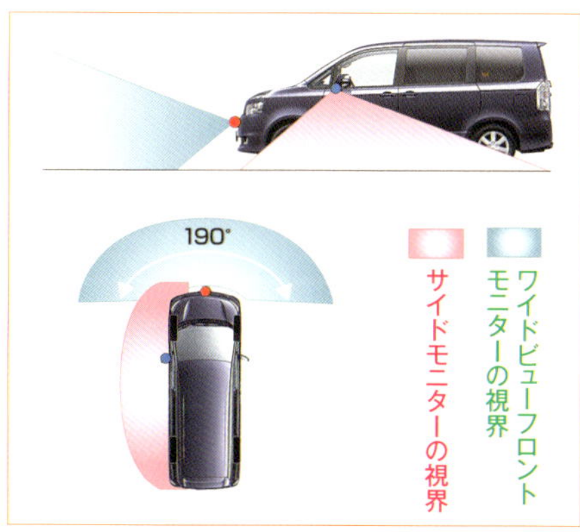

PART 3

アラウンドモニター

鳥の目で空中からクルマの周囲を確認することができる

リヤモニターやサイドモニターなどの各種モニターシステムを統合発展させたものが**アラウンドモニター**だ。各社で名称が異なり、**アラウンドビューモニター**や**マルチアラウンドモニター、マルチビューカメラシステム、パノラミックビューモニター、全方位モニター**などという。

一般的にクルマの前後中央と左右のドアミラーの下の合計4カ所にカメラが備えられる。それぞれの映像を切り替えたり、複数の映像を同時に見られるのはもちろん、コンピュータ処理によって映像を変換して合成することで、まるでクルマを真上から見ているような映像も提供してくれる。こうした映像を、**アラウンドビュー**や**バードアイビュー、グラウンドビュー、パノラミックビュー**などという。また、バックモニターやサイドモニターと同じように、状況に応じたガイド線を表示してくれるタイプも多く、縦列駐車や車庫入れはもちろん、発進の際や狭い道路の通過など、状況に応じて使いこなすことができる。

アラウンドモニターの映像例

前方+全体映像

直接周囲を確認しながら運転してください

：使い方

映像の見た目はメーカーやタイプによって異なる。また、表示可能な映像の組み合わせにもさまざまなものがある。

後方+全体映像

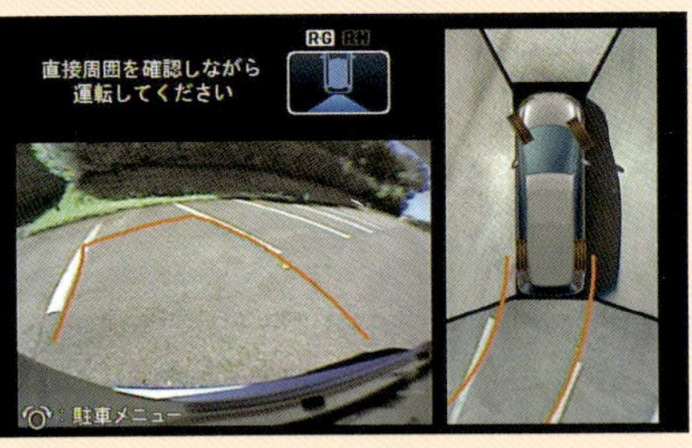

前方ワイド映像

直接周囲を確認しながら運転してください

左後方+後方+右後方映像

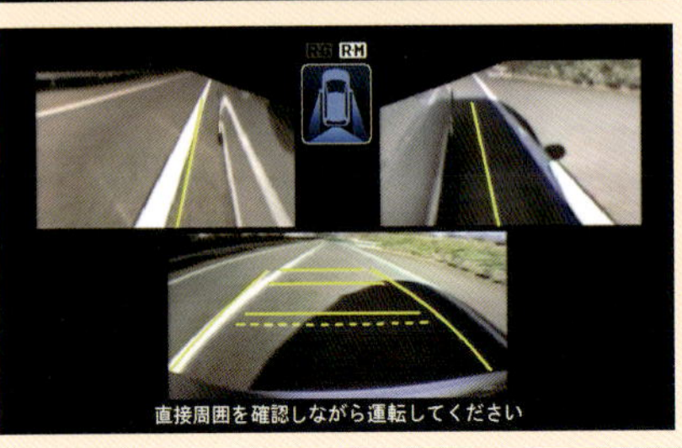

左前方+右前方映像

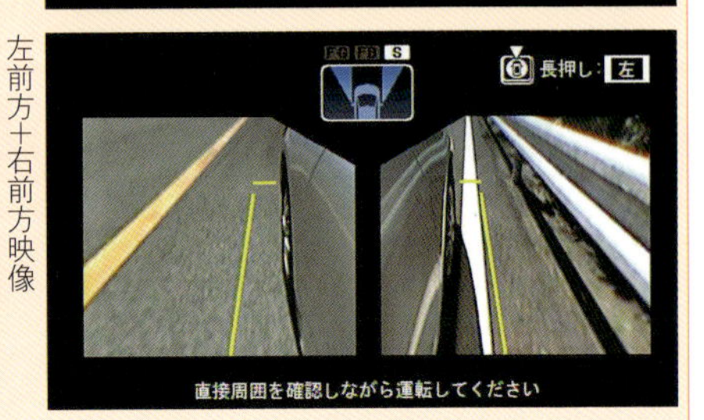

モニターの視界のなかに動くものがあるとドライバーに知らせてくれる

各種のモニターでは、その映像を見てドライバーが周囲の状況を判断するわけだが、状況判断をサポートしてくれるモニターもある。駐車場や見通しの悪い場所からの発進時などに、クルマの周囲に動くものがあると、ディスプレイ表示と警告音を発してくれる。これにより、発進時の安全性を高めることができる。この機能を日産のアラウンドビューモニターでは**移動物検知機能**（**MOD機能**）、トヨタのパノラミックビューモニターでは**左右確認サポート機能**と呼んでいる。こうした機能は、先進安全装置の**後退出庫支援システム**（P207参照）であるといえる。

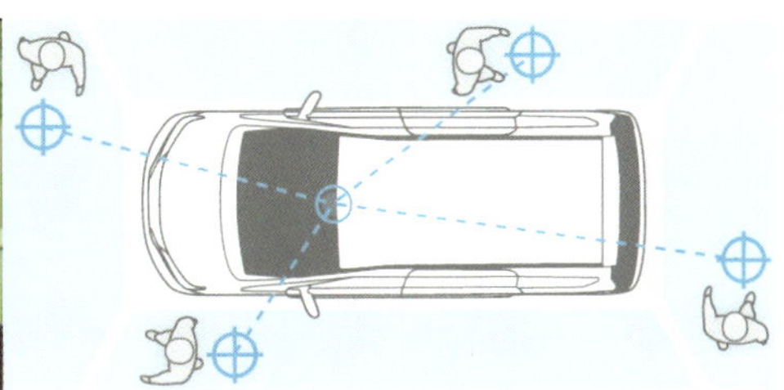

▲日産の移動物検知機能付アラウンドビューモニター。たとえば、後退出庫時に後方を歩行者が横切ってくると、ドライバーにその接近を教えてくれる。後退時だけでなく、状況に応じてさまざまな方向の移動物を検知する。

クルマの上空で一周したような映像や車両を透視した映像も表示される

トヨタの**パノラミックビューモニター**のなかには、真上からの映像ばかりでなく、鳥がクルマの上空で一周するような**ムービングビュー**を表示できるタイプもある。真上からの映像と違い、対象物がなんであるかがわかりやすい。発進前に実際にクルマの周囲を歩いて一周するような感覚で、安全を確認することができる。

さらには、**シースルービュー**という機能を搭載したタイプもあり、ドライバーの視線でボディやシートを透かしたような映像を表示することができる。ドライバーの視線を前提としているので、自分の位置からどの方向に障害物があるかがわかりやすく、周囲の状況を把握しやすい。

▼クルマ周囲の危険物を立体的な映像で確認できる。

ムービングビュー

両表示は画面内のスイッチで切り替え可能。

シースルービュー

▲ドライバー目線でクルマを透視したような映像で確認できる。

PART 3

ヘッドランプ

クルマ前方を明るくして夜間の視界を確保する

ヘッドライトとも呼ばれる**ヘッドランプ**は、クルマの前方を照らすもので夜間走行には欠かせない。**ロービーム**と**ハイビーム**の2種類があり、ロービームでは40m前方、ハイビームでは100m前方の障害物が確認できる。また、ハイビームを短時間点灯させることを**パッシング**といい、合図などにも使用される。

ヘッドランプはクルマの左右前部に備えられる。ロービームとハイビームを同じ**バルブ**（電球）で兼用する構造を**2灯式ヘッドランプ**、それぞれに専用のバルブを備える構造を**4灯式ヘッドランプ**という。現在では多数の光源を使用し何灯式とは表現できないものもある。また、その他のランプも含めてユニット化されるのが一般的なので、外観からは2灯式か4灯式かがわかりにくいものもある。

まだまだ採用車種が数多いハロゲンヘッドランプ

ハロゲンヘッドランプのバルブには電気が流れると発光発熱するフィラメントが使われている。こうした**白熱電球**は大きな電流が流せない（明るくできない）うえ、フィラメントが消耗し電球内が黒くなる黒化現象が起こる。**ハロゲンバルブ**では内部に特殊なガスを封入することで、フィラメントの消耗や電球の黒化現象をおさえているため、寿命が長くなるし、大きな電流を流して明るくすることが可能だ。新たな光源が登場してきているが、まだまだ数多くの車種やグレードで採用されている。

▼クルマに使われるハロゲンバルブには各種形式があるが、もっとも多用されるのは写真のH4型。

明るいキセノンヘッドランプ

放電現象を利用した**キセノンヘッドランプ**は、**ディスチャージヘッドランプ**や**HIDヘッドランプ**という。非常に明るいため消費電力をおさえられ、寿命も長いが、点灯や放電の制御を行うコントロールユニットが必要になる。また、点灯後すぐには明るくならないため、4灯式の場合は、ハイビームにはハロゲンヘッドランプを採用することが多い。2灯式の場合は、バルブの位置を動かしたり、光が届く範囲を制限する遮光板（しゃこうばん）を動かしてハイビームとロービームを切り替えている。こうしたタイプを**バイキセノンヘッドランプ**という。

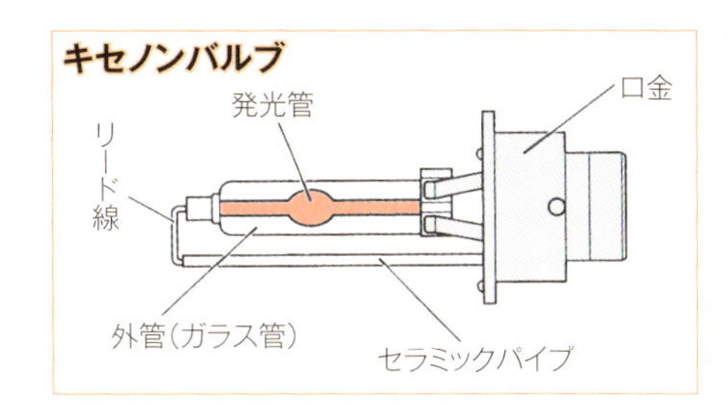

一気に普及が進んでいるLEDヘッドランプ

LEDとは電気を流すと発光する半導体（はんどうたい）のことで発光ダイオードとも呼ばれる。これを光源としたヘッドランプが**LEDヘッドランプ**だ。寿命が非常に長く、消費電力も小さい。普及には時間がかかるかと思われたが、燃費に好影響を及ぼすため、一気に採用が広がっている。まだコスト高であるため、ハイビームにはハロゲンバルブが組み合わされることもある。1つのLED光源をハイビームとロービームに切り替えて使用するものもあり、**バイビームLEDヘッドランプ**や**バイアングルLEDヘッドランプ**と呼ばれる。

▲LEDヘッドランプであっても外観からは光源がLEDであることがわからない一般的なデザインが多い。

ヘッドランプも見た目重視でデザインされる

ヘッドランプの光源の光はさまざまな方向に広がるため、必要な範囲だけに配光（はいこう）する必要がある。光源の後方に反射鏡（はんしゃきょう）（リフレクター）を備え、前面の**カット入りレンズ**で配光を行うものを**レンズ式ヘッドランプ**という。**リフレクター式ヘッドランプ**は、**マルチリフレクターヘッドランプ**とも呼ばれ、細かな凹凸を備えた反射鏡だけで配光を行う。昼間でも太陽光が反射鏡に反射して輝くため外観が演出できる。凸（とつ）レンズを使って配光を行う**プロジェクター式ヘッドランプ**は、反射鏡が小さく全体の小型化が可能になるうえ、凸レンズの輝きが印象的な外観になる。また、LEDは光源を多数に分割することも可能なので、ヘッドランプのデザインが多様化している。

▼LEDならではのデザインを採用するホンダ・レジェンドのジュエルアイ（左）とクラリティの9灯式（右）。

ヘッドランプが自動的に点灯・消灯

街灯の多い市街地では**ヘッドランプ**を点灯しなくても走行できそうだが、これは非常に危険だ。夕方の点灯の遅れも事故の原因になりやすい。また、トンネルが複数続く道路で点灯・消灯を繰り返すのは面倒なもの。こうした危険性や手間を解消してくれるのが**オートライト**だ。センサーによって周囲の明るさを感知し、自動的に点灯・消灯してくれる。消し忘れも防がれる。多くのメーカーではオートライトだが、トヨタは**コンライト**と呼ぶ。

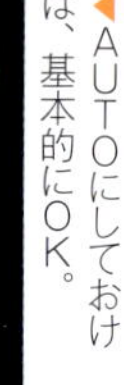
◀AUTOにしておけば、基本的にOK。

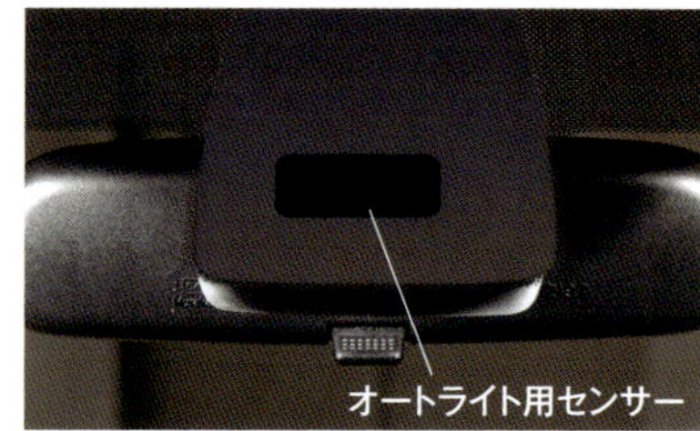

◀センサーはフロントウインドウやダッシュボードにある。

乗員や荷物によってヘッドランプの光の方向がかわる

ヘッドランプの配光の方向を**光軸**という。クルマは乗員の数や荷物の重さによって傾きが変化し、光軸がかわる。多人数が乗車してクルマの後方が下がり、ロービームが上を向くと、対向車に迷惑がかかる。こうした光軸の上下変化を調整するのが**ヘッドランプレベライザー**で、センサーが感知して自動的に調整が行われる**オートレベライザー**（**オートレベリング**）と、運転席のスイッチ操作で調整する**マニュアルレベライザー**（**マニュアルレベリング**）がある。

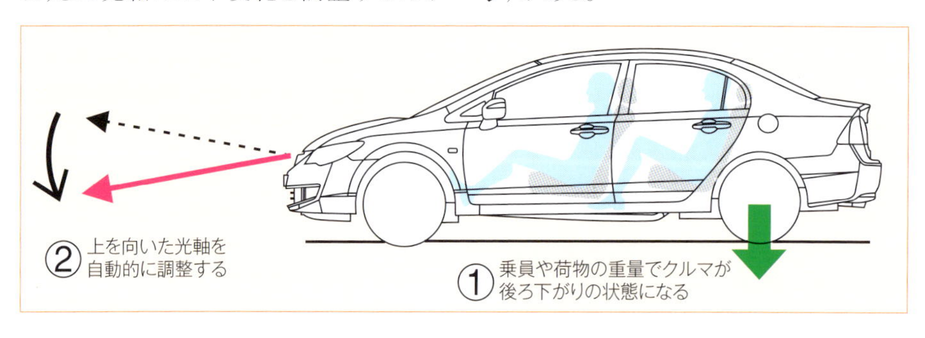

ヘッドランプの汚れを取る

ヘッドランプのレンズが泥などで汚れると、暗くなってしまう。停車して拭き取ればいいのだが、その手間をはぶいてくれるのが、ウインドウのワイパーと同じようにランプのレンズをぬぐう**ヘッドランプワイパー**や、高圧の洗浄液でレンズを洗う**ヘッドランプウォッシャー**だ。必要不可欠なものではないが、あれば便利。

▲ポップアップ式のヘッドランプウォッシャーは使用時にのみ噴射機構が突出して噴射を行う。

PART 3

フォグランプ

フォグランプを日常的に使用してヘッドランプをサポート

フォグランプとは、その名のとおり霧のための**補助前照灯**。**フォグライト**ともいう。リヤフォグランプと区別する意味で**フロントフォグランプ**と呼ばれることもある。霧のなかではヘッドランプの光が空気中の微細な水滴で乱反射して遠くに届かなくなる。しかし、霧は地面に近いほど薄くなるため、フォグランプは低い位置に備えられる。また、近くを確認しやすいように幅広い範囲を照らすようにされている。そのため、ヘッドランプのサポートにもなる。特に街灯の少ない路地などでは、クルマの近くを確認しやすい。市街地走行や街灯のない道では積極的に使用すべきだ。光源には各種あり**ハロゲンフォグランプ**、**キセノンフォグランプ**、**LEDフォグランプ**と呼ばれる。ヘッドランプ同様にLED化が進んでいる。

なお、社外品のなかには**ドライビングランプ**という補助前照灯がある。こちらはヘッドランプのハイビームを補助するもので、高速走行時などにあると便利だ。

▲◀ヘッドランプに比べるとフォグランプはクルマの低い位置に備えられる。

▲LED化により従来とは構造や外観の異なるフォグランプも登場してきている。写真はホンダ・ヴェゼル。

後続車が自車を確認しやすくなるリヤフォグランプ

視界が悪い霧や雨のなかで、自車の存在を後続車に知らせるのが**リヤフォグランプ**の役割。クルマの後部に備えられ、1灯のものと2灯のものがある。こちらもLED化が進んでいる。ヨーロッパの高級車には採用されることが多いため、一時期はブームのように多くの車種に採用されたが、現在では採用が減ってきている。実際、日本では点灯が必要な状況になることは少ないが、霧や雨の際には点灯すると安全性が高まる。しかし、晴天時には後続車の迷惑になるので、フォグランプとは逆に、不必要な点灯はさけるべきだ。

▲霧や雨のなかでもリヤフォグランプはめだってくれる。

PART 3

補助灯火

周囲に合図などを送って安全を確保してくれるランプ

補助灯火とは、他車や歩行者などに自車の位置を示したり合図を送る際に使用されるもの。さまざまなものがクルマに装備されていて、ユニットとしてまとめられることが多い。特にクルマの後部の場合はそのまとまりを**リヤコンビネーションランプ**と呼ぶことが多い。光源には**白熱電球**が使われることが多かったが、最近では消費電力が小さく寿命が長い**LED**の採用が増えている。LEDの場合、ひとつの灯火に複数のLEDが配置されていることも多い。

また、補助灯火は種類によって色が決められているものが多い。色のついたレンズで目的の色にするのが一般的だが、最近では電球に色をつけ、**クリアレンズ**を採用する車種もある。クリアレンズにすると外観がキラキラした感じになる。

●ポジションランプ

クルマの前後の左右に備えられ、自車の存在を周囲にわかりやすくするランプが**ポジションランプ**。**クリアランスランプ**や**スモールランプ**、**車幅灯**とも呼ばれ、後方のものは**テールランプ**とも呼ばれる。ヘッドランプのスイッチが2段階で、1段目ではポジションランプが点灯、2段目でヘッドランプも点灯するのが一般的。前方は白色、後方は赤色でストップランプと兼用のことがほとんどだ。

●ウインカー

右左折の意思を表示するのが**ウインカー**の役割。**ターンシグナルランプ**や**フラッシャー**、**方向指示器**、**方向指示灯**などとも呼ばれる。クルマの前後の左右が基本位置でオレンジ色。ウインカースイッチの操作によって0.5～1秒に1回点滅する。側方から見やすくするためにバンパーやフロントフェンダーの側面にも備えられることがあり、**サイドマーカー**や**サイドターンランプ**と呼ばれる。ドアミラーに備えられることも増えていて、**ドアミラーウインカー**や**サイドターンランプ付ドアミラー**などと呼ばれる。

●ストップランプ

減速を表示するのが**ブレーキランプ**と

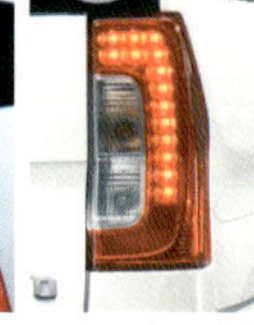

夜間に点灯させるとリヤコンビネーションランプのデザインでクルマの印象が大きくかわってしまうこともある。

▲採用車種が増えているドアミラーウインカー。他車からの視認性が高まる。

も呼ばれる**ストップランプ**の役割。クルマの後部左右に備えられる赤色のランプ。ブレーキペダルを踏む（ふ）と点灯する。テールランプと兼用の場合は、テールランプの状態より明るくなる。後続車が確認しやすいように、クルマの高い位置にも備えられることがあり、**ハイマウントストップランプ**と呼ばれる。

●バックランプ

バックの意思を表示するのが**バックランプ**の役割。**バックアップランプ**とも呼ばれる。クルマの後部に備えられる白色のランプで、シフトレバーをバックに操作すると点灯する。進行方向であるクルマ後方を明るくする効果も多少はある。

●ライセンスプレートランプ

後方のナンバープレート(ライセンスプレート)を照らし、夜間でも内容を見やすくするのが**ライセンスプレートランプ**。

●ハザードランプ

ハザードランプに専用のランプはなく、すべてのウインカー用ランプを点滅させることをさす。**非常停止灯**ともいわれ、本来は緊急の停車時に点滅させるものだが、現在では感謝の意思表示などさまざまな合図に使われるようになっている。

●リヤフォグランプ

リヤフォグランプ(P077参照)が装備されるクルマの場合、コンビネーションランプに組みこまれることが多い。

PART 3

ワイパー&ウォッシャー

左右が平行に動くタイプと左右が反対に動くタイプ

フロントウインドウが濡れると視界が悪くなるため、水滴を拭きはらう**ワイパー**が装備されている。正式には**ウインドシールドワイパー**という。ガラスを拭く部分を**ワイパーブレード**、首振り運動する部分を**ワイパーアーム**といい、電動モーターの力で作動される。アームにはバネが備えられていて、その力で**ワイパーブレードゴム**がガラスに押しつけられる。

一部には1本のワイパーで全面を拭く**1本式ワイパー**もあるが、一般的には**2本式ワイパー**が採用されている。ウインドウ下の左右中央付近と端付近の2カ所に回転軸を備え、2本のアームが連動して平行に動く**平行連動式ワイパー**（**平行式ワイパー**）を採用する車種が多いが、左右端付近に回転軸を備え、2本のアームが逆向きに動く**対向式ワイパー**を採用する車種もある。

リヤウインドウに水滴がつきやすい車種は、**リヤワイパー**を備えることもある。通常1本式ワイパーが採用されている。

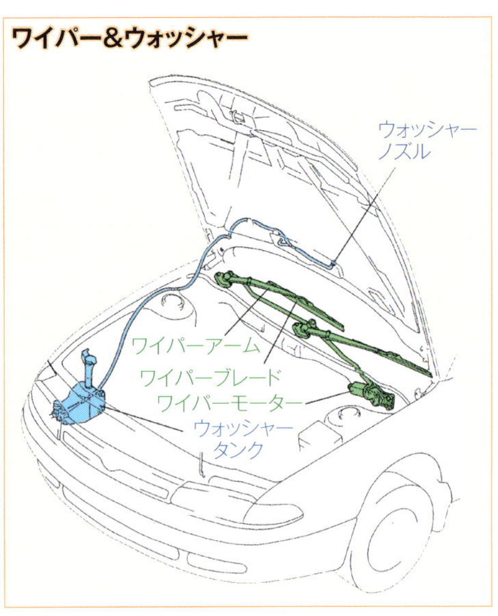

拭き取り部分であるブレードにはさまざまな種類がある

ワイパーは高速時には走行風で浮き上がり、拭き取り能力が低下することがある。そのため風圧がブレードをおさえるように設計された**エアロワイパー**と呼ばれるものもある。各種の社外品があるが、スポーツタイプのクルマには装備されることもある。

一般的なワイパーブレードは雪の拭き取り能力が低く、雪がつまって動きが悪くなることがある。無理に使うと故障の原因になる。そのため雪対策が施された**スノーワイパーブレード**が市販されている。簡単に通常のブレードと交換して使用できる。

ワイパーの作動スピードや間隔をかえることができる

ワイパーの作動は高速と低速の2段階の速度が選択できるのが一般的。さらに一定間隔ごとにワイパーが作動する**間欠ワイパー**を備える車種も多い。作動間隔が一定のもののほか、間隔を調整できる**時間調整式間欠ワイパー**（**無段階間欠ワイパー**）や、車速に応じて間隔が変化する**車速感応式間欠ワイパー**（**車速感知式間欠ワイパー**）がある。ワイパースイッチに軽くふれると、ワイパーを1往復（もしくは2、3回）だけ作動させられる機能もある。これを**ミスト機構**という。

水を感知するセンサーが備えられていて、雨が降り始めると自動的に作動する**雨滴感知式オートワイパー**もあり、**レインセンサーワイパー**とも呼ばれる。

▲フロントウインドウなどに雨滴を感知するセンサーが備えられていて、その情報によって作動する。

寒冷地では便利な装備

寒冷地では駐車中にワイパーブレードのゴムがガラスに氷着することがある。そのまま無理に動かそうとすると故障の原因になる。こうした事態に対応できる装備に**ワイパーディアイサー**がある。ブレードの格納位置のガラスに電熱線が備えられていて、通電することで氷をとかすことができる。ワイパーディアイサーは寒冷地仕様車に採用されることがある。

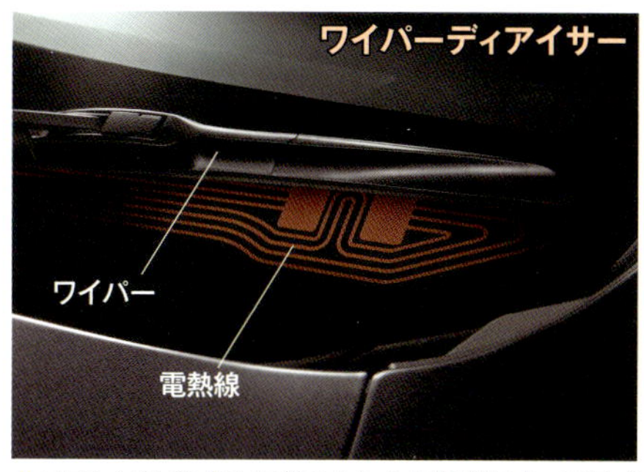

▲フロントウインドウに備えられた電熱線によってワイパーブレードの氷着をとかすことができる。

ワイパーと共同で汚れを取る

油膜と呼ばれる油性の汚れや固着した汚れはワイパーだけでは取りのぞけないため、クルマにはウインドウに洗浄液を噴射する**ウインドウウォッシャー**が備えられている。エンジンルームなどに備えられた**ウォッシャータンク**内の**ウォッシャー液**を電動ポンプの力で送り、**ウォッシャーノズル**から噴射させる。ノズルはボンネット上やボンネットとフロントウインドウの間に備えられることが多いが、ワイパーブレードに備える車種もある。また、リヤワイパーを装備する車種では**リヤウォッシャー**が備えられることが多い。

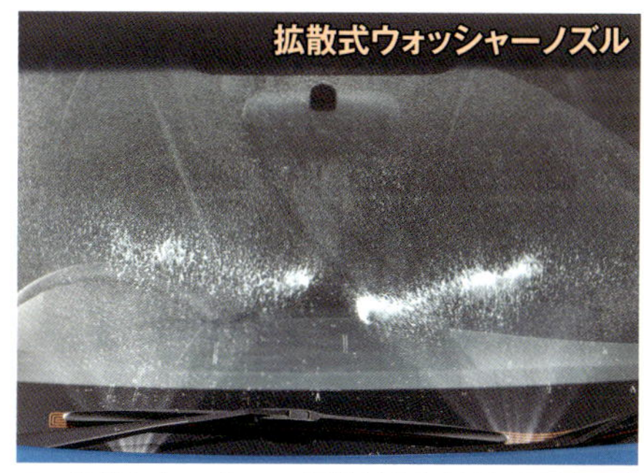

▲一般的なウォッシャーノズルは1本か2本の水流で噴射するが、拡散式の場合は幅広くウォッシャー液を噴射するため、液が広がりやすい。

デフロスター&デフォッガー

フロントウインドウのくもり取り

湿度が高く車内外の温度差が大きいと結露でウインドウがくもって視界が悪くなる。こうした**フロントウインドウ**の**くもり取り**を行う装置を**デフロスター**という。デフロスターはエアコンの機能のひとつとして備えられていて、温風を当てることでガラスを温めてくもりを取るのが基本だが、現在では除湿機能を利用してくもりを取ることもある。高度なエアコンのなかには、車内の温度をかえずにくもりが取れるものもある。

ドアミラーの視界も守る

フロントドアウインドウがくもると、**ドアミラー**の視界が悪くなる。そのため、車種によってはドアウインドウのために**サイドデフロスター**と呼ばれる**吹き出し口**が備えられている。吹き出し口の位置はさまざまで、ダッシュボードの側面にあったりドアそのものにあったりする。こうした機能を備えていない車種の場合でも、ダッシュボード両端の吹き出し口をドアウインドウに向ければ、ある程度はくもりを取りのぞける。

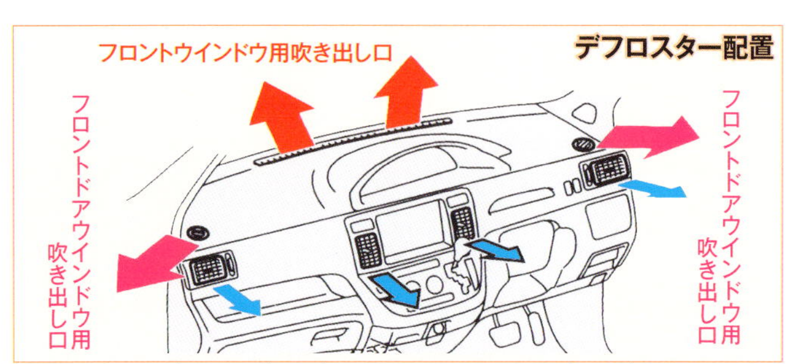

リヤウインドウのくもりも要注意

デフロスターと同じようにくもりを取る装置だが、**リヤウインドウ**の場合は**デフォッガー**という。**リヤデフォッガー**と呼ばれることも多い。リヤウインドウまで温風を送ることはむずかしいため、リヤでは電熱線が使用される。ガラス内もしくはガラスの内側に電熱線が備えられていて、ここに通電することでガラスを温める。デフォッガーは消費電力の大きな装備なので、長時間使い続けるとバッテリーに負担がかかる。切り忘れを防ぐために、一定時間が経過すると自動的にオフになるタイマー機能を備える車種もあるが、こうした機能がない場合は、くもりが取れたらすぐにスイッチを切ろう。

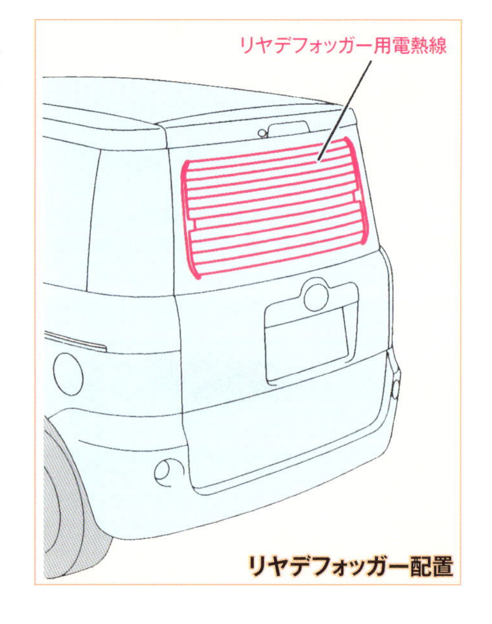

PART 4

操作系&計器類

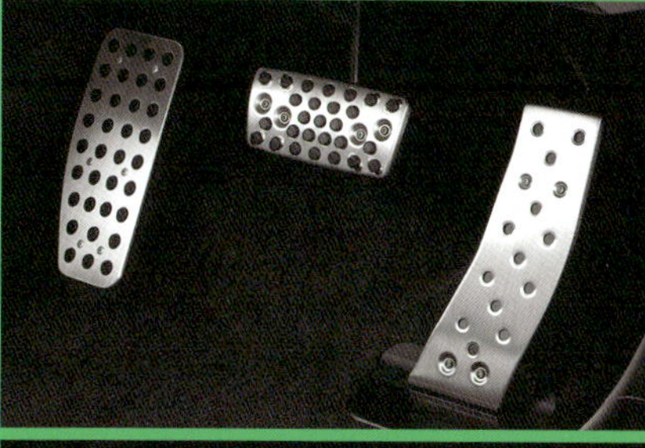

PART 4

ハンドル

ハンドルの感覚は車種によって異なる

クルマの進行方向をかえるために操作するのが**ハンドル**だ。正式には**ステアリングホイール**という。ドライバーがにぎる部分を**リム**、中央の回転軸に接続する部分を**ハブ**、両者をつなぐ部分を**スポーク**という。木製のリムを採用する車種も一部にはあるが、大半は樹脂製で金属で補強されている。リムは樹脂そのままのこともあれば、ウレタンや合成皮革などでおおわれたものや、**本革巻**のものもある。高級感という点では本革の人気が高い。

上下と前後の位置調整

ハンドルの位置は**ドライビングポジション**（P088参照）に影響があるため、位置の調整が可能な車種もある。ドライバーから見て上下（正確には円弧を描く）に動かせるものを**チルト機構**、前後に動かせるものを**テレスコピック機構**という。手動調整が多いが電動で調整できるものもある。

手をはなさずに操作できる

ハンドルのスポークかハブには**ホーン**（**クラクション**）のスイッチが備えられる。ウインカーやワイパーなども操作しやすいように、ハンドルの奥に棒状のスイッチ（**バースイッチ**）で備えられることが多い。トランスミッションに**マニュアルモード**（P138参照）を備えた車種では、変速操作を行う**シフトパドル**（P087参照）を備えることもある。その他のスイッチが備えられることもあり、**ステアリングスイッチ**と呼ばれる。オーディオやカーナビ関連、クルーズコントロールなど先進安全装置のものがある。

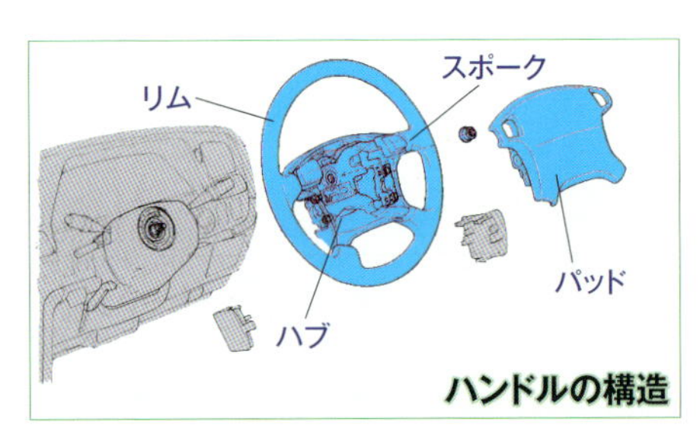

▲しっとりと手になじむ本革巻のステアリング。人工物にはない使いやすさがあり、高級感もある。

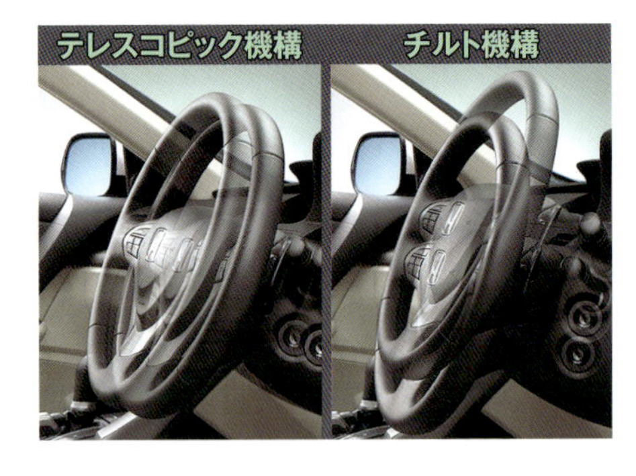

▲ハンドルをにぎったまま操作できるスイッチ類。

PART 4
ペダル

加減速操作を行うペダル類

クルマの加減速は、ペダル操作で行う。右から順に**アクセルペダル**と**ブレーキペダル**が備えられ、MT車であれば**クラッチペダル**がその左側に配置される。AT車やCVT車ではスペースに余裕があるため、大きめのブレーキペダルが採用される。踏みはずしにくくするためだが、左足ブレーキを使いやすくする目的もあるという。左足ブレーキには賛否両論があるが、海外では推奨している国もある。

ペダルはゴムのカバーでおおわれているのが普通だが、スポーツタイプのクルマでは金属製ペダルが採用されることもある。表面加工ですべりにくくなるが、金属の光沢による見た目の効果も大きい。

フットレストで足休め

最近では、足元のもっとも左側に**フットレスト**を装備するクルマが増えている。その名のとおり、左足の位置を改善してドライビングポジションをよくし、疲れも防ぐものだが、コーナリング時に左足を踏んばりやすくする効果もある。

足踏みのパーキングブレーキ

パーキングブレーキの操作は運転席横の**パーキングブレーキレバー**で行う車種が多かったが、最近では**足踏み式パーキングブレーキ**も増えている。もっとも左側にある**パーキングブレーキペダル**を踏むことで作動する。解除方法には再度踏む方式と解除レバーを引く方式がある。また、**電動パーキングブレーキ**も登場している。軽いタッチで操作することができる。

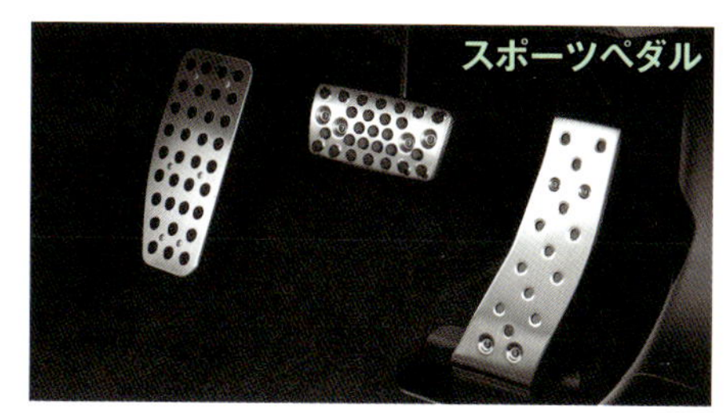

▲金属光沢が美しいスポーツタイプのペダル。

▲足を乗せやすい大型のフットレスト。

▲パーキングブレーキはもっとも左に配置されるのが一般的。写真は再度踏んで解除するタイプ。

▲電動パーキングブレーキであれば、指先だけのワンタッチで確実にブレーキを作動させることができる。

PART 4

シフトレバー

シフトレバーはフロアかインパネ

トランスミッションの操作を行うのが**シフトレバー**だ。ATやCVTの場合は**セレクトレバー**や**セレクター**というのが正式だが、シフトレバーと呼ぶ人が多い。シフトレバーは位置によって**フロアシフト**、**インパネシフト**(**インストゥルメントパネルシフト**)に分類される。

フロアシフトは運転席と助手席の間にシフトレバーを配置する方式で従来の主流だった。いっぽう、インパネシフトはインストゥルメントパネルにシフトレバーを配置する方式。ハンドルに近いため操作性にすぐれ、どの位置にシフトしたかも見やすい。また、足元を広くでき、**ベンチシート**(P096参照)が採用でき、**ウォークスルー**も可能となる。ミニバンに始まり最近ではその他のボディスタイルでも採用されている。

シフトパターンはストレートとゲート

AT車やCVT車のシフトレバーには**ストレート式シフトパターン**と**ゲート式シフトパターン**がある。ストレート式は前後方向に一直線に動くもので、操作しやすい反面、間違った位置にシフトしても気づきにくいというデメリットがある。そのため横方向の動きも必要になるゲート式を採用する車種もあるが、現状では少数派だ。

スポーツモードや**シーケンシャルシフト**ともいう**マニュアルモード**(P138参照)を備えたATやCVTでは、通常走行で使用するシフトパターンとは別にマニュアルモード用のポジションが用意され、前後方向でシフト操作が行える。ストレート式でも横方向への動きが加わることになる。

安全性が高いパドルシフト

マニュアルモードを備えたATやCVTでは、ハンドルの裏側に備えられた2本のレバーでシフト操作が行える車種もある。ハンドルから手をはなさずに操作できるので、安全性が高い。操作レバーは**シフトパドル**といい、右側のパドルでアップシフト、左側のパドルでダウンシフトされるのが一般的だ。**ステアシフト**や**パドルシフト**などメーカーごとにさまざまな名称がある。

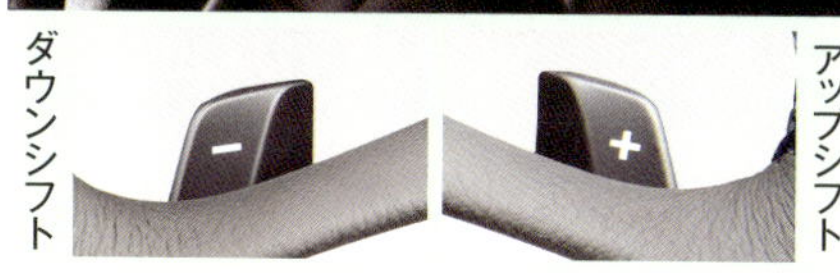

新しい形態のシフト操作

新しいスタイルのシフト機構も登場してきている。トランスミッションとシフトレバーの機械的な接続をなくし、電気信号でやりとりを行うもので、**電子制御式シフト**という。電子制御式では、レバーから手をはなすと基本の位置に戻る**ジョイスティックタイプ**のレバーが採用されることが多い。名称は各社で異なるが**エレクトリックシフト**や**エレクトロシフトマチック**という。また、ホンダの**エレクトリックギアセレクター**のようにレバーをなくし、スイッチだけで操作できるセレクターもある。

そもそもトランスミッションの操作が必要ない電気自動車の場合も、制御するコンピュータに指示を与えるための**セレクター**が必要だ。日産のリーフでは、ジョイスティックタイプのセレクトレバーが採用されていて、**電制シフト**（でんせい）と呼ばれている。

▲手をはなすと基本の位置に戻るジョイスティック式。写真はマツダ・アクセラハイブリッド。

◀ホンダ・レジェンドのエレクトリックギアセレクターはスイッチ操作。

操作性に加え見た目も重要

シフトレバーやセレクトレバーの先端部分で、操作の際に持つ部分を**シフトノブ**という。使いやすさが重視される部分で、一般的には内装（ないそう）デザインでまとめられ、ハンドルなどと同じ素材が使われることが多く、**本革巻**（ほんがわまき）の人気が高い。

◀ハンドル同様に本革巻のノブは操作性が高く高級感もある。

PART 4

ドライビングポジション

最適な運転姿勢は安全運転には欠かせない

ドライバーの運転姿勢のことを**ドライビングポジション**といい、正しいポジションをとらないと安全に運転できない。しかし、体格は人によって異なるため、運転席の**シート**には**シートアジャスター**と呼ばれる調整機構が備えられている。さまざまに調整を行えるシートもあるが、最低限でも**シートスライド**と**シートリクライニング**は備えられている。車種によってはハンドルにも**チルト機構**や**テレスコピック機構**(P084参照)という調整機構が備えられ、さらに身体にフィットした調整が可能とされている。なお、快適装備として運転席以外にもシートアジャスターが備えられることがあり、高級車ほど多種多様な調整が行えることが多い。

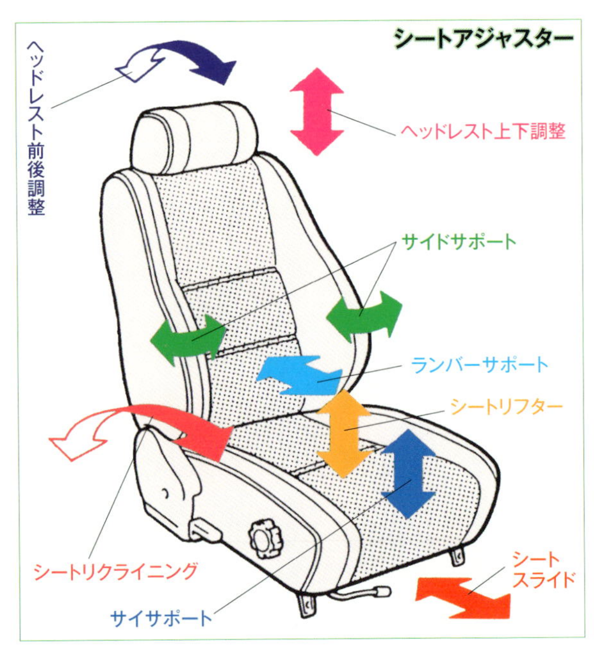

個人個人に最適なドライビングポジションをメモリーしてくれる

複数の人が日常的に運転するクルマの場合、乗りこむたびに**ドライビングポジション**を調整するのは面倒だ。特にさまざまな調整機構を備えた車種では手間がかかる。そのため**シートポジションメモリー機能**を備えていることが多い。シート付近に2～3個程度のスイッチがあり、それぞれに異なったポジションが記憶できる。**ドライビングポジションメモリー機能**とされる場合は、ハンドルの**チルト機構**や**テレスコピック機構**も同時に調整される。なかには**ルームミラー**や**ドアミラー**の位置までメモリーできる車種もある。また、最近では**インテリジェントキー**(P221参照)に連動したメモリー機能もある。インテリジェントキーによって個人の識別が可能になるため、その人のドライビングポジションに自動的に調整される。エアコンやオーディオの設定も記憶させられるものもある。

◀メモリー機能があれば複数の人が使うクルマでも簡単に最適なポジションにできる。

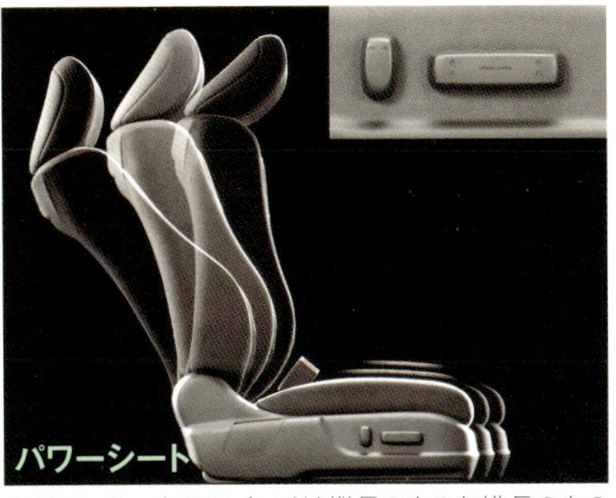

▲パワーシートのスイッチは縦長のものと横長のものが使われることが多い。縦長がシートバックを意味し、横長がシートクッションを意味する。

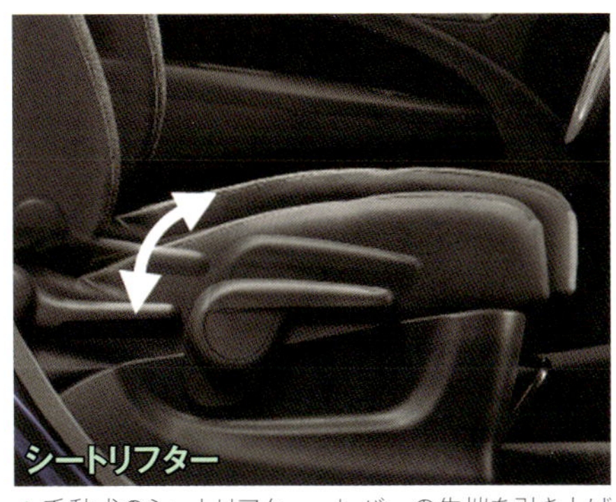

▲手動式のシートリフター。レバーの先端を引き上げるとシートが少し上がる。何度か連続してカチカチと操作すれば、シートを上げていける。

さまざまな方向や角度に調整できるシートアジャスト

シートの座る部分を**シートクッション**、背中をあずける部分を**シートバック**という。**シートアジャスター**は手動のもののほか、**電動シートアジャスター**（**パワーシートアジャスター**）もあり、これを装備したシートを**パワーシート**とも呼ぶ。多機能なアジャスターが備えられている場合、調整できる数で8ウェイシートアジャスターや10ウェイパワーシートなどと表現される。

●シートスライド

シートの前後位置の調整機構を**シートスライド**という。これによりドライビングポジションの基本位置が決まる。

●シートリクライニング

シートバックの倒れ具合の調整機構を**シートリクライニング**といい、単に**リクライニング**と呼ばれることも多い。休息時に寝転（ねころ）がれるように、ほぼ水平にまで倒せるシートバックもある。

●シートリフター

シート全体の高さの調整機構を**シートリフター**という。さまざまな身長の人に対応できるため、採用する車種が増えていて、**電動シートリフター**（**パワーシートリフター**）もある。

●ランバーサポート

シートバックの腰に当たる部分のはりだしを調整する機構を**ランバーサポート**という。背骨の形状にシートバックを合わせることができるので、運転姿勢がしっかり保持され、腰の負担が軽減される。

●サイサポート

シートクッションの前部を上下に調整できる機構を**サイサポート**という。**シートフロントバーチカル調整**とも呼ばれる。シートリフターとともに調整することで、太ももが確実に支えられるため姿勢が保持され、疲労が軽減される。クッション両脇（りょうわき）の締（し）め具合が調整できる機構もある。

●サイドサポート

シートバックの側面のはりだし部分の幅を調整できる機構を**サイドサポート**という。正しく調整すればコーナリング時にも姿勢がしっかり保持される。

●ヘッドレストアジャスト

ヘッドレストの調整機構を**ヘッドレストアジャスト**という。上下位置を調整できる**上下調整式ヘッドレスト**は多いが、なかには前後位置（角度）も調整できる**前後上下調整式ヘッドレスト**もある。

PART 4

インパネ

ドライバーにさまざまな情報を提供

各種メーターや警告灯など運転に必要な情報をドライバーに提供するのが**インストゥルメントパネル**だ。**インパネ**と略されることが多い。**ダッシュボード**（フロントウインドウより下で車内の左右にわたる内装）に備えられるが、インパネとダッシュボードが同じ意味で使われることも多い。

一時期はスピードメーターなど主要な計器をダッシュボード左右中央付近の高めに配置する車種が増えた。こうした配置を**センターメーター**と呼ぶ。視線の移動距離が少ないため安全性が高まるというが、人気が高くないため減少傾向だ。新たな配置として、ドライバーの正面だが従来より高めに配置する車種もある。こうした配置を**アッパーメーター**と呼ぶ。

▲ダッシュボードの左右中央にメーターを配置。

▲従来より高めの位置にメーターを配置。

常時輝きをはなつメーター

スピードを数値で表示したり、バーの長さで回転数を表示する**デジタルメーター**もあるが、現在の主流は**指針式メーター**（アナログ時計のように針で示す方式）だ。従来は夜間にだけ文字盤や針に照明を当てていたが、現在ではパネルの奥から光を当てて、文字そのものが光っているように見せる**自発光式メーター**（**常時発光式メーター**）の人気が高い。オフの状態ではインパネ全面が黒くなる**ブラックアウトタイプ**も多い。メーカーごとに名称はさまざまで**オプティトロンメーター**、**ファインビジョンメーター**、**ブラックアウトメーター**、**ハイコントラストメーター**、**ルミネセントメーター**などがある。また、全面に液晶を採用しているもののデジタル式の表示ではなく、指針式のメーターを表示するものもある。

視線の移動を最小限におさえる

走行中の視線の移動を最小限におさえるために**ヘッドアップディスプレイ**を採用するクルマもある。ドライバー正面付近のフロントウインドウの低い位置に表示されるが、視界の邪魔（じゃま）にはならない。情報が多すぎると認識に時間がかかるため、必要最小限の表示が行われる。速度のほか安全関連やエコ関連の情報が表示されることが多い。カーナビ関連の情報が表示されることもある。

速度に注意するのはもちろん水温計や燃料計も要チェック

インパネに搭載（とうさい）される主要なメーターは以下のとおりだ。クルマの速度を表示するのが**スピードメーター**。**タコメーター**はエンジンの回転数を表示するが、装備されないクルマもある。**水温計**はラジエターの冷却液の温度を表示するもので、エンジンの過熱（かねつ）を監視（かんし）できる。**燃料計**は燃料の量を表示するもので、**燃料残量警告灯**がそえられることが多い。ハイブリッド車や電気自動車の場合は、充電残量関連のメーターが備えられる。

オドメーターと**トリップメーター**はどちらも走行距離を表示するもので、指針式ではなく数字表示。最近では**マルチインフォメーションディスプレイ**に含まれることもある。オドメーターは製造されてから現在までの総走行距離を表示するものでリセットできないのに対して、トリップメーターは自由にリセットでき、走行距離を測定できる。２種類の測定を同時に行うことができる**ツイントリップメーター**が装備されたクルマもある。

さまざまな情報が状況に応じて表示される

現在では**マルチインフォメーションディスプレイ**が備えられたクルマも多い。インパネ内に液晶表示などの部分があり、燃費や安全関連、オーディオ関連、メンテナンスなどさまざまな情報が表示できる。表示は走行状況に応じて自動的に切り替わったり、手動操作で切り替えられる。最近ではエコロジー関連の機能を備えたインパネも多い。環境にやさしい運転にみちびいてくれるコーチング機能はもちろん、エコ運転を教えてくれるティーチング機能を備えたものもある。

▲▼マルチインフォメーションディスプレイに表示される内容は車種や走行状況によって異なったものになる。

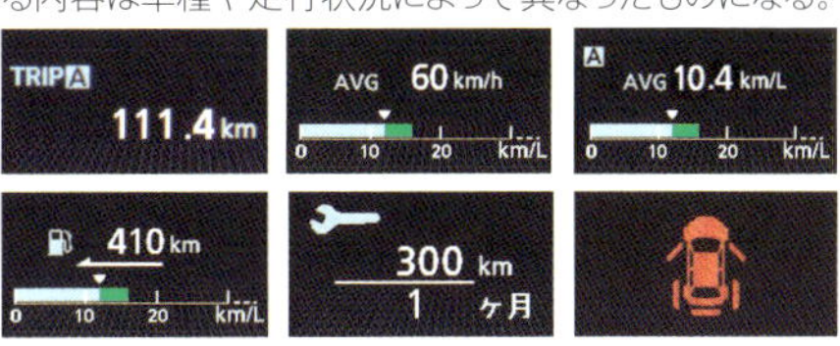

インジケーターやウォーニングランプには常に注意を

インパネには各種の**表示灯**や**警告灯**も備えられている。表示灯は**インジケーター**と呼ばれることも多く、**ウインカーインジケーター**などランプ類の動作を表示するもののほか、ATやCVTをどのレンジにしているかを表示する**シフトインジケーター**などがある。いっぽう、警告灯は**ウォーニングランプ**ともいい、異常事態をドライバーに伝えてくれるもの。内容によっては、即座に運転を中止すべき警告もある。統一規格もあるが、新しい装備が次々に登場してくるためメーカー独自のものもある。取扱説明書を見て、内容と点灯時の指示を確認しておくべきだ。

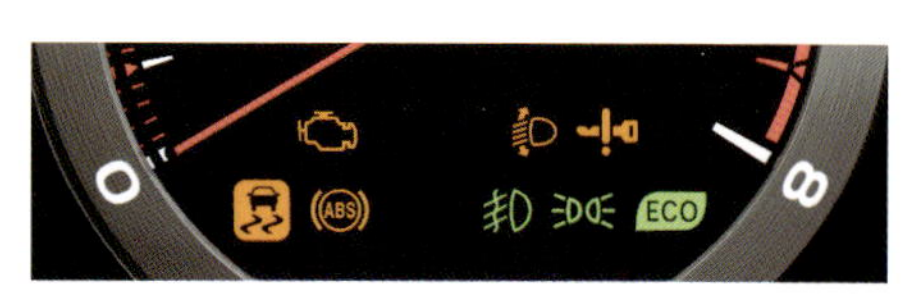

▲▼表示灯や警告灯もときどきはチェックしたい。

ウインカー表示灯
ウインカー作動中に作動している側が点滅。異常を表示する場合も。

ハイビーム表示灯
ヘッドランプがハイビームで点灯している場合に点灯する。

フォグランプ表示灯
フロントフォグランプが点灯している場合に点灯する。

リヤフォグランプ表示灯
リヤフォグランプが点灯している場合に点灯する。

油圧警告灯
エンジンオイル不足などで油圧が低下した場合に点灯する。

エンジン警告灯
エンジンの電子制御システムなどに異常が発生した場合に点灯する。

充電警告灯
充電回路やバッテリーに異常が発生した場合に点灯する。

燃料残量警告灯
燃料が一定以下の量になると点灯。10ℓ以下で点灯する車種が多い。

ブレーキ警告灯
パーキングブレーキ作動中のほか、ブレーキの異常時にも点灯する。

ABS警告灯
ブレーキのABSに異常が発生した場合に点灯する。

シートベルト警告灯
運転席のシートベルトが装着されていない場合に点灯する。

エアバッグ警告灯
エアバッグの制御システムに異常が発生した場合に点灯する。

半ドア警告灯
ドアが開いていたり、半ドア状態になっている場合に点灯する。

ウォッシャー警告灯
ウインドウウォッシャーのウォッシャー液が不足した場合に点灯する。

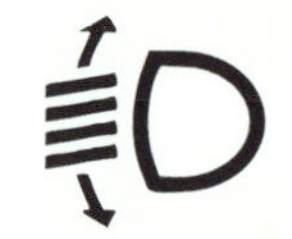

レベライザー警告灯
ヘッドランプのオートレベライザーに異常が発生した場合に点灯する。

その他各種の警告灯にはわかりやすい絵や文字が使われている。図は横滑り防止装置のもの。

PART 5 インテリア

- 内装 *094*
- シート *096*
- ３ボックスのシートアレンジ *097*
- ２列シート２ボックスのシートアレンジ *098*
- ３列シート２ボックスのシートアレンジ *100*
- カーゴスペース *102*
- ユーティリティ *103*
- 収納 *104*
- 電源 *106*

PART 5

内装

インテリアの素材

本革や木が使われることもあるが、クルマの**内装**（**インテリア**）の素材は、合成樹脂、合成繊維、合成皮革が大半だ。プラスチックに代表される合成樹脂は単に樹脂と呼ばれることが多い。樹脂にはさまざまな種類がある。最近ではリサイクルしやすいものを採用し、分解の際に複数の素材が混ざりにくいようにしている。合成繊維では、不織布も一部には使われるが、多くは織物で**ファブリック**や**テキスタイル**と呼ばれる。合成皮革は、昔はビニールレザーと呼ばれたが現在では単に**レザー**と呼ばれる（レザーは皮革の英語だが、天然の皮革の場合はなぜか**本革**と表現される）。

内装材の配置

車内の床には**フロアカーペット**が全面にしかれている。カーゴスペースやトランクルームも同様で、トランクの場合は側面も同じ素材のことがある。床にはさらに**フロアマット**が置かれ、靴の汚れなどがカーペットに直接つかないようにされている。これらは合成繊維が大半だ。車内の天井は、同じように合成繊維が使われることが多いが、一部には合成皮革を採用する車種もある。

車内の側面のうち、ドアのない部分には樹脂製の内装パネルが使われることが多い。ドアの内側の部分を**内張り**といい、同様の内装パネルが使われることもあれば、シートと同素材が使われることもある。

▼内装の色や素材は室内の印象を大きくかえる。シートや内装パネル、内張りなどは別々に選べないのが一般的。

▲通気性を高めるために穴あけされたパーフォレーションレザーを組み合わせて使用。

▲質感の異なるファブリックを組み合わせて使用することでデザイン性を高めている。

本革を超える合成皮革

高級車のシートの代名詞ともいえるのが**本革シート**だ。しかし、本革は高価で手入れがむずかしいものもある。そのため合成皮革が活用されることもある。合成皮革といっても従来のレザーよりワンランク上のもの。見た目や肌触りは本革に優るとも劣らない。それでいて手入れが簡単だ。また、**スエード調合成皮革**を採用する車種もある。しっとりとして肌触りがよく、天然のスエードより通気性が高くシワがつきにくいため、シート地に最適な素材といえる。これらの合成皮革については、一般的なレザーと区別するために、それぞれの素材の登録商標で表現されることが多い。

▼代表的なスエード調合成皮革であるアルカンターラ。ほかにもラックススエードなどが使われている。

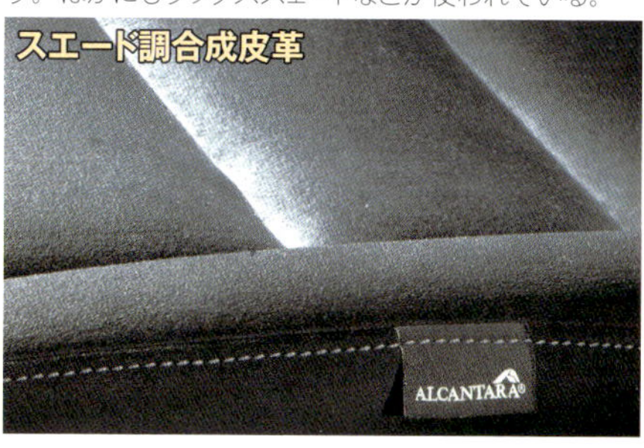

部分的に異なった素材を使用することでインテリアにアクセントを与える

ダッシュボードやインパネの周辺、シフトノブなどの操作部は、通常の内装素材とは異なった装飾が施されることがある。こうした装飾を**加飾**といい、ウッドパネルで高級感を演出する**ウッド加飾**は採用例が多い。また、スポーツタイプの車種ではメタリック調で精悍さが強調されることもある。**シルバー調加飾**や**チタン調加飾**、**ブロンズ調加飾**といった装飾もある。加飾は面積が小さくてもインテリアのアクセントになり、雰囲気を大きくかえてくれる。ハンドルやシフトノブなどの操作部では、**本革**が使われることもある。

▲落ち着いた雰囲気があるウッド加飾。さまざまな色や木目のものが使われる。

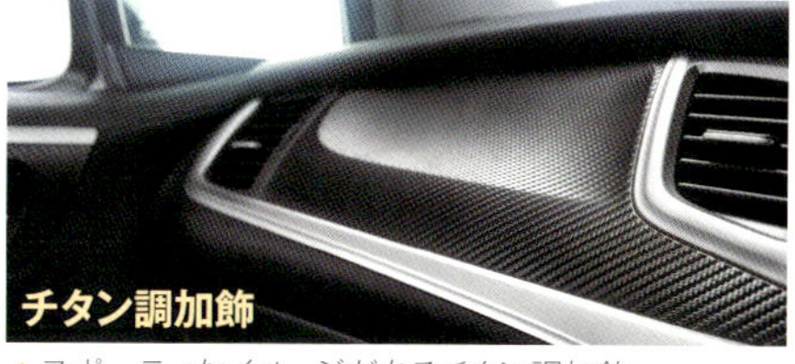

▲スポーティなイメージがあるチタン調加飾。

PART 5

シート

シートアレンジは多彩

シートアレンジとは、基本となる**シート**の数や配置に加えて、移動や回転、折りたたみなどによって座席数や荷物スペースの大きさをかえること。**3列シート**ではさまざまなアレンジパターンが用意されていることが多いが、セダンやハッチバックでも、シートを倒して収納力を高める**可倒式**(かとうしき)**シート**などが採用されている。

セパレートシートとベンチシート

シートは**セパレートシート**と**ベンチシート**に分類される。セパレートシートは1人用のシートのこと。ベンチシートとは左右席がつながった長いすタイプのシートのこと。着座面積(ちゃくざめんせき)が広くなり、ゆったりと座れるものもあるが、定員3人の場合、中央の席は多少座りにくいこともある。また、**フロントベンチシート**の場合もシートクッションがつながっているだけで、座るべき位置はほぼ決められている。

スポーティな走行には専用シート

スポーツ走行でも身体をしっかりホールドできるように作られたのが**スポーツシート**だ。レースカーでは樹脂製(じゅしせい)などの**バケットシート**が使われるが、快適性は無視されたもので、日常に使用するクルマではつらい。そこで快適性をある程度は維持しつつホールド性を高めたものがスポーツシート。こうしたシートは**バケットタイプ**のシートと呼ばれることもある。スポーツ志向の強いクルマのシートのなかにはメーカーがバケットシートと呼んでいるものもあるが、レース用とは違い、快適性が考慮(こうりょ)されている。

セパレートシートとベンチシート

フロントベンチシート

◀シートバックが左右席で独立していても、シートクッションがつながっているとベンチシートとして扱われる。

▲バケットタイプのスポーツシートだと上半身も下半身も両側からホールドされる。レカロなど評価が高い海外ブランドのシートが採用されることもある。

PART 5

3ボックスのシートアレンジ

セダンのリヤシートもリクライニング

セダンに代表される**4ドア**の**3ボックス**では、フロントシートが**セパレートシート**、リヤシートが**ベンチシート**というのが一般的。リヤシートの定員が3人でも、左右に2人分のくぼみが作られていることが多く、3人が座ると中央の人の座り心地がかなり悪いこともある。フロントシートを完全に倒した状態が**フルフラット**と呼ばれることもあるが、あまり平坦(へいたん)にならないことが多い。

最近ではリヤシートリクライニングを備えている車種も多い。高級セダンでは足を乗せる**オットマン**など至れりつくせりの超快適シートが用意されていることもある。

多少は長いものもトランクに入る

セダンのデメリットは長い荷物が積めないことだが、**トランクルーム**と車内をつなぎ、多少は長いものが積める車種もある。こうした機構を**トランクスルー**といい、リヤシートのシートバックが倒せる**6：4分割可倒式リヤシート**や**5：5分割可倒式リヤシート**にすることで実現している車種が多い。リヤシート中央のアームレストだけが倒れてトランクへの開口部(かいこうぶ)になる車種もあり、**アームレストトランクスルー**という。

2ドアのフロントシート

クーペなど**2ドア**のシートアレンジは基本的には4ドアのセダンと同様だが、リヤシートへの乗り降りのために、フロントシートに**ウォークイン機構**が備えられている。レバーなどを操作すると、シートバックが前方に倒れると同時に前方にスライドし、リヤシートに出入りしやすくなる。

▲高級セダンではリヤシートリクライニングは当たり前。クッションが前方にスライドできることも多い。

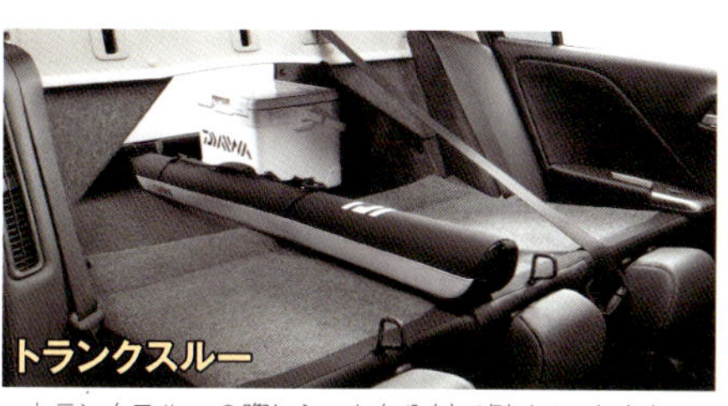

▲トランクスルーの際にシートを分割で倒せることもある。

◀通常のトランクスルーに比べると積めるものは限られるが、あれば便利なことも。

◀シートバックが前方に倒れると同時にシート全体が前方にスライドすることで、後席にアクセスできる。

PART 5

2列シート2ボックスのシートアレンジ

フロントセパレートシート+リヤベンチシートが一般的

ステーションワゴンや**ハッチバック**、**トールワゴン**、**SUV**など**2列シート**の**2ボックス**はフロントシートが**セパレートシート**、リヤシートが**ベンチシート**というのが一般的だが、車内を広くするためにフロントベンチシートが採用されることもある。2列シートの場合、シートアレンジのバリエーションはさほど多くないが、トールワゴンやSUVではリヤシートのスライドや格納によって各種アレンジができる車種もある。

一般的にハッチバックやトールワゴンの荷室は小さい。ステーションワゴンやハッチバックでは荷室の床はリヤシートのクッションと同じ高さが普通だ。トールワゴンやSUVでは、乗員の足を置く床と、荷室の床が同一面でひと続きのことが多い。

軽トールワゴンのシートアレンジ例

軽トールワゴンであってもリヤシートの格納などを工夫することで、さまざまなシートアレンジが可能な車種もある。

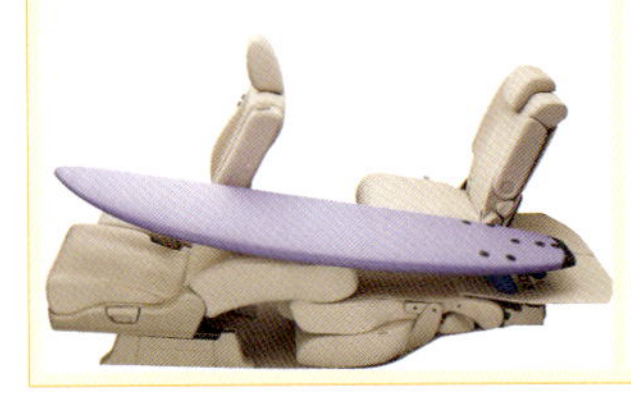

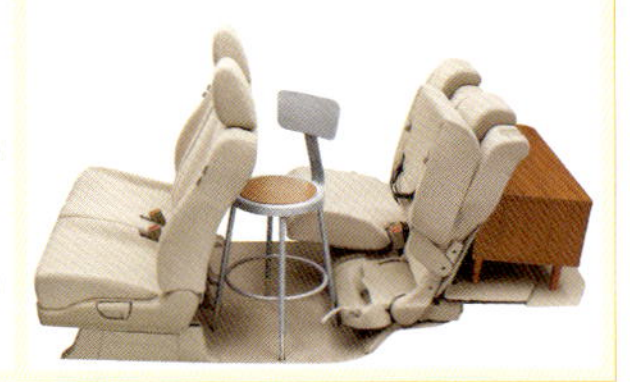

フロントもリヤもリクライニングしたりスライドしたりする

フロントシートの**シートスライド**は元来はドライビングポジションを調整するためのものだが、運転席や助手席のスライドを長めにしたり、**リヤシートスライド**を備える車種もある。**ニースペース**(ひざの前の空間)を広げて快適にしたり、荷物を積む空間を広げることが可能だ。特にトールワゴン(軽も含む)やSUVでは、**ロングスライド**と呼ばれるほど大きなスライド量を備えたものもある。また、快適性を高めるためにリヤシートにリクライニングを装備する車種も増えてきている。こうしたものを**リヤシートリクライニング**と呼ぶ。

▲リヤシートのスライド量を大きくすることで、乗員の快適性が高まるのはもちろん、シート後方もしくはシート前方に荷物スペースを確保することができる。

リヤシートは折りたたみ可能

ステーションワゴンやハッチバックでは、荷物の積載スペースを確保するために、**可倒式リヤシート**が採用されることが多い。リヤシートの定員が2人の場合は**5：5分割可倒式リヤシート**、3人の場合は**6：4分割可倒式リヤシート**にされることが多い。あわせて、助手席のシートバックを前後どちらかにいっぱいに倒して、長いものを積みやすくしていることもある。

リヤシートの後方の荷物スペースが小さいトールワゴンやハッチバックでは、シートクッションをはね上げてリヤシートを折りたたむ**チップアップシート**が採用されることもある。こうすることで、フロントシートとの間に荷物スペースができ、ある程度の高さのものも積めるようになる。シートスライドを利用してリヤシート後方の荷物スペースを広げられる車種もある。

荷物スペースは平面かどうか

シートの折りたたみ方（**シートフォールディング**）には、シートバックだけを前方に倒す**シートバックフォールディング**や、シートクッションも移動する**ダブルフォールディングシート**がある。ダブルフォールディングではシートクッションの後方をはね上げるのが一般的だが、それに近いものとしてシートクッションを沈みこませる方式もあり、**チルトダウン格納**や**ダイブダウン格納**などと呼ばれる。

シートバックを倒す方式の場合、できあがった荷物スペースは、完全な平面にならず、シートバックの裏側の部分に傾斜ができたり段差ができることが多い。また、ダブルフォールディングやチルトダウン格納でも完全に平面になるとも限らない。多少は傾斜が残る車種もある。

分割可倒シート
▲6：4分割可倒シートの6の側を倒した状態。もちろん4の側だけでも倒せるし、両方も倒せる。

チップアップシート
▲チップアップシートのクッションをたたんだところ。フロントシートとの間に荷物スペースが確保される。

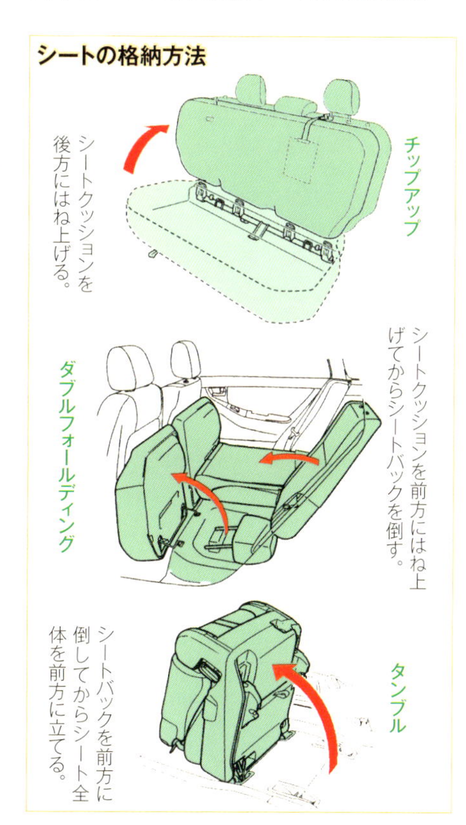
シートの格納方法
チップアップ
シートクッションを後方にはね上げる。
ダブルフォールディング
シートクッションを前方にはね上げてからシートバックを倒す。
タンブル
シートバックを前方に倒してからシート全体を前方に立てる。

PART 5

3列シート2ボックスのシートアレンジ

さまざまなアレンジが可能な3列シート

3列シートの**ミニバン**や一部の**SUV**では、1列目から順に2人－2人－2人の**6人乗り**、2人－3人－2人または2人－2人－3人の**7人乗り**、2人－3人－3人の**8人乗り**が国産車の基本。シートが3列あると、さすがにシートアレンジのバリエーションは多彩。2列目シートは**セカンドシート**、3列目シートは**サードシート**と呼ばれることもある。

1列目は**セパレートシート**が、3列目は**ベンチシート**が一般的で、2列目にはセパレートとベンチがある。2列目シートの違いで、同じ車種に7人乗りと8人乗り(または6人乗りと7人乗り)がラインナップされることがある。2列目にセパレートシートを採用すると、2列目と3列目の**ウォークスルー**が可能になる。3列すべてウォークスルーが可能な車種もある。また、2列目シートには3列目の乗り降りのために**ウォークイン機構**が備えられる。2列目がセパレートシートの場合、乗り降りしやすいように、**横スライドシート**にされることもある。

▲▼ミニバンでは7人乗りと8人乗りのように異なった乗車定員が設定されている車種もある。

写真6例以外のシートアレンジもある。

ゆとりあるキャプテンシートからさらに快適なシートへ

2列目シートが**セパレートシート**のクルマでは、一般的なシートより快適性を高めたシートが採用されることがあり、**キャプテンシート**と呼ばれることが多い。明確な定義はないが、キャプテンシートの場合、専用のアームレストを備えていることが多い。また、**オットマン**を備えるなどさらに快適性を高めたシートの場合には、**エグゼクティブシート**や**スーパーリラックスシート**、**プレミアムシート**など、メーカーが独自の名称をつけてアピールしている。

2列目シートや3列目シートに**ロングスライド**が採用されることもある。2列目シートの快適性を高めたり、荷物スペースを大きくできるなど、シートアレンジの幅が広がる。

▲2列目を後方に大きくスライドさせると、前方に大きなスペースができて快適に乗車できる。

▲非常に豪華なキャプテンシートを採用する車種もある。ゆったりくつろいで乗車できる。

2列目、3列目シートのたたみ方や動かし方は車種ごとに違う

荷物スペースを作りだすために、3列目シートはもちろん2列目シートが折りたためる車種もある。たたみ方はさまざまで、シートバックを前方に倒す**フォールディングシート**や、こうしたシート全体を前方を支点にして立てる**タンブルシート**（P099図参照）、前方ではなく左右分割して側面に収納する**横はね上げ格納シート**もある。また、シートクッションを立てたうえでシートバックを倒す**ダブルフォールディングシート**もあれば、シートクッションをはね上げる**チップアップシート**を前後にスライドさせて空間を作りだすタイプもある。なかには3列目が**床下格納シート**の車種もある。

ただし、3列目シートは、折りたたみやすくするために、少し薄めになっていることもある。長時間座っていると、2列目シートとの違いが感じられる。ロングドライブの際にも使用するのであれば、貧弱なシートはつらい。

横はね上げ格納シート

▲シートバックを折りたたんだうえで横にはね上げて格納する方式だと、シートが側面からでっぱった状態になる。

▲サードシートを床下に格納する車種では荷物スペースがフラットになり、荷物が積載しやすくなることが多い。

PART 5

カーゴスペース

荷物のためのスペース

2ボックスのクルマの荷物スペースのことを**カーゴスペース**や**ラゲッジスペース**という。2列シートのクルマではカーゴスペースに高く積んだ荷物が、ブレーキング時に乗員スペースに飛びこむと危険なため、間を区切る**カーゴネット**(**ラゲッジネット**)が用意されている車種もある。なお、荷物を固定するためのネットもカーゴネットと呼ばれることがある。また、ロールカーテンのように引きだして荷物を隠す**トノカバー**といった装備もある。駐車時に荷物が外から見えなくなるので安心だ。さらに、カーゴスペースに**カーゴフック**があると、ロープで荷物を確実に固定することができる。

荷物スペースの床下に注目

最近ではカーゴスペースの床下(ゆかした)に収納スペースを確保している車種が多い。こうした**カーゴアンダーボックス**には大きな空間のものもある。また、通常は平坦(へいたん)なカーゴスペースとして使うが、背の高い荷物の場合にはボックス部のカバーをはずしてそのなかに置けるなど、さまざまに工夫(くふう)がこらされたカーゴスペースもある。

カーゴマットがあると便利

レジャー志向の強いSUVなどではカーゴスペースが**撥水**(はっすい)**カーゴフロア**になっていたり、**撥水カーゴボード**や**撥水カーゴマット**、**カーゴトレイ**などがしかれていたりすることがある。標準仕様以外でも、オプションのマットがあったりする。撥水でない**カーゴマット**でも、置けば多少の汚れものでも安心して積めるので便利だ。

▲荷物の突入や倒れこみを防いでくれるネット。

▲車外から荷物を見えないようにしてくれるトノカバー。

◀カーゴスペースにフックがあるとロープやネットで荷物を確実に固定できる。

▲カーゴスペースの床下に大きな収納スペースが隠された車種も多い。深底だと背の高いものが積みこめる。

▲水を受け止めるカーゴトレイなら濡れたものも大丈夫。

PART 5

ユーティリティ

役にたつ車内装備いろいろ

車内には収納をはじめ便利な装備がさまざまに備えられている。これらは**ユーティリティ**と総称されることがあり、役にたつものという意味になる。カタログの装備表では、単に内装やインテリアの欄に記載されることもある。ユーティリティは、最初はカー用品として市販されていたものを、人気が高く使用する人が多くなった結果、メーカーが標準装備することもある。ユーティリティには**コインホルダー**や**サングラスホルダー**、**ドリンクホルダー**をはじめとする各種の収納のほか、**テーブル**や**フック**などがある。なかには、**アンブレラホルダー**といったものを装備する車種もある。

走行中の車内での食事はあまりおすすめできないが、テーブルがあると停車中にくつろいで食事ができる。テーブルには、前席の人のためにダッシュボードに備えられるもの、後席の人のためにフロントシートのシートバック背面に備えられるもののほか、助手席のシートバックを前方に倒すとテーブルになるものもある。小さなテーブルは**トレイ**と呼ばれることもある。

小さいけれどフックは重宝

買い物袋やバッグをシート上や足元に置くと、発進や停止の際に荷物が倒れたり、シートから落ちて傷むことがある。そのため、最近では**買い物フック**や**コンビニフック**などと呼ばれるフックを装備する車種も多い。重いものは無理だが、通常の買い物程度には十分に対応できる。同じフックでも高い位置にあり、洋服がかけられる**コートフック**を装備する車種もある。

テーブル&トレイ

◀前席の人のために用意されたダッシュボードのトレイ。

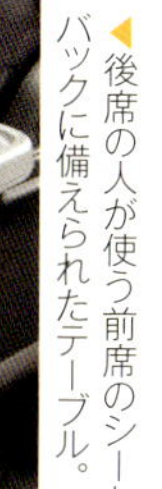

◀後席の人が使う前席のシートバックに備えられたテーブル。

◀助手席を倒して使用するテーブルもシートバックテーブルという。

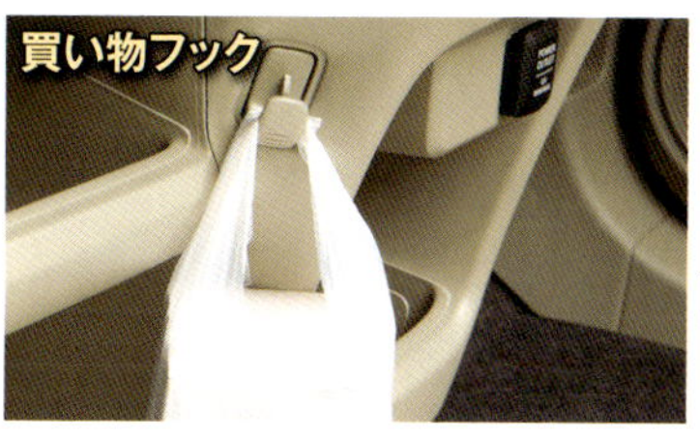

◀シートやフロアに置くと転がりやすい荷物もフックにかければ安心。

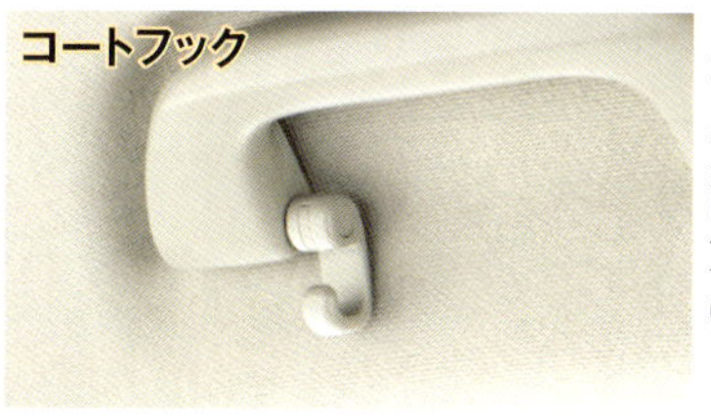

◀コートフックは高い位置に備えられるので、ハンガーをかけやすい。

PART 5

収納

ありとあらゆる部分が収納に活用されている

車内の収納といえば、ダッシュボードの低い位置に**グローブボックス**、運転席と助手席の間に**センターコンソールボックス**（もしくはフロントシートの**アームレストボックス**）、各ドアの低い位置に**ドアポケット**、シートバックの背面に**シートバックポケット**（**シートポケット**）という4種類が基本的な構成だったが、現在では非常に多くの収納が用意されている。インパネシフトを採用する車種では、ダッシュボードの左右中央付近の低い位置に収納が設けられることがあり、**センターボックス**や**センターポケット**と呼ばれる。ダッシュボードの上面も収納にされることがあり、**アッパーボックス**などと呼ばれる。中央なら**センターアッパーボックス**、助手席側なら**助手席アッパーボックス**という。

シートの下の空間も利用され、引きだして使用する**シートアンダートレイ**や、シートクッションを上げて出し入れする**シートアンダーボックス**がある。車高の高いクルマでは運転席や中央部の天井に**オー**

グローブボックス

センターコンソールボックス

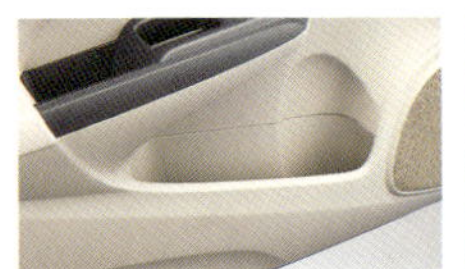
ドアポケット

シートバックポケット

センターポケット

◀ダッシュボード左右中央の低い位置に備えられたポケット。

ドライバーズアンダートレイ

▲ドライバーの足元付近に設けられたポケット。

グローブボックス周辺

シートバックポケット

▲▼小さなポケットであっても用途を考えると、意外に便利に使いこなせることがある。

シートクッションポケット

バーヘッドコンソールボックスという収納が作られることもある。頭上のものは**サングラスホルダー**と呼ばれることもある。

このほかにも、作れそうな空間があれば収納が作られている。軽自動車やコンパクトカーのようにサイズの小さなクルマほど、収納アイデアが満載(まんさい)だ。新しい収納はメーカーが独自に名称をつけるが、多くのクルマが採用するようになると、いずれかのメーカーの名称が一般的になることが多い。通常は、フタが閉まるものは**ボックス**、開放されたものは**ポケット**、開放され底面が平坦なものは**トレイ**、特定の用途のものは**ホルダー**と呼ばれることが多いが、決まりはない。

専用の収納も各種ある

用途が限定されていて、その他のものを入れることがむずかしい収納には**コインホルダー**や**チケットホルダー**などがあるが、もっとも採用が多いのが**ドリンクホルダー**(**カップホルダー**)。缶やペットボトルには対応しているが、太めの紙コップや紙パックは収まらないものもある。良心的な構造のものだと、さまざまな太さに対応できる工夫(くふう)が施されていたりする。

最近増えているのがティッシュペーパーに対応したものだ。ティッシュボックスが収められるサイズにされることが増えていて、なかにはティッシュペーパーが引きだしやすい構造が採用されているものもある。

◀頭上に備えられたボックス。運転席からも助手席からも出し入れできる。

◀助手席のシートの下から引きだして使用するトレイ。

◀助手席のシートクッションを上げて使用するボックス。

▲ティッシュボックスが収められるサイズのボックス。

◀ティッシュボックスに対応したボックス。開ければ引きだせる。

▼助手席のシートバックに備えられたティッシュペーパー専用のポケット。すぐにティッシュを引きだせる。

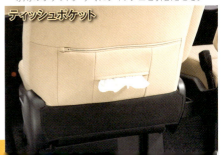

PART 5

電源

AC100Vもあれば便利

車内の電源といえば、**DC12V**が一般的。元来はシガーライター用のものだったので**シガーライターソケット**と呼ばれたが、最近では**アクセサリーソケット**や**DCパワーサプライ**と呼ばれる。また、車種によっては家庭の電源と同じ**AC100V**が使える車種もある。この場合はアクセサリーソケットのほか、**アクセサリーコンセント**や**ACパワーサプライ**と呼ばれたりする。AC100V電源があれば、クルマ用の電源アダプターを購入する必要がなく、各種家電品が車内で使える。

ソケットの位置や数と許容電力

アクセサリーソケットなどの電源の位置は、ダッシュボードという車種が多かったが、最近では、後方のシート周辺に備えられることがある。車種によってはカーゴスペースの側面などに備えられている。電源の使用時には許容電力に注意すべきだ。使いすぎるとヒューズなどが切れて、復帰(ふっき)に手間がかかる。

電気自動車から家庭に電力を

最近では**カーAV**や**カーナビ**との接続のために**USB端子**を備えている車種も多い。USB端子のほとんどは電源供給も可能なタイプなので、スマートフォンなどの充電に使用することができる。また、スマートフォンの**ワイヤレス充電器**を備えた車種もある。ワイヤレス充電規格**チー(Qi)**に対応したスマートフォンなどを、充電エリアに置くだけで簡単に充電できる。この機能を**置くだけ充電**などと呼んでいる。

▲アクセサリーソケットはダッシュボード付近に備えられることが多いが、リヤシート用に備えられることもある。

◀単独のACパワーサプライ。容量は1500W。▼ACパワーサプライとUSB端子がセットで配置された車種。

▲USB端子があればスマホの充電が行える。端子はリヤシートで使いやすい位置に備えられることもある。

▲Qi規格に対応したスマホなら置くだけで充電できる。

PART 6

動力源&駆動系

PART 6

エンジン

燃料を燃やして力を生みだす

乗用車の動力源に使われるエンジンには、**ガソリンエンジン**、**ディーゼルエンジン**、**ロータリーエンジン**の3種類があるが、いずれのエンジンも燃料を燃やして熱を発生させ、その熱で燃焼で発生した気体などを膨張(ぼうちょう)させて力を生みだしている。この時、**ピストン**が往復運動して力を生みだすものを**レシプロエンジン**といい、ガソリンエンジンとディーゼルエンジンが含まれる。ガソリンエンジンは**ガソリン**が燃料、ディーゼルエンジンは**軽油**が燃料で、力を生みだす行程(こうてい)にも多少の違いがある。いっぽう、ローターが回転して力を生みだすエンジンをロータリーエンジンという。ロータリーエンジンのクルマもまだ現役のものがあるが、生産は終了している。

これらのエンジンはいずれも「吸気(きゅうき)」、「圧縮」、「燃焼(ねんしょう)・膨張(ぼうちょう)」、「排気」の4行程で力を生みだす。そのため**4サイクルエンジン**と呼ばれる。2行程で力を生みだす**2サイクルエンジン**もあるが、クルマには使われていない。

▲エンジンは燃料を燃焼させることで力を生みだす。

一般的にはガソリンエンジンで通用するが、ロータリーエンジンもガソリンを燃料とするエンジンであるため、違いを明確にするには**ガソリンレシプロエンジン**と呼んだほうがいい。さらに正確にするなら**4サイクルガソリンレシプロエンジン**と呼ぶべきだ。なお、電気自動車やハイブリッド車が登場してきているため、本書ではエンジンだけを動力源とするクルマを**エンジン自動車**と呼ぶ。

エンジンが力を発生する原理

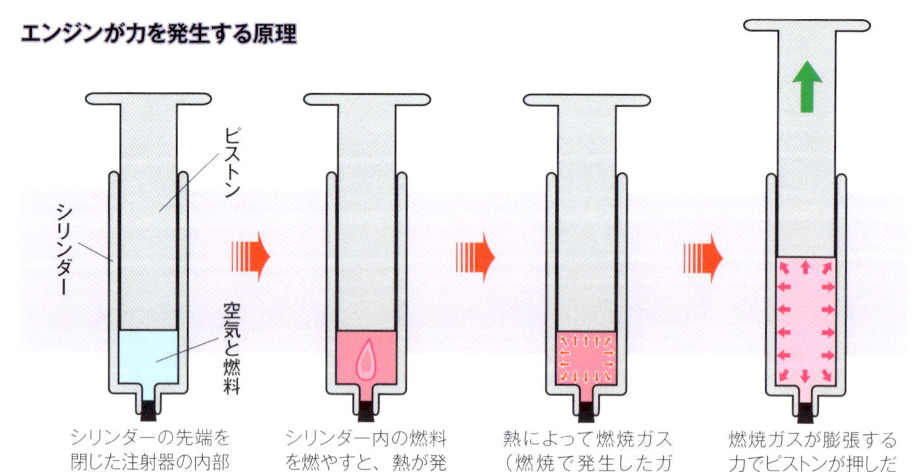

シリンダーの先端を閉じた注射器の内部に空気と燃料をピストンで密閉する。

シリンダー内の燃料を燃やすと、熱が発生して、内部の温度が上昇する。

熱によって燃焼ガス（燃焼で発生したガスと使われずに残った空気）が膨張する。

燃焼ガスが膨張する力でピストンが押しだされ、動力として使用できる力になる。

ガソリンエンジン

ガソリンエンジンが連続して行う4行程

ガソリンエンジンは**シリンダー**内に**ピストン**が収められ、4行程を行うために空気を吸いこむ通路と燃焼ガスを排出する通路があり、それぞれが**吸気バルブ**と**排気バルブ**で開閉できるようにされている。また、強い火花で燃料に着火する**点火プラグ**が備えられている。ピストンは**コンロッド**という棒で**クランクシャフト**につながれていて、ピストンの往復運動が回転運動にかえられて、エンジンの出力になる。

シリンダー内で上下に動くピストンのもっとも高い位置を**上死点**（じょうしてん）、もっとも低い位置を**下死点**（かしてん）という。ガソリンエンジンの4行程では、①**吸気行程**で上死点から下死点まで、②**圧縮行程**で下死点から上死点まで、③**燃焼・膨張行程**で上死点から下死点まで、④**排気行程**で下死点から上死点までピストンが移動する。この4行程の間にピストンは2往復（=クランクシャフトは2回転）して、エンジンは一連の動作を完了する。

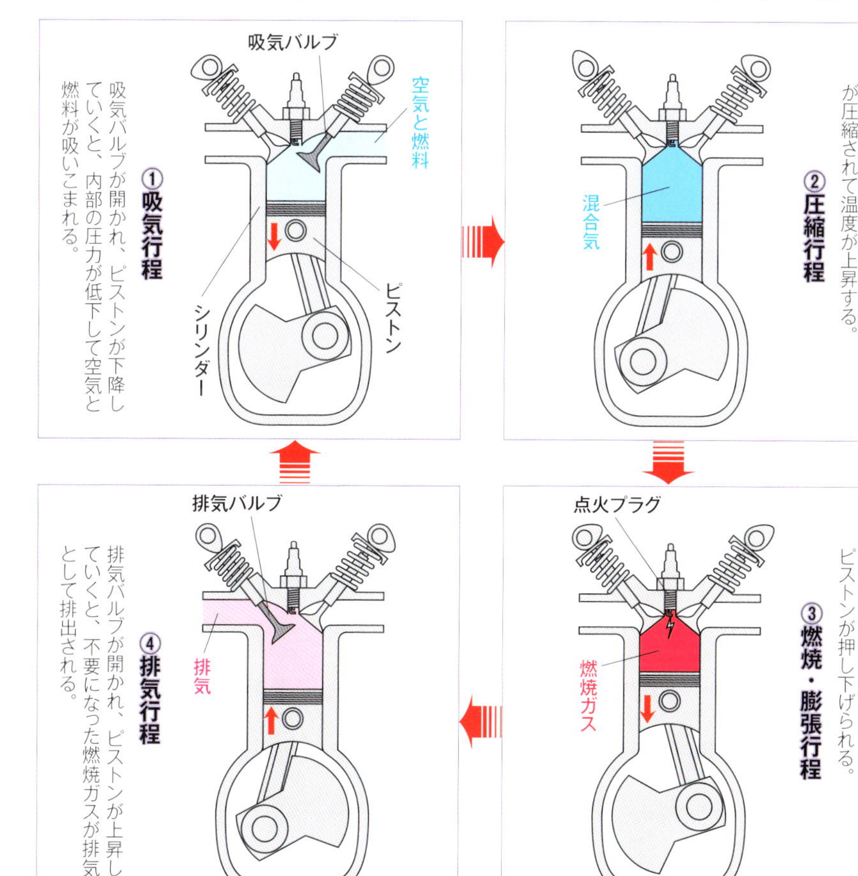

PART 6

ディーゼルエンジン

ディーゼルエンジンが連続して行う4行程

ディーゼルエンジンもガソリンエンジンと同じ**4サイクルエンジン**で、ピストンが往復運動する**レシプロエンジン**だ。基本的な構造もほぼ同じだが、点火プラグがなく、直噴(ちょくふん)エンジン(P118参照)のように燃料を噴射(ふんしゃ)する**インジェクター**が**シリンダー**内にある。**吸気行程**では空気だけが吸いこまれる。**圧縮行程**で空気を圧縮すると温度が上昇する。そこに燃料を噴射すると熱によって燃料が燃え始め**燃焼(ねんしょう)・膨張行程(ぼうちょうこうてい)**になる。そして**排気行程**で燃焼ガスが排出される。

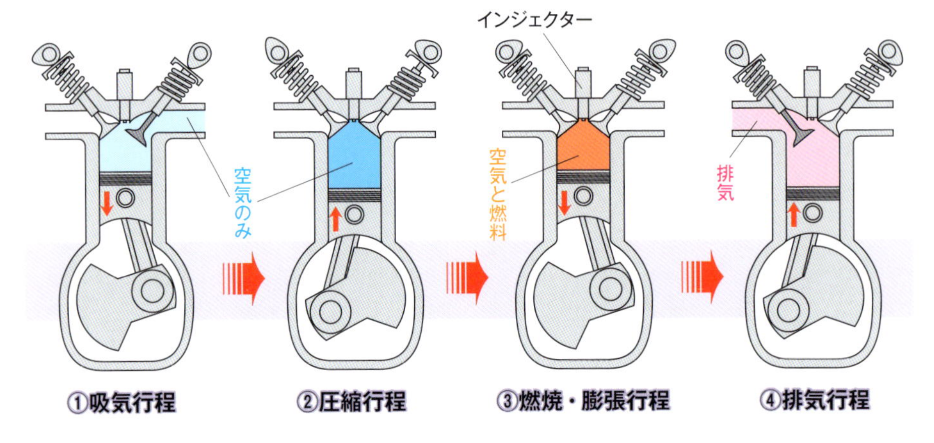

本当は環境にやさしいディーゼルエンジン

ディーゼルエンジンは排気に**黒煙(こくえん)**が多く、騒音や振動も大きい。そこに法規制も加わったため、乗用車にはまったく採用されなくなっていた。しかし、原理上はガソリンエンジンより**熱効率**(燃料から運動エネルギーを取りだせる割合)が高い。つまり**二酸化炭素**排出量が少なく、環境にやさしいということ。日本では**軽油**がガソリンより安いため、さらにメリットが高まる。そのため各社は環境基準に適合するエンジンの開発を続け、**クリーンディーゼルエンジン**を搭載(とうさい)したクルマを誕生させた。今後もクリーンディーゼルエンジン車が増えてくるが、現状の最大のデメリットはガソリンエンジン車より高くなることだ。

▲いち早く開発され2008年に日産・エクストレイルに搭載されたクリーンディーゼルエンジンM9R。販売が不調だったためか、モデルチェンジを機にディーゼルエンジンのラインナップは姿を消してしまった。

PART 6

排気量と気筒数

複数の気筒が異なった行程を行うようにしてある

レシプロエンジンの1組の**シリンダー**と**ピストン**の組み合わせを**気筒**(きとう)という。その気筒が力を発生するのは燃焼・膨張行程だけ。その他の行程では、吸気や圧縮、排気を行うためにピストンを動かしてやる必要がある。そのため、乗用車に使われるエンジンでは複数の気筒を備え、ある気筒で発生した力で、ほかの気筒の吸気や圧縮、排気を行う。こうした複数の気筒を備えたエンジンを**多気筒エンジン**といい、乗用車では**3気筒**、**4気筒**、**6気筒**、**8気筒**、**10気筒**、**12気筒**が普通で、一部に**2気筒**と**5気筒**がある。一般的に排気量が大きくなるほど気筒数が多くなる。

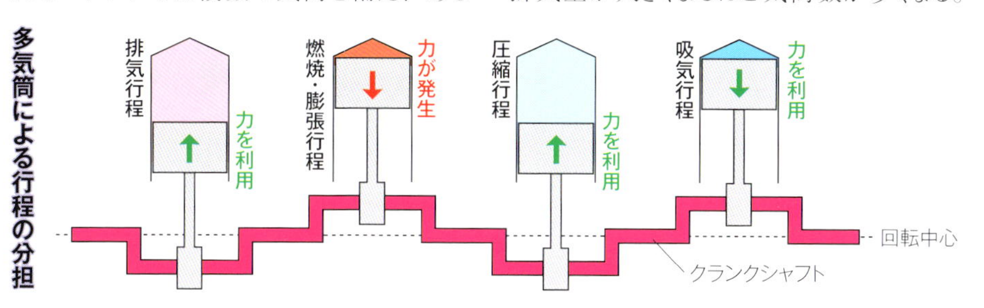

排気量が大きなエンジンほど高出力にしやすい

一般的には**排気量**といわれるが、正式には**総排気量**という。ピストンが移動するとシリンダーの容積が変化する。**下死点**(かしてん)から**上死点**(じょうしてん)まで移動する間に変化した容積を気筒あたりの排気量という。これに気筒数をかけたものが総排気量だ。総排気量とは、各気筒が吸気行程で吸いこめる空気の量の合計ということになる。空気の量が多いほど、燃やせる燃料の量が増えるので、高出力のエンジンが作りやすくなる。

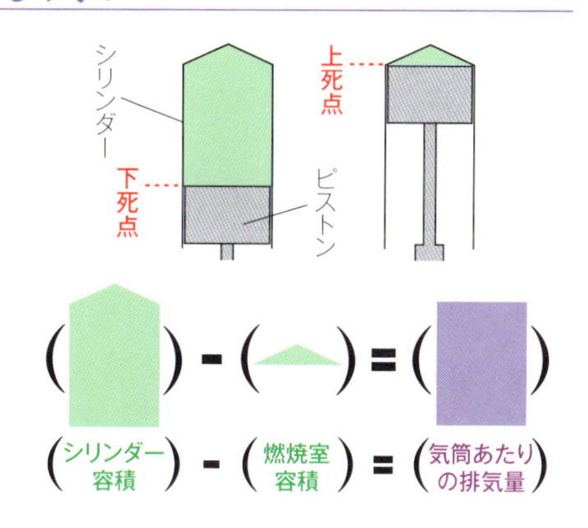

圧縮比を高めるとエンジンの効率が高まる

シリンダー容積と**燃焼室容積**の比率を**圧縮比**という。圧縮比を大きくするほど、燃焼・膨張行程での膨張率が大きくなるので、大きなエネルギーが取りだせるようになり、エンジンの効率が高まる。しかし、圧縮比を高くしすぎると圧縮行程で混合気の温度が高くなり、自身の熱で本来の着火時期より早く燃焼が始まる**ノッキング**という問題が起こる。ピストンが上昇中の圧縮行程で燃焼が始まったのでは、エンジンは正常に動作できない。一般的に圧縮比は8:1～10:1程度にされる。

PART 6

シリンダー配列

シリンダーの並べ方はいろいろある

多気筒エンジンでは、**シリンダー**の並べ方（**シリンダー配列**）によってエンジンのサイズや重心がかわる。エンジンのサイズは、置き方やエンジンルームの大きさに影響を与える。また、重心が高い位置にあるほどクルマは傾きやすく、その状態から戻りにくいため、運動性能が低下し、乗り心地も悪くなる。そのため、重量物であるエンジンの重心は重要だ。

●直列型エンジン

すべての**気筒**を一直線上に配置したエンジンを**直列型**という。気筒数によって**直4**や**直6**などと呼ばれるが、気筒数が多いほどエンジンが長くなり、エンジンルーム内に収めにくくなる。6気筒以下で採用されるのが普通だ。

●V型エンジン

総気筒数の半分を直列にし、その2列をV字形に組み合わせたエンジンを**V型**という。乗用車では6気筒以上で採用されるのが一般的で、気筒数によって**V6**、**V8**、**V10**、**V12**などと呼ばれる。それぞれの列を**バンク**、バンクが作る角度を**V角**といい、60度や90度など各種ある。直列型に比べると幅は大きいが短くなる。高さはおさえられるので重心が低くなる。

●水平対向型エンジン

V型のV角を180度にしたものが**水平対向型**だ。ピストンがボクサーのパンチのように水平に動くため、**ボクサーエンジン**とも呼ばれ、気筒数によって**ボクサー4**や**ボクサー6**などと呼ばれる。V型以上に低重心になるが、エンジンの横幅が大きくなってしまう。

▼低重心を重視するトヨタ・86とスバルBRZでは水平対向4気筒を採用し、非常に低い位置にマウント。

PART 6

エンジン本体と補機

エンジン本体とさまざまな補機でエンジンは構成される

エンジンは**エンジン本体**とその動作をアシストする**エンジン補機**にわけて考えられる。エンジン本体は金属のかたまりのように見える部分のことで、**シリンダーヘッド**と**シリンダーブロック**で構成される。内部には**ピストン**や**クランクシャフト**などエンジンが力を発生する際に動く**主運動系**や、バルブを動かして吸排気を制御する**動弁系**（**バルブシステム**）が収められる。

エンジン補機は、単に**補機**と略されることが多く、まとめて表現する場合は**補機類**という。**吸気装置**、**排気装置**、**燃料噴射装置**、**点火装置**、**冷却装置**、**潤滑装置**、**充電装置**、**始動装置**があり、**排出ガス浄化装置**や**過給機**も補機に含めて考えられる。その多くはエンジンに取りつけて使用するものだが、潤滑装置のようにほとんどの部分が内部に組みこまれる装置もある。

▶エンジンは本体だけでは動作できない。さまざまな補機がアシストすることで動作を続けられ、ベストな状態が保たれる（マツダ・SKYACTIV-G 2.5T）。

補機などの交換でエンジンのバリエーションが生まれる

エンジンの設計には時間も費用もかかる。しかし、エンジン本体が同じでも補機をかえることで、エンジンの性能や性格をかえられる。そのため**エンジン型式**が同じでも、車種によって性能や性格が違うことがある。また、エンジン型式はかわるが、過給機を加えたり、違ったバルブシステムにすることでも異なった性能や性格にできる。こうしてエンジンのバリエーションが増やされる。

PART 6

エンジン本体

シリンダーブロックとヘッド

エンジン本体の外観を構成するのが鉄またはアルミ合金で作られた**シリンダーブロック**と**シリンダーヘッド**で、その下に潤滑装置の**オイルパン**（P126参照）が取りつけられる。シリンダーブロックは**シリンダー**の筒を構成する部分で、下部にはクランクシャフトを支える構造がある。シリンダーブロックが2分割され、クランクシャフトを収める部分が別にされることもある。

シリンダーヘッドにはシリンダーブロックの筒の部分に対応したくぼみがある。燃焼が始まる部分になるので、このくぼみを**燃焼室**という。この燃焼室に向けて、吸気の通路である**吸気ポート**（**インテークポート**）と排気の通路である**排気ポート**（**エキゾーストポート**）、点火プラグを取りつける穴がある。シリンダーヘッドには、さらにバルブシステムが収められ、上部は**シリンダーヘッドカバー**でおおわれる。

主運動系のパーツ

主運動系は**ピストン**、**コンロッド**、**クランクシャフト**などで構成される。コンロッドは正式には**コネクティングロッド**というが、略して呼ばれることが多い。シリンダー内を往復する部分がピストンで、燃焼・膨張行程でピストンが下降すると、クランクシャフトが回転する。この回転によって、他の気筒のピストンを上下に動かして吸気や排気、圧縮を行う。クランクシャフトの回転はバルブシステムなどに伝えられるほか、端の部分はエンジン外にでていて、その回転がエンジンの出力としてトランスミッションに伝えられる。

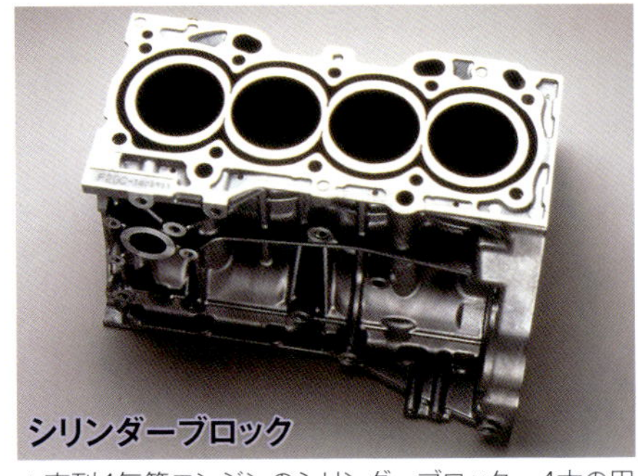

▲直列4気筒エンジンのシリンダーブロック。4本の円筒部分がシリンダーの壁面を構成する。

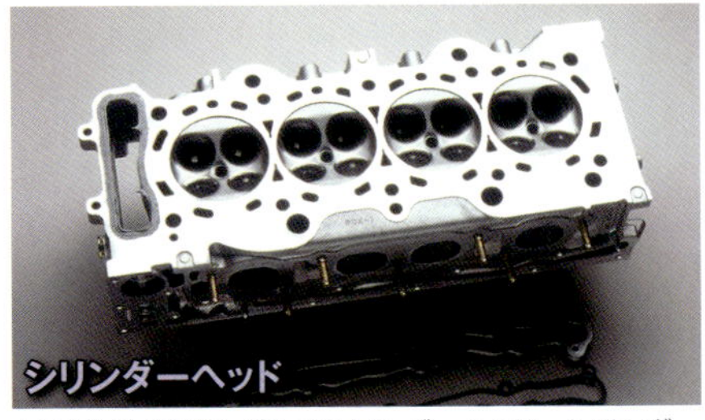

▲直列4気筒エンジンのシリンダーヘッド。シリンダーブロックに接合される面から見ている。

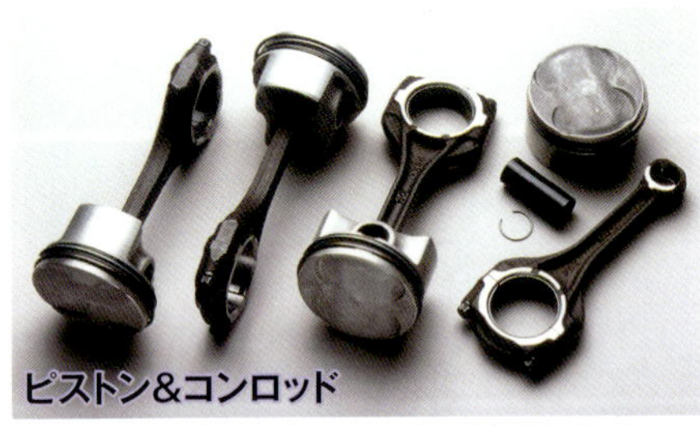

▲4気筒分のピストンとコンロッド。ピストンとコンロッドはピストンピンというパーツでつながれる。

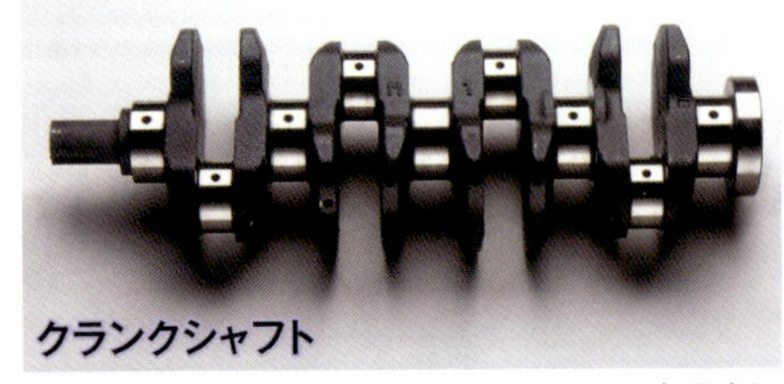

▲直列4気筒エンジンのクランクシャフト。金属光沢で光って見える部分が、コンロッドが接続される部分と回転軸を支える部分になる。

PART 6

バルブシステム

吸気バルブと排気バルブ

燃焼室と**吸気ポート**との境目には**吸気バルブ**（**インテークバルブ**）、**排気ポート**との境目には**排気バルブ**（**エキゾーストバルブ**）が備えられる。各気筒に吸気バルブ1、排気バルブ1の**2バルブ**もあるが、開口部（かいこうぶ）の面積を大きくすると吸排気が流れやすくなるため、乗用車のエンジンでは吸排気各2の**4バルブ**が一般的だ。

カムがバルブを開閉する

吸排気バルブは**バルブスプリング**というバネで閉じた状態にされている。このバルブ後端（こうたん）を断面が卵形の**カムシャフト**が回転しながら押すことで、バルブが開かれる。カムシャフトで直接押す方式を**直動式**（ちょくどうしき）、テコのように働くアームを介して押す方式を**ロッカーアーム式**という。カムシャフトには**タイミングベルト**と呼ばれるベルトなどでクランクシャフトの回転が半分に減速されて伝えられている。

DOHCとSOHC

バルブシステムの方式はカムシャフト1本で吸排気のバルブを駆動（くどう）する**SOHC**（Single Overhead Camshaft）と、カムシャフト2本で駆動する**DOHC**（Double Overhead Camshaft）がある。設計の自由度が高く、高性能なエンジンが作りやすいためDOHCが主流だ。DOHCエンジンはカムシャフトが2本あるため**ツインカムエンジン**と呼ばれる。また、バルブシステムはシリンダーヘッドごとに必要だ。V型や水平対向型（すいへいたいこうがた）ではカムシャフトが4本になるため**4カムエンジン**と呼ばれる。

バルブとバルブスプリング

▲4気筒分のバルブとバルブスプリング。

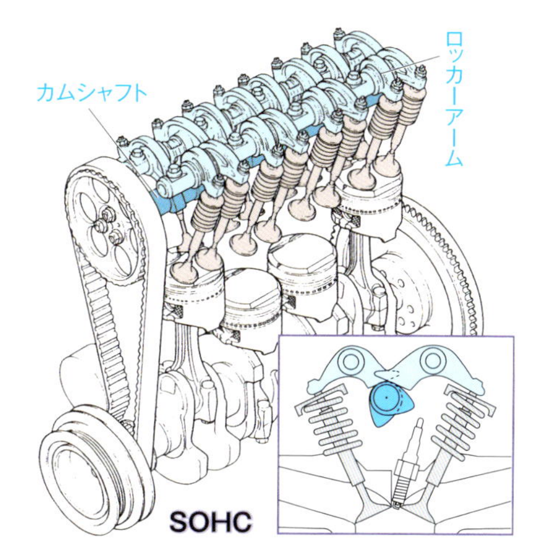

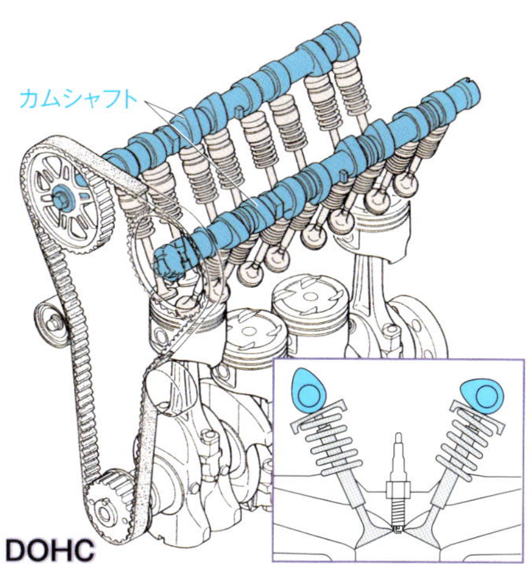

PART 6

可変バルブシステム

開閉する時期や開き具合を制御

エンジンの原理の説明では、**ピストン**が**上死点**(じょうしてん)や**下死点**(かしてん)にある時に**吸気バルブ**(きゅうき)や**排気バルブ**が開閉するが、実際には少し早めに開き、遅めに閉じることが多い。こうすると吸排気の流れる勢いなどが利用でき、効率が高まる。こうしたバルブの開閉時期を**バルブタイミング**という。

最適なバルブタイミングは回転数などによって変化するし、めざすエンジン性能でも異なる。従来のエンジンではバルブタイミングは固定だが、現在ではバルブタイミングを状況に応じてかえられる**可変バルブタイミングシステム**を採用するエンジンが多い。バルブの開き具合までかえられる**可変バルブリフトシステム**もあり、あわせて**可変バルブシステム**という。こうしたシステムを使うと、燃費改善(ねんぴかいぜん)や出力向上が可能となる。各社でさまざまな名称があり、機能によっても名称が異なることがある。

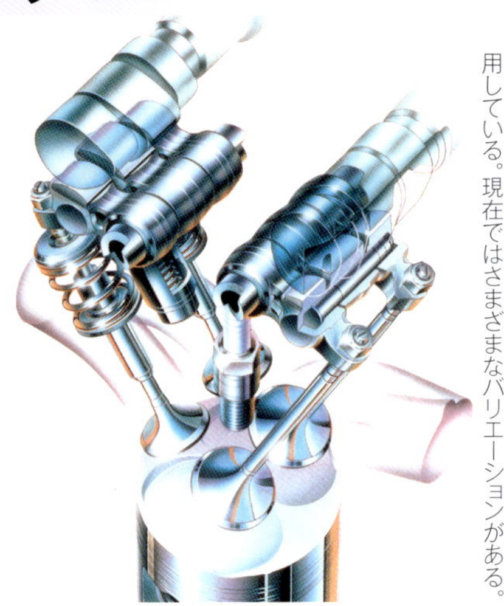

◀ホンダは古くから可変バルブシステムVTECを採用している。現在ではさまざまなバリエーションがある。

スロットルバルブのかわりになる

スロットルバルブはエンジンが吸いこむ空気の量を制御するものだが、開きが小さいと空気の流れをさまたげ、エンジンが空気を吸いこむ際に大きな力が使われる。これを**ポンピングロス**(**ポンプ損失**)という。しかし、無段階に可変できる**連続可変バルブリフトシステム**ならば、吸気バルブで空気の量を制御できるためスロットルバルブが不要になりポンピングロスが軽減され、燃費が向上する。こうした機構を**バルブトロニック**(BMWの登録商標)ということが多い。トヨタは**バルブマチック**、日産は**VVEL**と呼んでいる。

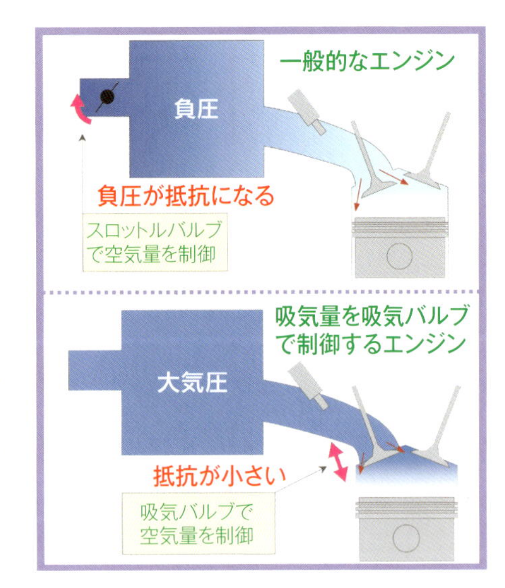

▼トヨタには可変バルブシステムであるバルブマチックによってスロットルバルブを廃したエンジンもある。

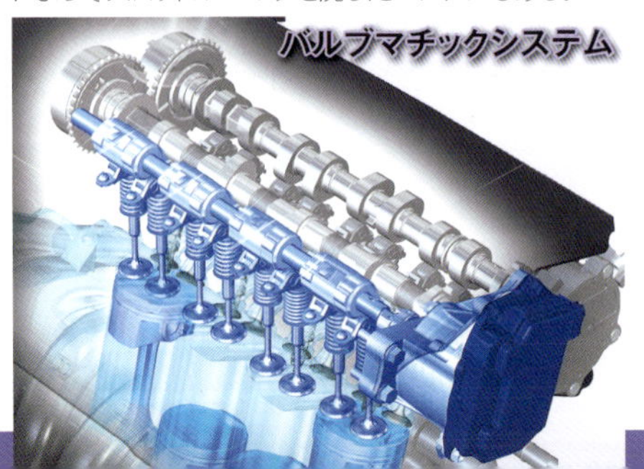

アトキンソンサイクル&ミラーサイクル

圧縮比を高めて効率を高くする

エンジンの原理で説明されるガソリンエンジンの4行程は、4サイクルのなかでも**オットーサイクル**と呼ばれる。カムの設計や可変バルブシステムによって吸排気バルブが上死点や下死点で開閉しない場合も、基本的には吸排気の効率を高めているだけなので、オットーサイクルに含まれる。こうしたエンジンでは圧縮行程での**圧縮比**と、燃焼・膨張行程での**膨張比**が等しいのが基本だ。しかし、現在では可変バルブシステムによって圧縮比＜膨張比も実現されている。これを**ミラーサイクル**や**アトキンソンサイクル**という。

実際のエンジンでは、吸気バルブを非常に遅くまで開いておき、吸気行程で吸いこんだ吸気の一部を、圧縮行程で吸気側に押し戻している。通常のエンジンで圧縮比を高めると、効率が高まるが、**ノッキング**(P111参照)という問題が発生する。ところが吸気の一部を戻せば、実質的な圧縮比が膨張比(=エンジンの構造上の圧縮比)より小さくなるため、ノッキングに配慮することなく、エンジンの効率が高められる。

ミラーサイクルは効率が高いが、実質的な吸気量が少なく、燃やせる燃料も少なくなるため、トルクが小さくなる傾向がある。そのため、運転状況に応じて**バルブタイミング**を調整して、オットーサイクルとミラーサイクルを使いわけているエンジンも多い。また、ハイブリッド車にミラーサイクルエンジンを組み合わせる場合は、トルク不足をモーターでおぎなうことができるため、トルク不足を許容して、効率優先でエンジンを設計することができる。

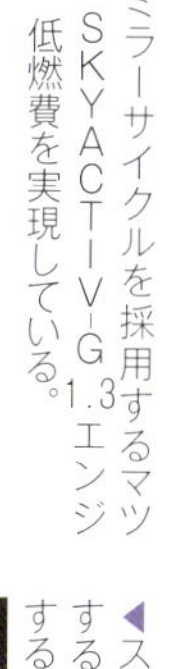

◀ミラーサイクルを採用するマツダ・SKYACTIV-G 1.3エンジン。低燃費を実現している。

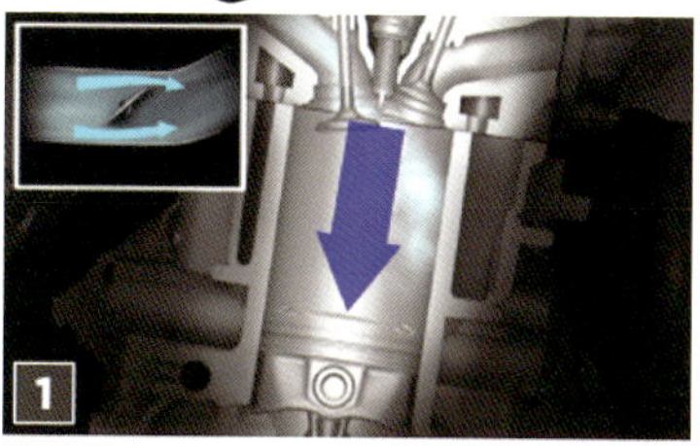

◀スロットルバルブも存在するが、開けたまま吸気するので抵抗が小さい。

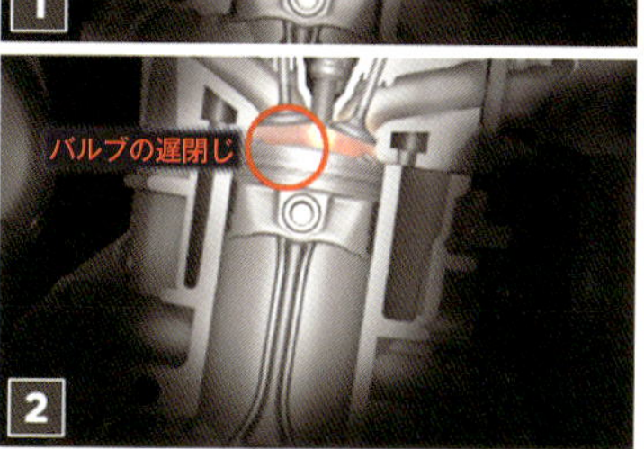

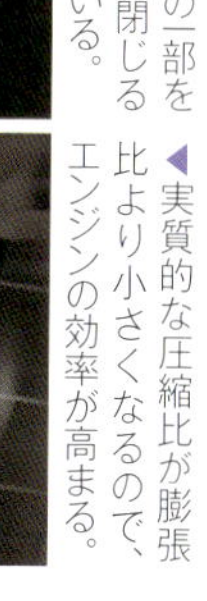

◀吸いこんだ吸気の一部を吸気バルブを遅く閉じることで押し戻している。

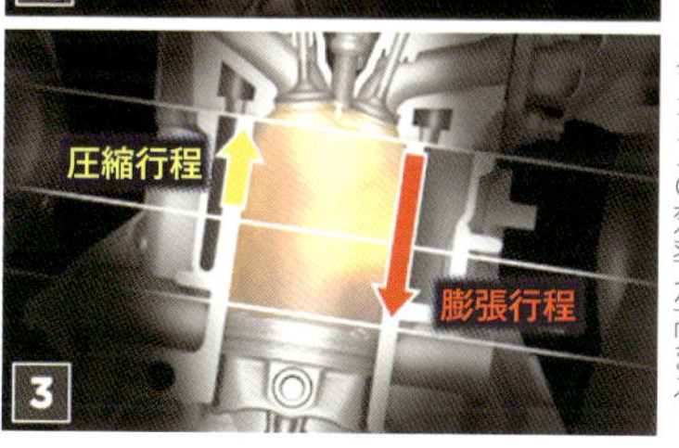

◀実質的な圧縮比が膨張比より小さくなるので、エンジンの効率が高まる。

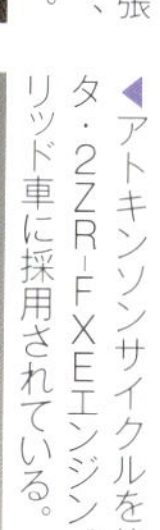

◀アトキンソンサイクルを使うトヨタ・2ZR-FXEエンジン。ハイブリッド車に採用されている。

PART 6

燃料噴射装置

状況に応じた量の燃料を最適なタイミングでエンジンに供給

エンジンへの**燃料**の供給を行うのが**燃料噴射装置**で、**インジェクションシステム**とも呼ばれる。**燃料タンク**（**フューエルタンク**）に蓄えられた燃料は、**燃料ポンプ**（**フューエルポンプ**）で吸い上げられ、パイプやホースでエンジン近くまで送られ、最終的に**インジェクター**というパーツから噴射される。インジェクターはエンジン制御コンピュータからの電気信号で開閉するバルブで、開くと先端の細い穴から圧力が高められた燃料が霧状に噴射される。

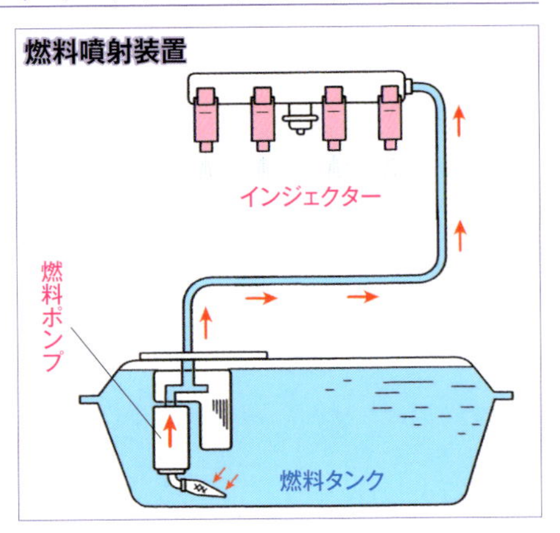

燃料を吸気ポートに噴射するかシリンダー内に噴射するか

一般的なガソリンエンジンでは、**インジェクター**はシリンダーヘッドの各気筒の**吸気ポート**（P114参照）に備えられる。燃料は吸気行程で噴射され、空気とともにシリンダー内に吸いこまれる。こうした燃料噴射を**ポート噴射式**といい、採用するエンジンを**ポート噴射エンジン**という。

ポート噴射に対して、シリンダー内に直接燃料を噴射する方法もあり、直接噴射を略して**直噴式**といったり**筒内噴射式**といったりし、採用するエンジンを**直噴エンジン**や**筒内噴射エンジン**という。**ディーゼルエンジン**では以前から使われていた方式で、一部のガソリンエンジンにも採用されている。ただし、直噴式ではシリンダー内の圧力が高まった圧縮行程の末期に噴射を行うこともあるため、従来の燃料ポンプに加えて、高圧の燃料ポンプなどが必要になり、燃焼室付近の構造が複雑になり、コストがかかる。

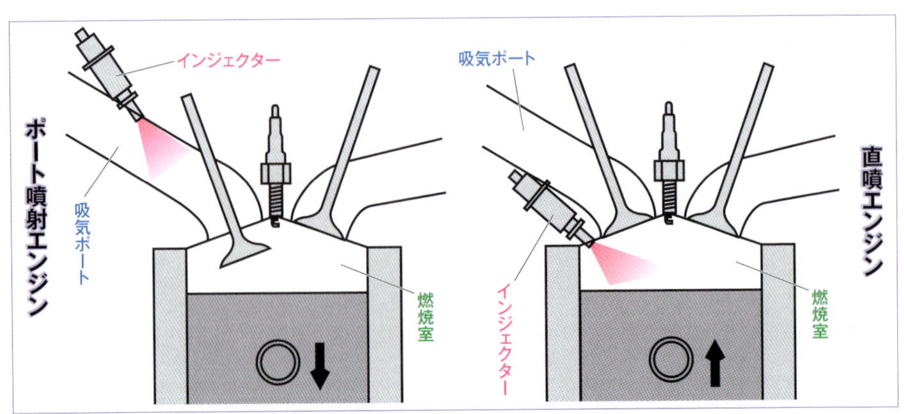

燃料をシリンダー内に噴射する直噴式の採用で圧縮比を高める

ポート噴射式の場合、どうしても燃料が吸気ポートの内側などに付着する。こうした燃料が遅れて燃焼室に入ることもある。**直噴式**であれば、こうした問題がなくなるため、燃料の噴射量をきめ細かく制御でき、エンジン性能を高められる。

また、**ノッキング**は圧縮行程での温度上昇による問題だが、直噴式であれば圧縮行程の末期に燃料を噴射してノッキングを防ぐことができる。これにより圧縮比を高めてエンジンの効率を高め、燃費を向上させられる。同じくノッキングの問題によって過給の圧力に制限が生じる**過給機**(P130参照)とも直噴式は相性がいい。さらには、排気ガスの浄化にも効果がある。

しかし、エンジンが低回転などシリンダー内の空気の動きが少ない状態だと、直噴式の場合は燃料が燃焼室全体にいきわたらず、燃焼状態が悪化することもある。そのため、現在の直噴エンジンでは吸気行程と圧縮行程の途中で何度かにわけて噴射を行うこともある。また、直噴用とポート噴射用に2個のインジェクターを備え、エンジンの状況に応じて使いわけたり併用したりするエンジンもある。

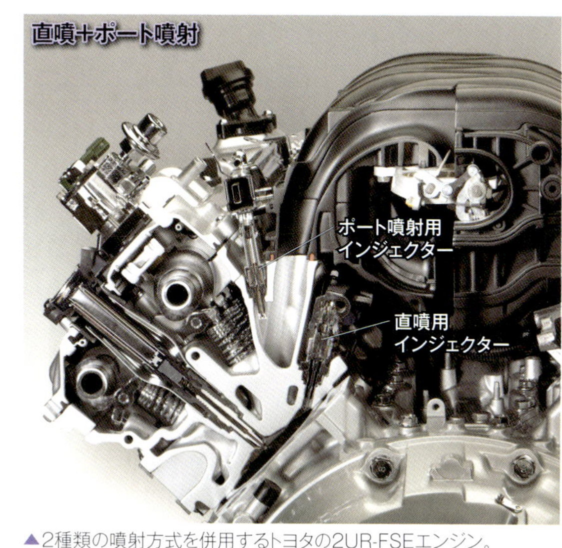

▲2種類の噴射方式を併用するトヨタの2UR-FSEエンジン。

現在のエンジンに制御コンピュータは欠かせない存在

エンジンの電子制御は燃料噴射装置の採用と同時に始まった。各種センサーの情報から最適な燃料の量や噴射のタイミングをコンピュータが決定してインジェクターに燃料噴射の指示を送る。この**エンジン制御コンピュータ**は一般的に**ECU**(Electronic Control Unit もしくは Engine Control Unit)と呼ぶ。

現在ではECUは燃焼噴射ばかりでなく点火装置やエンジンの各種可変装置の制御も行っている。また、トランスミッションやABSなどの制御コンピュータとも情報を共有して協調制御も行っている。

▲コンピュータといってもディスプレイやキーボードがあるわけではない。ECUはただの箱。

PART 6

点火装置

高圧電流による放電で燃料に着火を行う

ガソリンエンジンは燃料を燃焼させる際に着火が必要だ。そのための装置が**点火装置**で**イグニッションシステム**ともいう。着火は高圧電流の放電による火花で行うが、クルマで使われているのは安全な低圧電流だ（乗用車では**DC12V**）。点火装置は、この低圧電流を高圧電流にかえ、最適な時期に各気筒で着火を行う。

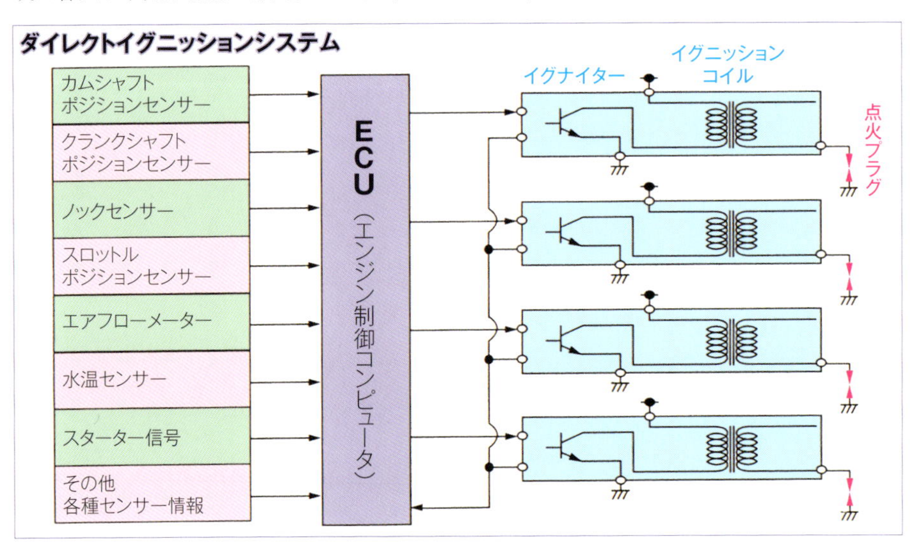

点火装置もエンジン制御コンピュータの果たす役割が大きい

2個のコイルを並べて置き、一方のコイルに電流を流して止めると、もう一方のコイルに電流が流れる性質がある。双方のコイルの巻数をかえると、その比率で電圧がかわる。点火装置は、この性質を利用して高圧電流を作っている。そのためのコイルを**イグニッションコイル**という。

以前は、回転するスイッチのようなものをカムシャフトの端に備えて回し、低圧電流を断続させたり、各気筒への高圧電流の流れを切り替えたりしていた。現在では**エンジン制御コンピュータ**が発した信号を**イグナイター**という部品で増幅したうえでイグニッションコイルに送って高圧電流を作りだす**ダイレクトイグニッションシステム**が主流だ。電流は高圧になるほど配線の途中で損失が発生しやすいが、ダイレクトイグニッションシステムでは気筒ごとのイグニッションコイルを点火プラグの直前に配置できるため、損失が小さく火花が強くなる。

▶現在では配線とプラグを接続するプラグキャップにイグナイターとコイルが備えられるのが一般的。

電極の間で起こる高圧電流の放電による火花で着火する

高圧電流の放電による火花で着火を行うのが**点火プラグ**で、**スパークプラグ**とも呼ばれる。先端には放電を起こす中心電極と接地電極という2個の**電極**があり、この部分が**燃焼室**の内部に突出するようにシリンダーヘッドに取りつけられる。

電極は先端が細かったり、角ばった部分が多いほど放電が起こりやすい。そのため電極の先端に溝(みぞ)などが作られることもあるが、一般的な**標準プラグ**の電極に使われるニッケル合金の場合、放電の衝撃やエンジン内の高熱で消耗(しょうもう)してしまうため、電極を細くするには限界がある。そのため現在では、高温に強く丈夫(じょうぶ)なプラチナ(白金(はっきん))やイリジウム合金を電極に採用する点火プラグもある。

こうした**プラチナプラグ**(**白金プラグ**)や**イリジウムプラグ**なら電極を細くできるうえ、熱にも衝撃にも強いため電圧を高めて火花を強くすることも可能だ。また、電極が高温になるため、ススなどの汚れがついても焼きつくすことができるため、汚れがつきにくい。電極の丈夫さもあり、10万km走行**メンテナンスフリー**(整備や交換なし)で使うことができる。

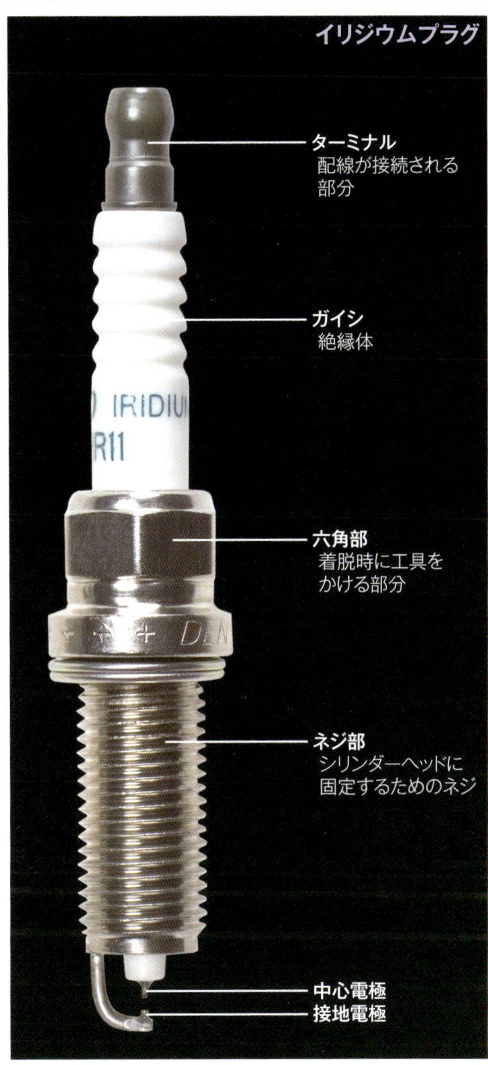

▲電極がニッケル合金の標準プラグとプラチナプラグを比べてみると明らかに電極の太さが異なる。▲

PART 6

吸気装置

エンジンが使用する空気をなめらかに流す吸気装置

燃料の燃焼に必要な空気をエンジンに供給するのが**吸気装置**で、**インテークシステム**とも呼ばれる。空気は吸気行程でピストンが下降することで吸われる。吸いこまれた空気が**吸気**だ。空気の取り入れ口はエンジンルーム内にあることがほとんど。ここから吸いこまれた空気は**エアクリーナー**内のフィルターでホコリなどの異物が取りのぞかれ、**エアダクト**と呼ばれる太いパイプやホースで吸気の量を調整する**スロットルバルブ**へ送られる。バルブを通過した吸気は、**吸気マニホールド**（**インテークマニホールド**）と呼ばれる枝わかれした管からシリンダーヘッドの**吸気ポート**へ送られる。

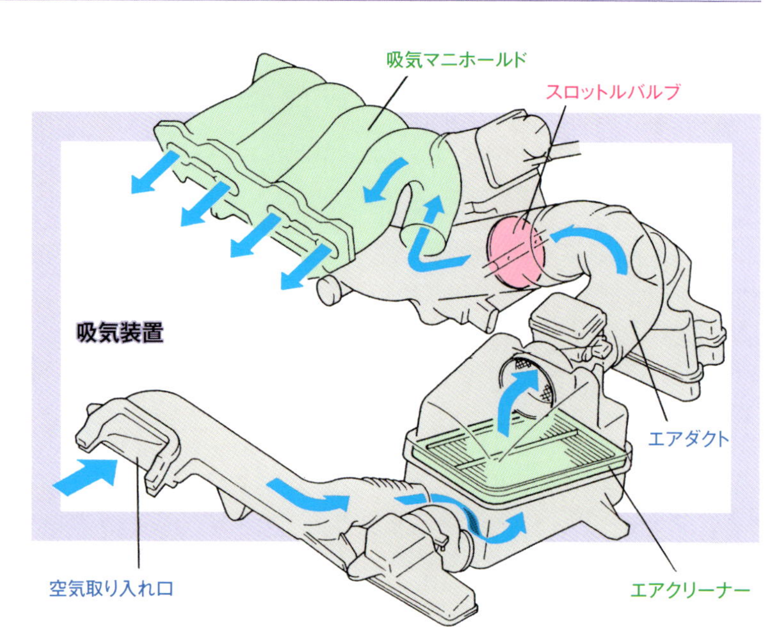

コンピュータが開閉を行う電子制御スロットルバルブ

スロットルバルブは**アクセルペダル**とワイヤーでつなぐ方式が一般的だったが、現在では高度な制御が行いやすく燃費や出力を向上できる**電子制御スロットルバルブ**が増えている。アクセルペダルにセンサーが備えられ、その情報から**エンジン制御コンピュータ**が最適なバルブの開き具合を決定し、スロットルバルブのモーターに指示を送る。こうした方式を**フライバイワイヤー**や**ドライブバイワイヤー**という。

◀金色に見える円板状の部分がバルブ。

PART 6

排気装置

排気をなめらかに排出し騒音も防止する排気装置

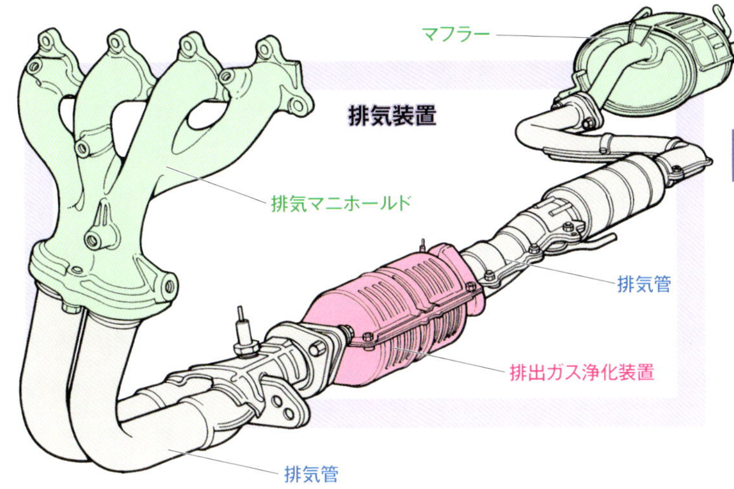

エンジン内での燃焼で発生した排気を送りだすのが**排気装置**で、**エキゾーストシステム**ともいう。排気行程で排気が完全に排出されないと、次の燃焼に必要な空気を十分に吸いこむことができなくなるばかりか、排気行程で無駄な力を使うことになる。また、高温の排気をそのまま放出すると危険なうえ、排出の際に膨張(ぼうちょう)して大きな音がでる。そのため温度を下げ、騒音を防ぐ必要がある。

排気はシリンダーヘッドの**排気ポート**に取りつけられた**排気マニホールド**（**エキゾーストマニホールド**）と呼ばれる枝わかれした管(かん)でまとめられる。さらに**排気管**（**エキゾーストパイプ**）でクルマの後部までみちびかれ、**マフラー**で騒音などが軽減されたうえで放出される。途中には**排出(はいしゅつ)ガス浄化装置(じょうかそうち)**（P124参照）も備えられる。各気筒(かくきとう)の排気が途中でぶつかり合うと流れが悪くなるため、排気マニホールドのそれぞれの枝の長さや、排気管で合流させる位置には注意がはらわれている。

マフラーは排気騒音を軽減するだけでなく排気の温度も下げる

マフラーは**サイレンサー**や**消音器(しょうおんき)**とも呼ばれ、排気を段階的に少しずつ膨張させて温度と圧力を下げたり、発生した騒音を内部の吸音材(きゅうおんざい)で吸収するなどして騒音を軽減している。ただし、**エキゾーストノイズ**といった場合は排気騒音だが、心地よい排気音が**エキゾーストノート**と呼ばれることもある。そのためスポーツタイプのクルマでは排気音の音質にも配慮(はいりょ)してマフラーが設計される。

◀マフラーは金属製でさまざまな形状がある。

PART 6

排出ガス浄化装置

大気汚染物質を無害なものにかえる

燃焼状態の改善など、さまざまな方法で排気中の**大気汚染物質**の削減が進んでいるが、完全には発生をおさえられない。そのため排気装置には**排出ガス浄化装置**が備えられている。ガソリンエンジンでは**触媒コンバーター**が中心的な存在だ。

触媒とは、そのものは変化しないが、周囲の化学反応を促進させるもののこと。排気中に含まれる**炭化水素**（**HC**）、**一酸化炭素**（**CO**）、**窒素酸化物**（**NOx**）の3種類の大気汚染物質は、触媒コンバーター内で相互に化学反応を起こし、二酸化炭素（CO_2）、窒素（N_2）、水（H_2O）といった無害なものに変化する。触媒に使われるのは**プラチナ**や**パラジウム**、**ロジウム**などの**希少金属**。3種類の物質を反応させるため、**三元触媒**とも呼ばれる。完全に浄化するには3種類の大気汚染物質の排出量の比率が重要だが、燃焼状態で比率は変化する。そのため、**エンジン制御コンピュータ**は浄化しやすい比率で排出されるように燃焼状態を制御している。

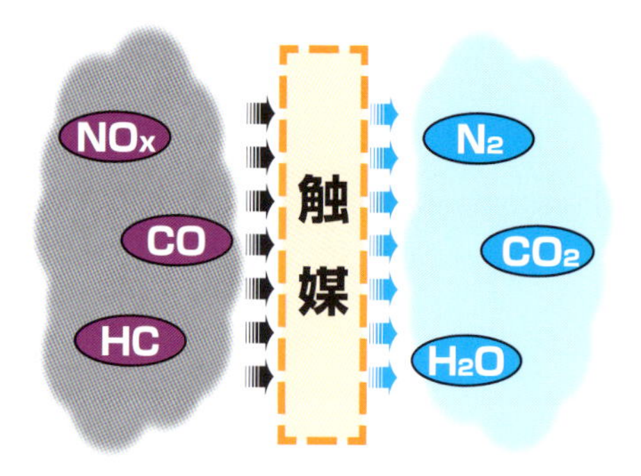

▲触媒にふれることで3種類の大気汚染物質が化学反応を起こして無害な3種類の物質に変化する。

触媒コンバーター

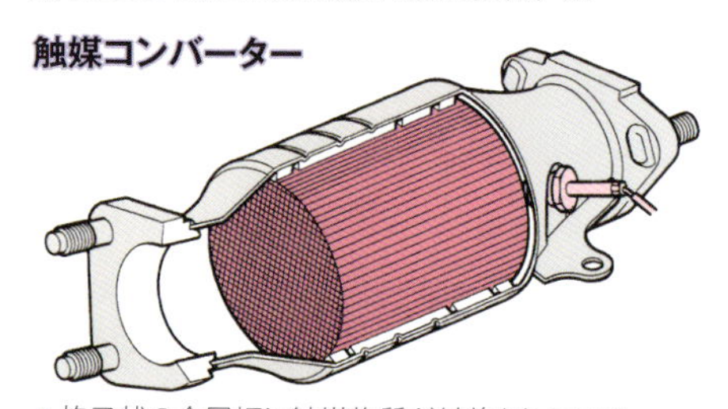

▲格子状の金属板に触媒物質が付着されている。

クリーンディーゼルエンジン用触媒

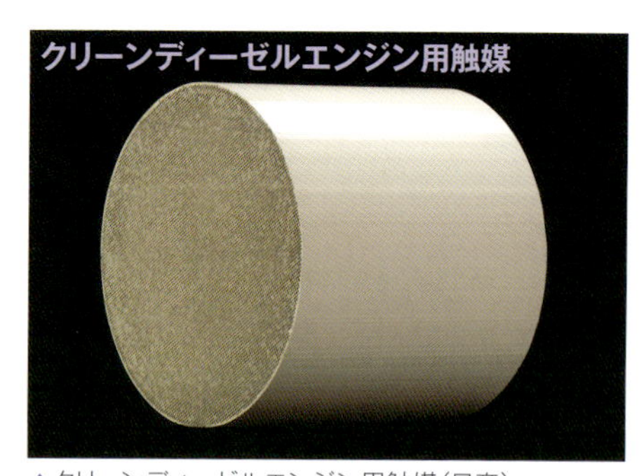

▲クリーンディーゼルエンジン用触媒（日産）。

ディーゼルエンジンの黒煙対策

ディーゼルエンジンの場合、窒素酸化物（NOx）を主体とした気体の大気汚染物質に加えて、**黒煙**の原因になる**粒子状物質**（Particulate Matter）、略して**PM**が含まれる。そのためガソリンエンジン同様の触媒技術などによる大気汚染物質の浄化に加えて、**ディーゼルパティキュレートフィルター**や**ディーゼルパティキュレートトラップ**と呼ばれる**PM除去装置**が備えられることも多い。

ディーゼルパティキュレートフィルター

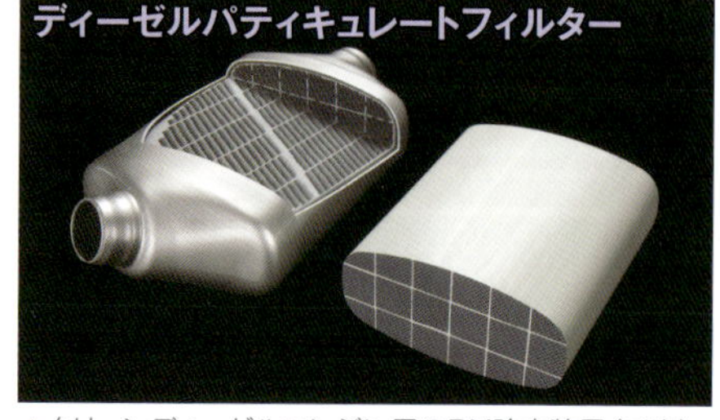

▲クリーンディーゼルエンジン用のPM除去装置（日産）。

冷却装置

エンジンの過熱を防ぐために冷却装置で適温を維持する

燃料が燃えて発生した熱はエンジン自体も熱くする。エンジンが過熱して**オーバーヒート**状態になると、異常燃焼が起こったり、オイルの能力低下で潤滑不良になって動きが悪くなり、最悪の場合、エンジンに大きなダメージを残す。そのため、エンジンには**冷却装置**が備えられる。エンジン内には**ウォータージャケット**という**冷却液**の経路があり、ここで高温になった冷却液は**ラジエター**に送られ、走行風などで冷却されてエンジンに戻される。冷却液はエンジンの回転で動かされる**ウォーターポンプ**で循環されるのが一般的だが、**アイドリングストップ**を行うクルマでは、エンジン停止中も循環できるように、**電動ウォーターポンプ**が採用されることもある。

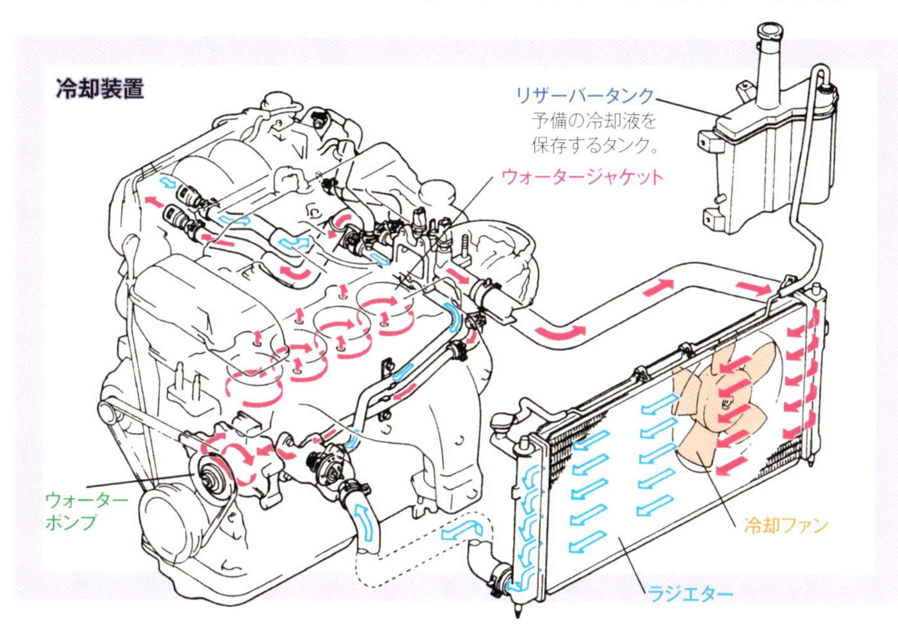

冷却ファンで冷却能力を高める

ラジエターに走行風が当たれば熱くなった周囲の空気が流れていくが、停車中には冷却能力が低下する。そのため、**冷却ファン**(**クーリングファン**)が備えられている。以前はエンジンの回転を伝える冷却ファンが主流だったが、現在では電動モーターでファンを回す**電動冷却ファン**が主流になっている。

LLCで冷却液の凍結を防止

冷却液は**ラジエター液**とも呼ばれる。普通の水でも冷却は行えるが、0℃になると凍る。駐車中に凍って膨張するとラジエターなどの冷却経路が破裂する。そのため冷却液には凍結温度を低下させる**不凍液**が混入される。現在では防錆防腐効果もある**ロングライフクーラント**(**LLC**)を混入するのが一般的だ。

PART 6

潤滑装置

エンジンがスムーズに動けるようにオイルで潤滑している

エンジン内にはピストンやバルブのように往復運動する部品や、クランクシャフトやカムシャフトのように回転する部品がある。これらの部品同士がふれ合った状態では、スムーズに動けない。そのため、**エンジンオイル**を各部に供給してスムーズに動けるようにしている。こうしたオイルで摩擦(まさつ)を防ぐことを**潤滑**(じゅんかつ)といい、それを行う装置を**潤滑装置**という。

エンジンオイルは、エンジン下部に備えられた**オイルパン**に蓄(たくわ)えられている。エンジンの回転で動かされる**オイルポンプ**の力で、オイルパンのオイルは吸い上げられ、エンジン内の**オイルギャラリー**という経路で各部に送られる。部品を潤滑したオイルは、落下したりエンジンの内壁にそって流れ落ち、オイルパンに戻る。潤滑経路の途中には**オイルフィルター**があり、オイル内の汚れや金属粉などが取りのぞかれる。オイルパンからの吸い上げ口にも**オイルストレーナー**という異物の吸い上げを防ぐ金属の網(あみ)がある。

エンジンオイルはほかにも、各部の熱を奪(うば)う冷却作用や、ピストンとシリンダーのすき間をふさぐ密閉作用(みっぺいさよう)、異物を洗い流す洗浄作用(せんじょうさよう)なども果たしている。

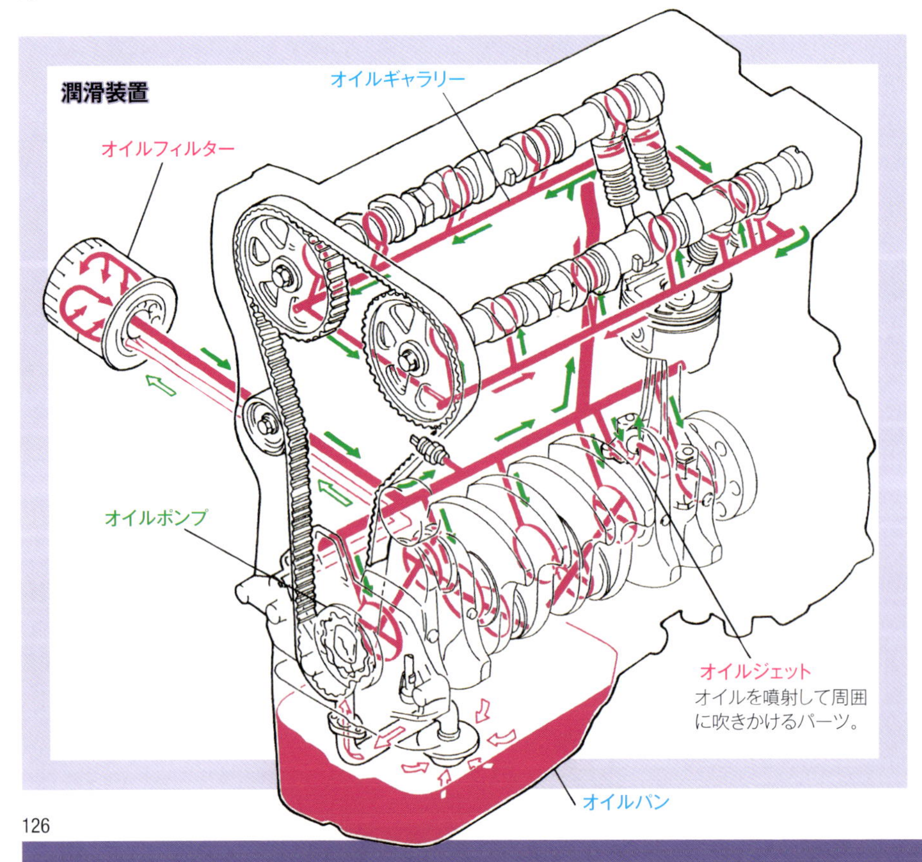

PART 6

充電・始動装置

バッテリーの電力でエンジンをかける

エンジンはいったん動き始めれば、連続的に動作できるが、停止したエンジンを動かし始めるには、最初の吸気(きゅうき)や圧縮を行うために、外部から力を加える必要がある。そのため現在のエンジンには**スターターモーター**を中心とした**始動装置**が備えられている。電動モーターであるスターターモーターを電力で作動させ、その回転をエンジンに伝えることで始動を行っている。

始動装置

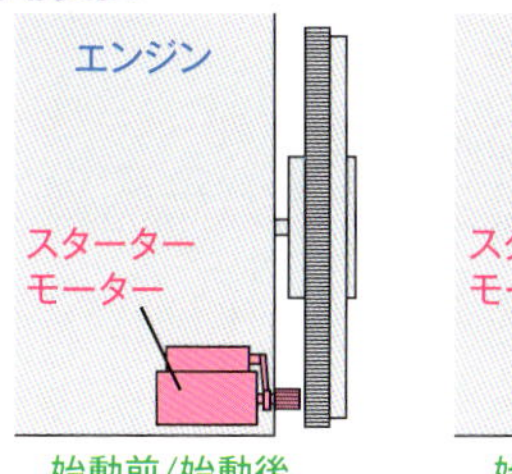

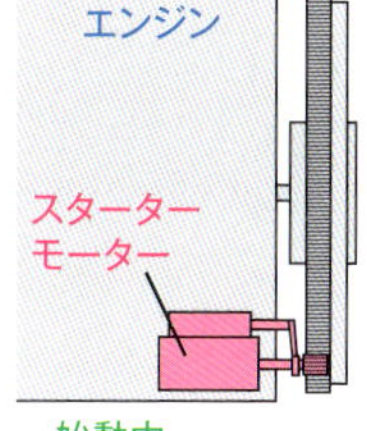

クランクシャフトにはドライブプレートと呼ばれる大きな外歯歯車が備えられていて、スターターモーターは始動の際に先端の小さな外歯歯車とドライブプレートを噛み合わせてエンジンを回す。

クルマのさまざまな装置に安定して電力を供給する充電装置

ガソリンエンジンは点火装置で使用する電力が必要だ。そのためエンジンには**オルタネーター**と呼ばれる発電機が備えられ、エンジンの回転が伝えられている。エンジンが始動すれば、オルタネーターで発電された電力でエンジンは動作を続けることができるが、これだけでは始動時にスターターモーターに電力を供給できない。そのため、発電した電力を**充電池**に蓄(たくわ)えている。これらの装置を**充電装置**という。

また、クルマにはライト類やワイパーなど電気を使う装置が搭載(とうさい)されている。現在では電子制御されている装置も多く、そのためにも電力が必要だ。充電池を備えることで、発電量が消費量より多い時には電力を蓄えておき、消費量が発電量を超えた時に備えることもできる。

充電池は一般的には単に**バッテリー**と呼ばれる。**鉛蓄電池**(なまりちくでんち)というタイプで、鉛と希硫酸(きりゅうさん)の化学反応によって電気を蓄えたり放出したりする。各種電圧のものがあるが、乗用車には**DC12V**のバッテリーが使われている。

オルタネーター

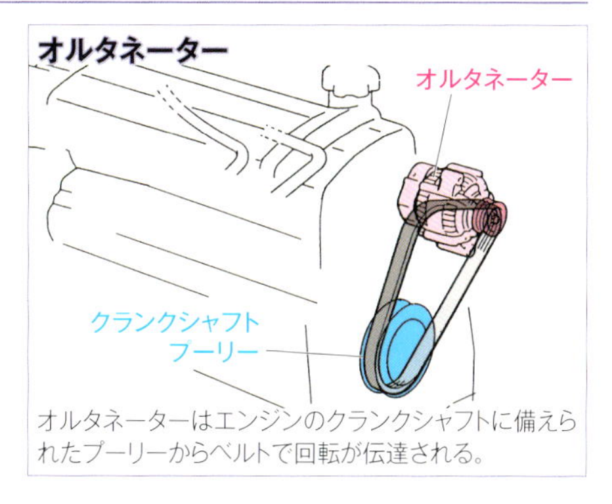

オルタネーターはエンジンのクランクシャフトに備えられたプーリーからベルトで回転が伝達される。

バッテリー

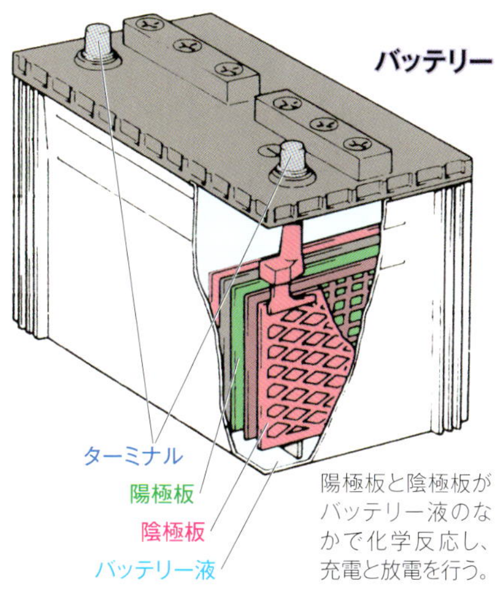

陽極板と陰極板がバッテリー液のなかで化学反応し、充電と放電を行う。

充電制御&回生発電

バッテリーのフル充電をやめてエンジンの負担を軽減する

充電装置は、常に**オルタネーター**を作動させて**バッテリー**がフル充電の状態をめざすのが一般的だった。しかし、これではエンジンに常に負担がかかるため、現在では状況に応じてオルタネーターの動作を停止させる**充電制御**を行うエンジンが増えている。充電制御によってエンジンの負担が軽減されることで省燃費が実現される。エンジン制御コンピュータがバッテリーの充電量を常に監視し、安全な一定量が充電されるとオルタネーターを停止。充電量が許容範囲を下回ると、オルタネーターを作動させることを繰り返している。こうした場合、繰り返し使用に耐えられる専用のバッテリーが採用されている。

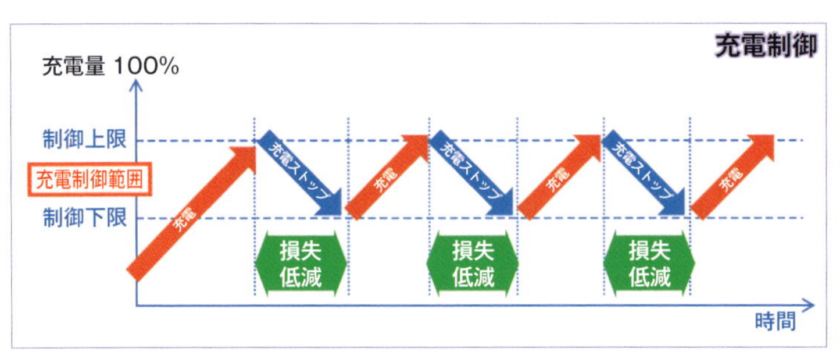

オルタネーターに発電させてエンジンの負担を軽減する

回生発電による充電を行うエンジンもある。減速時に車輪の回転がエンジンに伝わるようにし、その力でオルタネーターに発電させる。ハイブリッド車や電気自動車の**回生ブレーキ**と同じ発想であり、オルタネーターで発電させるという点では**マイルドハイブリッド**(P162参照)と同じだが、発電された電力は駆動には使用されない。エンジンの負担を軽減して燃費を向上させることが目的だ。ただし、鉛蓄電池である通常のバッテリーは大きな電力を一気に充電できない性質がある。そのため、バッテリーを2個にしたり、専用の**リチウムイオン電池**や、充放電が素早く行える**キャパシター**と呼ばれるコンデンサーを搭載して、回生できる電力量を大きくしている。

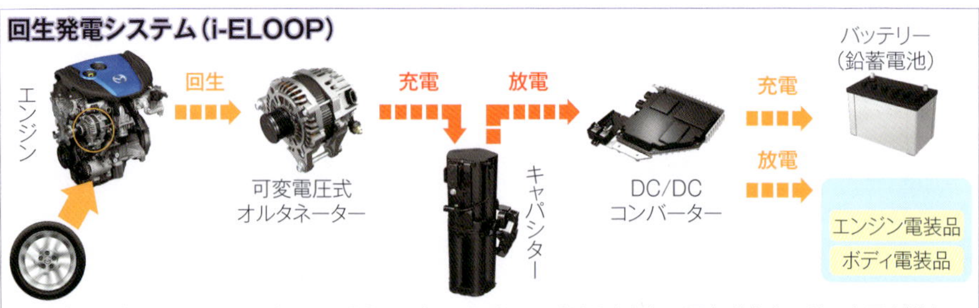

マツダの回生発電システムであるi-ELOOP。キャパシターは受け入れられる電力が大きいが、充電が進むにつれて充電電圧を上げる必要があるため可変電圧式オルタネーターを採用する。放電時にも電圧が変化するため電圧を一定に保つDC/DCコンバーターも必要になる。

PART 6

アイドリングストップ

アドリングを停止すればそれだけ燃料の消費が少なくなる

昔のエンジンは始動の際に多くの燃料が使われたが、現在の高度に電子制御されたエンジンは、最小限の燃料で始動できるため、省燃費技術として**アイドリングストップ**の採用が増えている。信号待ちなどで停止すると、自動的にエンジンが停止。ブレーキペダルから足をはなすと、すぐにエンジンが再始動される。スターターモーターの使用回数が増えることになるので、スターターモーターとバッテリーには耐久性の高いものが採用される。

アイドリングストップシステムのなかには、停止寸前の時速10km台でエンジンを停止するものもある。こうしたシステムの場合、クルマが停止する以前に再始動が必要なこともあり、従来の**スターターモーター**では歯車をスムーズに噛み合わせられない。そのため、専用の構造を備えたスターターモーターが必要だ。モーターとエンジンの接続を歯車ではなくベルトで行うことで対応する方式もある。**オルタネーター**とスターターモーターを兼用することもある。

▲アイドリングストップに対応したデンソーのタンデムソレノイドスターターモーター。

再始動の一種の遅れをどう考えるか

アイドリングストップからの再始動は1秒以内に行われる。その遅れが気にならない人も多いが、気になる人のためにアイドリングストップの機能を停止できる車種もある。また、再始動時間の短縮も図(はか)られている。マツダの**i-stop**では、エンジン停止時にオルタネーターを制御して、圧縮行程と燃焼(ねんしょう)・膨張行程(ぼうちょうこうてい)にある気筒を上死点と下死点の中間付近で止める。ある程度まで吸気が圧縮された状態になっているので、燃料噴射と着火を行えば再始動される。吸気行程と圧縮行程が必要ないため、始動時間が短縮される。

▲アイドリングストップOFFスイッチ。

PART 6
過給機

空気を圧縮して出力を高める過給機

大量の燃料をシリンダー内に入れても、空気が足りなければ燃焼できない。その限界といえるのが**総排気量**だが、圧縮すれば排気量以上の空気量にでき、燃やせる燃料の量が増え、エンジンの出力が高まる。この方法を**過給**(かきゅう)といい、その装置を**過給機**という。過給機は英語で**スーパーチャージャー**といい、**ターボチャージャー**や**メカニカルスーパーチャージャー**などがある。過給機を備えないエンジンを**自然吸気エンジン**(しぜんきゅうき)やその英語である**ノーマルアスピレーションエンジン**の頭文字をとって**NAエンジン**という。

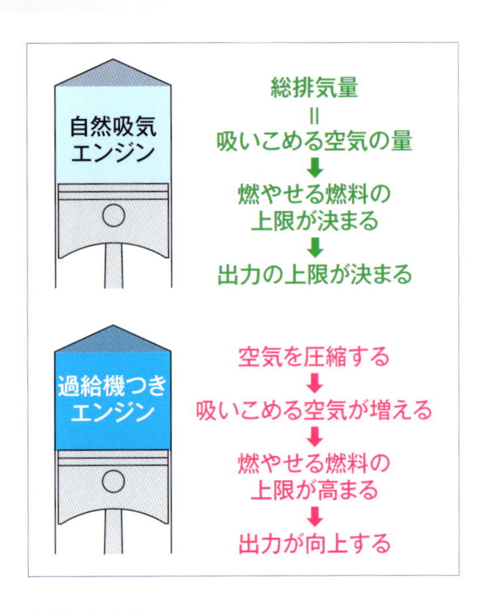

ターボチャージャーは排気を利用するから効率が高い

ターボチャージャーは排気の流れる勢いを利用して吸気を圧縮する装置だ。基本構造は1本の軸の両端(りょうたん)に備えられた2個の羽根車だ。排気の経路のなかに備えられた羽根車が排気の勢いで回転すると、その回転が吸気の経路のなかに備えられた羽根車に伝えられて吸気を圧縮する。従来は捨てられていた排気のエネルギーを利用しているので、効率がよい。しかし、エンジン回転数が低く排気が少ないと、効果が十分に発揮されない。エンジン回転数を上げてから効果が発揮されるまでにわずかな遅れ(**ターボラグ**)が起こるというデメリットがある。

いっぽう、単に**スーパーチャージャー**と呼ばれることが多い**メカニカルスーパーチャージャー**は、エンジンの力でポンプを回して吸気を圧縮する。ポンプがエンジンの出力を奪(うば)うが、それ以上の出力向上効果が得られれば問題ない。

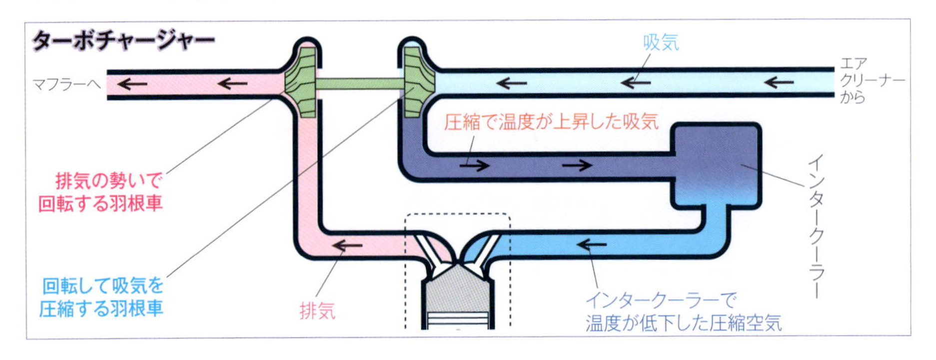

ダウンサイジングエンジン

小さなエンジンを搭載して省燃費

従来はスポーツタイプのクルマの出力向上や、排気量に制限がある軽自動車の能力を高めるために**過給機**が採用されることが多かった。現在でも過給機を採用する軽自動車エンジンは多い。しかし、燃費向上のための採用も始まっている。

クルマが定速走行するような状況では、エンジンに求められる力は小さいが、**ポンピングロス**が大きい。排気量を小さくすれば、スロットルバルブを大きく開けることになるのでポンピングロスが小さくなり効率が高まる。しかし、小排気量では加速や急坂では力不足になる。そこで考えられたのが**ダウンサイジングエンジン**だ。排気量を小さくするかわりに過給機を搭載(とうさい)し、大きな出力が求められる状況では過給機で実質的な排気量を高めている。ポンピングロスの低減に加え、エンジンの軽量化で燃費が向上する。過給によって実質的な圧縮比が高まると、**ノッキング**が起こりやすくなるため、**直噴式**(ちょくふんしき)の採用が多い。

気筒数も減少傾向

日本では、軽自動車(排気量660cc)が**3気筒**、1000 ～ 2000 ccが**4気筒**、それ以上の排気量では**6気筒**以上というのが一般的だった。しかし、気筒数の減少が世界的な傾向だ。気筒数を減らすことで、軽量化による省燃費や部品点数減少による低コスト化が図れる。日本でも1000 ccや1200ccで3気筒というエンジンが登場してきている。スズキは800ccで**2気筒**のディーゼルエンジンを海外市場で販売する車種に採用している。

▲トヨタの8NR-FTS。1200ccの直4ターボエンジン。

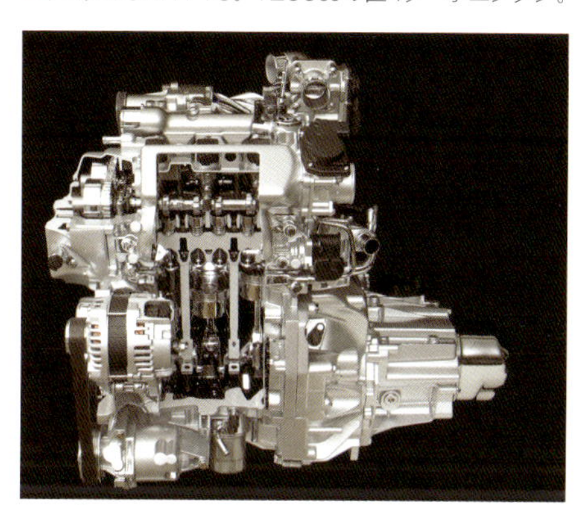
▲日産のHR12DDR。1200ccで3気筒。過給機にはスーパーチャージャーを採用している。

▲スバルのFB16ターボ。1600ccで4気筒。

PART 6

トランスミッション

歯車などを使って回転数とトルクを変化させる

クルマに使われているエンジンは、ある程度の回転数にしないと**トルク**が高まらず、発進に必要な出力を得ることができない。以降の走行でも、求められる出力によって回転数が変化するため、状況に応じてエンジンの回転数をかえて駆動輪に伝える必要がある。回転数をかえることを**変速**といい、その装置を**トランスミッション**(**変速機**)という。トランスミッションでは歯車の組み合わせなどで変速を行っている。また、エンジンは回転数などで燃料の消費具合が変化するため、省燃費のためにも変速は欠かせない。

歯車による変速

歯数の比率=1：2

歯車小
歯数18

歯車大
歯数36

歯車大から小に伝達
回転数 → 2倍
トルク → 2分の1

歯車小から大に伝達
回転数 → 2分の1
トルク → 2倍

歯車で変速を行った場合、入力側(回転を伝える側)と出力側(回転が伝わる側)の回転数の変化とトルクの変化は反比例する。発進時のように大きなトルクが必要な時には回転数を落としてトルクを大きくし、高速走行でさほど力は必要ないが回転数を高めたい時には、回転数を上げてトルクを小さくすることができる。使用する歯車の種類は異なるが、**MT**と**AT**は歯車によって変速を行っている。

プーリーとベルトを使っても変速を行うことができる

変速を行えるのは歯車ばかりではない。**プーリー**(**滑車**)と**ベルト**の組み合わせでも変速を行うことができる。歯車の場合は歯数だが、プーリーの場合は双方のプーリーの半径の比率で変速の度合いが決まる。通常のプーリーでは変速の比率は一定だが、特殊なプーリーを使うことで連続的に変速比をかえられるようにしているのが**CVT**だ。

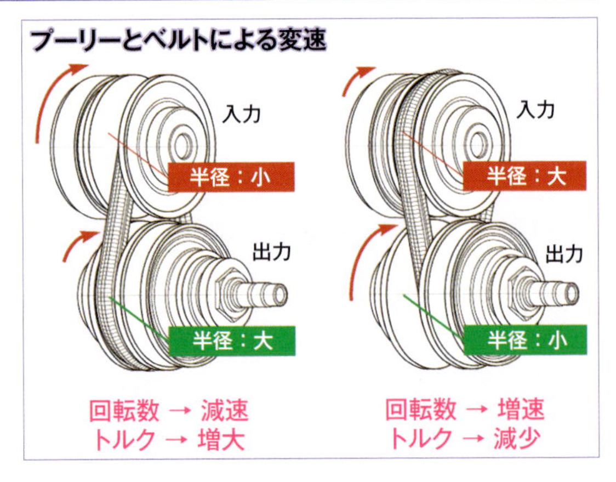

PART 6
MT

シフトレバーで歯車の組み合わせをかえて変速する

MT（**マニュアルトランスミッション**）に使われる**変速機**は**平行2軸式**という構造のものが一般的で、2本のシャフトに備えられた歯車の組み合わせをかえて変速を行う。組み合わせの数を**変速段数**という。段数が多いほど、使用するエンジン回転数の幅を狭く（せま）できるので、効率が高くなるが、操作が面倒になるため4～6段が一般的だ。それぞれ**4速MT**や**5速MT**、**6速MT**と呼ばれる。変速操作は**シフトレバー**を動かして行う。高速用の歯車にかえることを**シフトアップ**、低速用にすることを**シフトダウン**という。

発進や変速の際にはクラッチペダル操作が必要になる

エンジンは停止状態から少しずつ回転数を上げてクルマを発進させられないし、MT内の歯車に回転速度差があると組み合わせをかえられないため、発進や変速の際にはエンジンの回転を伝えないようにする必要がある。そのためMTは**クラッチ**とともに使用される。クラッチは2枚の円板をはなしたりつけたりすることで、回転を断続する。操作は**クラッチペダル**で行う。

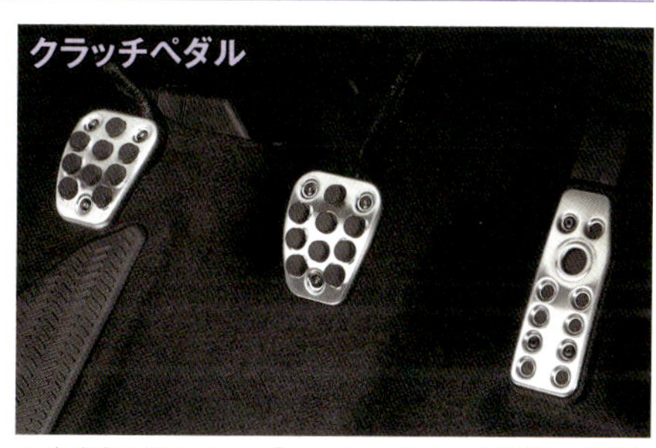

▲右からアクセル、ブレーキ、クラッチの順にペダルが並ぶので、頭文字をとってABCの順という。

MTなら思いのままにクルマをあやつることができる

MTは操作が面倒だ。効率よく変速すれば燃費がよくなるが、安易（あんい）な操作では悪くなることも多い。**AT限定免許**（げんていめんきょ）の取得者も増えてきた。そのため、現在ではMTの設定がない車種が大半だ。しかし、走りを楽しみたい人には、状況によって操作できるMTに根強い人気がある。スポーツタイプの車種では今もMTの採用がある。

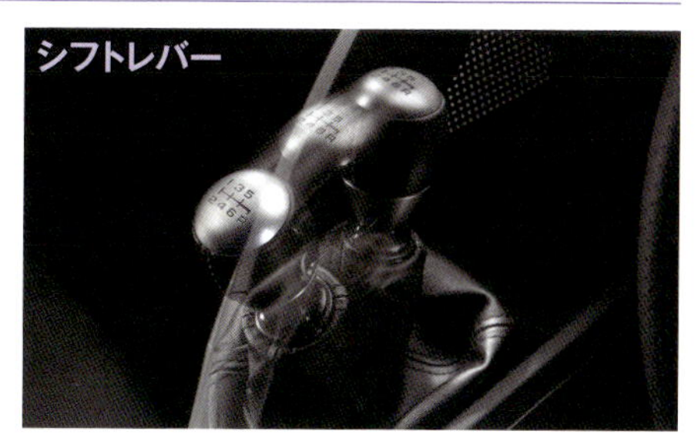

PART 6

AT

トルクコンバーターと副変速機が組み合わされる

従来から使われている**AT（オートマチックトランスミッション）**は、**トルクコンバーター**と**副変速機**を組み合わせたものだが、単に**トルクコンバーター式AT**や**トルコン式AT**と呼ばれることが多い。副変速機は**プラネタリーギア（遊星歯車）**と呼ばれる特殊な歯車の組み合わせを使ったものが一般的で、これを2組以上使用している。副変速機内部には回転を断続するクラッチや回転できないようにするブレーキが多数備えられていて、歯車を固定したり、回転を伝える経路をかえることで歯車の組み合わせをかえて変速を行う。

従来は、**変速段数**が3段か4段のものが一般的で**3速AT（3AT）**や**4速AT（4AT）**と呼ばれる。変速段数を多くしたほうが、使用するエンジン回転数の幅が狭くなり、効率よく加速したり、低燃費で走行することができる。そのため構造が複雑になり重くもなるが、**5速AT（5AT）**や**6速AT（6AT）**が増え、現在では**7速AT（7AT）**や**8速AT（8AT）**もある。CVT採用車種が増えているのは事実だが、メーカーによって考え方はさまざまだ。熟成された技術の結晶であるATを上級車種に採用したり、まだ改善の余地があるとして燃費向上が図られたりしている。

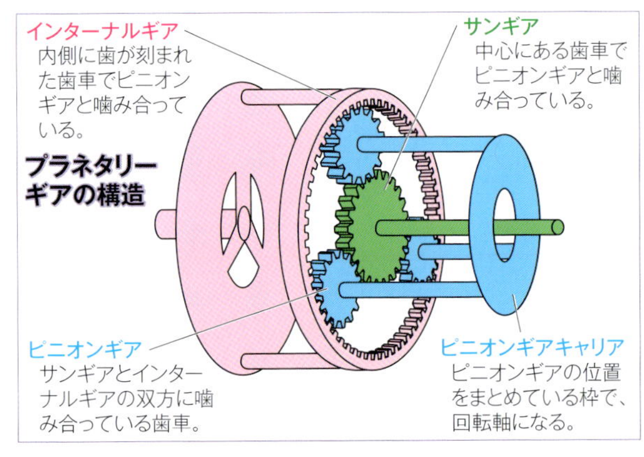

インターナルギア
内側に歯が刻まれた歯車でピニオンギアと噛み合っている。
サンギア
中心にある歯車でピニオンギアと噛み合っている。
ピニオンギア
サンギアとインターナルギアの双方に噛み合っている歯車。
ピニオンギアキャリア
ピニオンギアの位置をまとめている枠で、回転軸になる。

プラネタリーギアの構造

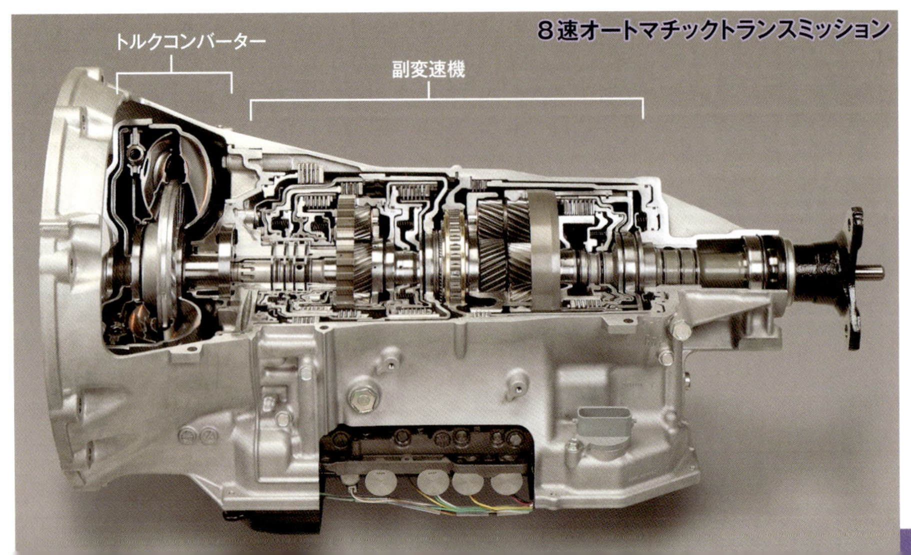

トルクコンバーター
副変速機

8速オートマチックトランスミッション

トルクコンバーターがあるから超低速で走行できる

トルクコンバーターはMTのクラッチに相当するもの。トルクコンバーターの構造を簡単に説明すると、オイルで満たされた容器のなかに2個の羽根車を入れたもの。一方の羽根車にエンジンの、もう一方に副変速機の回転軸がつながれている。エンジンの回転で羽根車が回転するとオイルに流れができ、その流れで反対側の羽根車が回り、副変速機に回転が伝えられる。

車輪の動きがブレーキで止められていると副変速機の回転軸が回転できないが、こうした時には羽根車とオイルがすべって摩擦(まさつ)が起こるので、エンジンは回転し続けることができる。しかし、摩擦は損失になるため、燃費は悪くなる。

また、トルクコンバーターはエンジンより副変速機の回転速度が遅いと、トルクを増幅してくれる。そのためエンジン回転数を上げなくても、ブレーキペダルをゆるめるとクルマがゆっくりと動く。これを**クリーピング**といい、簡単に微速走行できるので、車庫入れや渋滞(じゅうたい)走行(そうこう)が楽に行える。

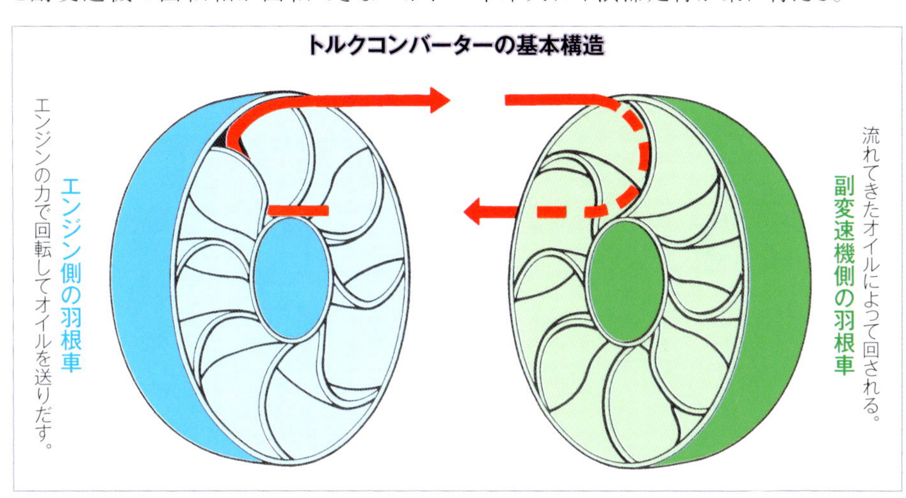

走行中の操作はまったく不要

現在のATはすべてコンピュータ制御されている。**シフトレバー**(正式には**セレクター**または**セレクトレバー**という)を**Dレンジ**にしておけば、車速などに応じて自動的に変速される。アクセルペダルを急に深く踏(ふ)めば加速のためにシフトダウンされる。これを**キックダウン**という。バックしたければ**Rレンジ**、停車時には**Nレンジ**、駐車時には**Pレンジ**を使用すればいい。PレンジはNレンジにパーキングブレーキに相当する機能を加えたレンジだ。

ロックアップで燃費を向上させる

トルクコンバーターは非常に便利な装置だが、羽根車とオイルを使った回転の伝達では、どうしても摩擦によって損失が発生してしまう。これがMTより燃費が悪い原因のひとつだが、現在ではトルクコンバーター内に**ロックアップクラッチ**というクラッチが備えられていて、トルクコンバーターが必要ない状況になると、エンジンから副変速機にダイレクトに回転が伝達される。このクラッチできめ細かくロックアップを行うことで、燃費の向上を図っている。

PART 6
CVT

プーリーの実質的な半径をかえることで変速を行っている

CVTには各種構造のものがあるが、現在採用されているのはプーリーとベルトで変速を行っている**ベルト式CVT**だ。半径の小さいプーリーから大きなプーリーに回転を伝えれば、回転数が落ち**トルク**が増大するが、通常のプーリーは半径がかわらないので**変速比**をかえられない。

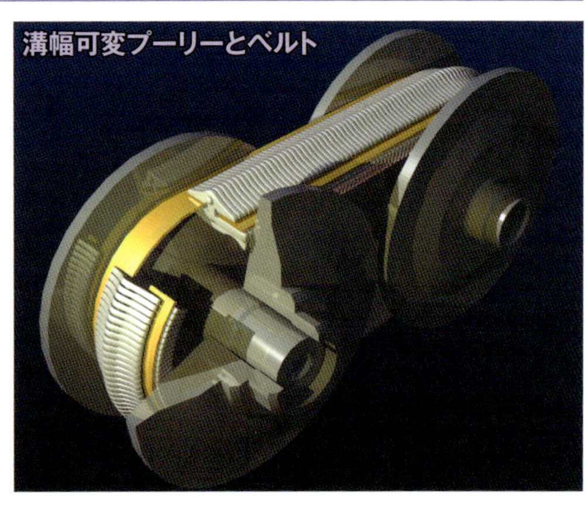

ベルト式CVTで使われるプーリーは、ベルトのかかる溝(みぞ)がV字形で、その溝幅(みぞはば)がかえられる。溝幅を広くすれば、ベルトが中心に近い位置にかかることになり、半径の小さなプーリーとして作用し、溝幅を狭(せま)くすれば半径の大きなプーリーとして作用する。ベルトにたるみができないように、もう一方のプーリーの溝幅も同時に調整していけば、無段階での変速が行えるわけだ。プーリーの溝幅は油圧で調整するタイプとモーターで調整するタイプがある。

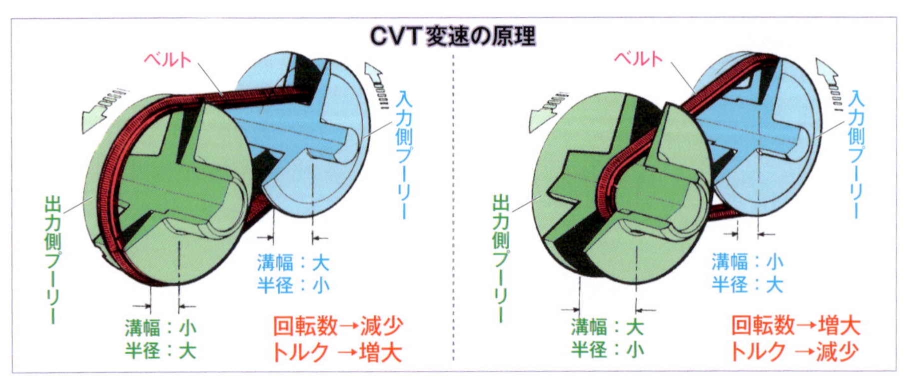

効率よいエンジン回転数を使い続ける

一般的な**AT**で発進から加速していくと、エンジン回転数が上昇していき、一定の回転数になると変速が行われて回転数が低下。再び上昇することを繰り返す。この場合、一定の幅のエンジン回転数を使っていることになる。しかし、無段階で変速が行える**CVT**の場合、発進してエンジン回転数が上昇していき、ある一定の回転数になると、回転数がほとんど変化せずに加速していく。つまり、CVTならもっとも効率のよいエンジン回転数だけを使うことができる。そのためCVTはATより燃費がよくなる。もちろん、勢いよく加速できるように制御することも可能だ。こうした場合はトルクの面で有利なエンジン回転数だけを使って加速していくことになる。

従来のATと同じ感覚で使える

CVTでもクラッチに相当するものは必要だ。CVTが採用され始めた頃には、燃費をおさえるために電磁石で作用するクラッチを採用した車種もあったが、こうしたCVTには**クリーピング**がなかった。しかし、クリーピングの便利さに慣れたユーザーには不評だった。そのため現在ではトルクコンバーターを組み合わせたCVTが大半で、クリーピングも可能だ(現在の技術であればクラッチ制御でクリーピングも可能だが、トルクコンバーター化が進んだ)。

シフトレバーのレンジの設定も基本的にはATと同じで、**Pレンジ**、**Rレンジ**、**Nレンジ**、**Dレンジ**だけで走行できる。ほかには、坂道を走行しやすい**Sレンジ**や、急な下り坂で使う**Lレンジ**(または**Bレンジ**)を備えていることも多い。どんな状況でこれらのレンジを使うべきかは覚えておくようにしたい。

CVTとATの回転数の変化

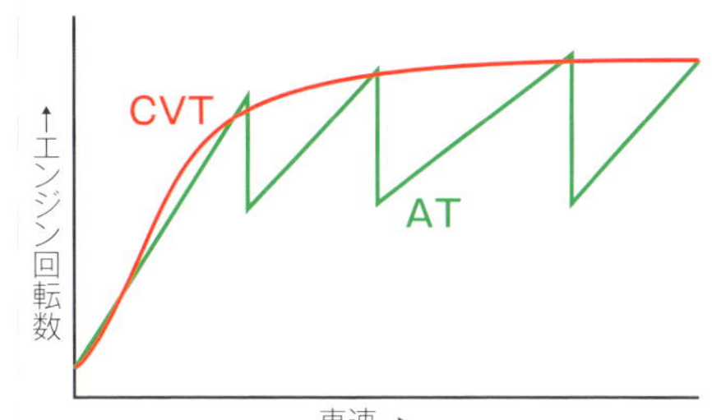

CVTセレクトレバー

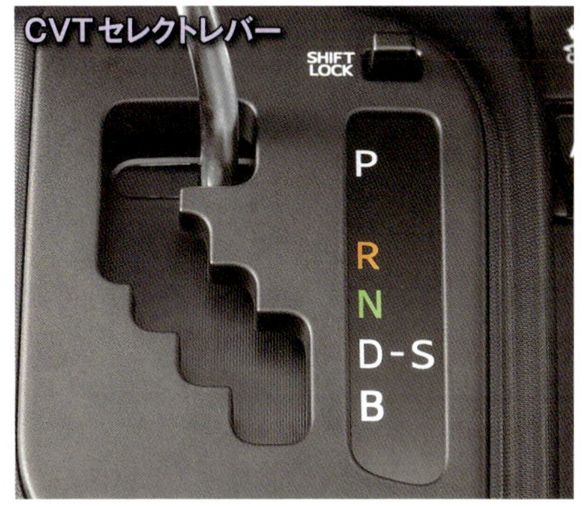

▲CVTのシフトレバーには通常使用するP、R、N、Dレンジのほかに SやBなどのレンジが備えられることもある。機能を理解し状況に応じて使いたい。

ベルト式CVT

ホンダ・CVT

PART 6

AT & CVT制御

燃費重視やパワー重視など状況に応じてモードがかえられる

ATや**CVT**は、すべてコンピュータ制御されている。走行状況やドライバーのアクセルペダルの踏みこみ具合から、ATであればどのギアにするか、CVTであればどの程度の変速比にするかを、コンピュータが決定する。こうした変速の内容を**シフトスケジュール**という。こうしたコンピュータの制御に複数のモードを備えたトランスミッションもある。設定はメーカーや車種によってさまざまだが、現在の人気は燃費がよくなる**エコノミーモード**だ。ほかにも加速がよくなる**パワーモード**もしくは**スポーツモード**などが備えられていたりする。

ATやCVTのコンピュータ制御はどんどん高度化している。**エンジン協調制御**(きょうちょうせいぎょ)はもはや一般的で、そのほかのさまざまな装置からデータを得て、走行状況に応じて最適な変速を行っている。たとえばコーナリング中とコンピュータが判断した場合は、不必要にエンジン回転数を落とさないように変速比を設定することもある。また、カーナビの情報から、前方の道路の曲がり具合を判断して変速比を決定する**ナビ協調制御**といった高度な制御システムもある。

▼エコモードスイッチを押せば、燃費がよくなるシフトスケジュールで変速が行われるようになる。

シフトスケジュール切り替えスイッチ

▲スバルのSI-DRIVEではステアリングスイッチでスポーツモードとインテリジェントモード(燃費重視)を選択。

スポーティなマニュアルモード

ATでもシフトレバーを操作してシフトダウンやシフトアップを行うことである程度はスポーティな走行を楽しめるが、さらに扱いやすい**マニュアルモード**を備えたATも増えている。**スポーツモード**や**シーケンシャルシフト**とも呼ばれる。**Mレンジ**(または**Sレンジ**)に入れたうえで、UP(または+)方向とDOWN(または−)方向に動かすことでスピーディにシフト操作が行える。パドルシフトが装備されることもある。

CVTにも、同じようにマニュアルモードが備えられることがある。CVTの場合、機械的な歯車による変速段数の制限がないため、6速や7速といった段数の多いモードにすることができる。**パドルシフト**が採用されることもある。

マニュアルモード付CVT

◀マニュアルモードを備えたCVT。Sレンジにすれば、自分でシフトチェンジできる。

PART 6
AMT

自動化されたMTの進化形も誕生している

MT（マニュアルトランスミッション）も進化を続けている。クラッチ操作を自動化したMTを、**セミオートマチックトランスミッション**（Semi-automatic Transmission）という。**セミAT**は過去にも開発されたことがあるが反応がにぶく不人気だった。しかし、レースカーの技術がフィードバックされた現代のセミATはきわめて高性能。ペダル操作なしでスピーディにシフトチェンジでき、スポーティに走行できる。トヨタがレクサス・LFAに**ASG**の名称で採用していた。

さらに進化したMTが**AMT（自動制御式MT**、Automated MT）だ。MTをベースにしたAMTは自動変速が行われるため、もはやATの一種といえる。MT車なみの低燃費も実現できるうえ、スポーティな走行に対応させることも可能なためヨーロッパでは採用する車種が多い。

▲国産スーパーカーと称されたレクサス・LFAはセミオートマチックトランスミッションを採用していた。

AMTにはさまざまな構造のものがあるが、単にAMTといった場合には、従来のMTを使用し、そこにクラッチを駆動する装置とギアチェンジを行う装置を加えたものをさすことが多い。このほか変速機の構造が異なっている**デュアルクラッチトランスミッション**（P140参照）というタイプもある。

国産AMTは軽自動車に採用されている

国内ではスズキが**AGS（オートギヤシフト**）の名称でAMTを軽自動車に採用している。5速MTをベースに、クラッチ操作用とシフト操作用の電動油圧アクチュエーターを備え、電子制御で変速が行われる。マニュアルモードも備えていて、クラッチ操作不要でスピーディなシフトチェンジを行うことも可能だ。

▲ASGを採用するスズキ・アルト ターボRS。

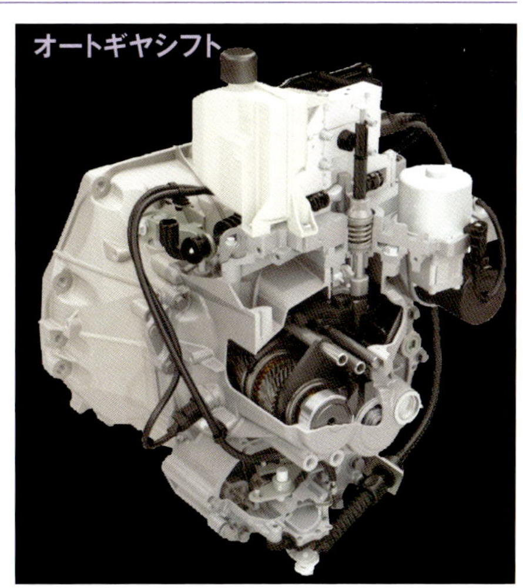

▲5速MTの構造はそのままに、クラッチやギヤチェンジのための電動油圧アクチュエーターや電子制御機構などが加えられたスズキのオートギヤシフト。

PART 6

DCT

省燃費にもスポーティな走行にも貢献するトランスミッション

デュアルクラッチトランスミッション（Dual Clutch Transmission）、略して**DCT**は**AMT**の一種だ。国産車への採用は、三菱のランサーエボリューションXや日産のGT-Rから始まったため、スポーツタイプのクルマに適したトランスミッションというイメージが広がってしまったが、ヨーロッパでは省燃費をめざすコンパクトカーへの採用も数多い。

DCTが、前ページで説明したAMTとは異なった扱いを受けるのは変速機の構造が異なるためだ。変速機の基本的な構造は従来のMTと同じだが、DCTは2台のMTを組み合わせたような構造になっている。たとえば6速のDCTなら、1、3、5速を担当する変速機構と、2、4、6速を担当する変速機構があり、それぞれにクラッチを備える。通常のMTの場合、変速の際にクラッチが切られ、一瞬だがエンジンの力が車輪に伝わらないことになる。これを**トルク切れ**や**トルク抜け**というが、DCTなら一方の変速機構のクラッチを切りながら、もう一方の変速機構のクラッチをつないでいけるため、トルク切れがほとんどゼロに近くなり、加速性能が高い。変速段数を多くすることができるので、省燃費が可能なうえ、トルクコンバーターによる損失がないので、効率が高い。もちろん、**マニュアルモード**も備えていて、自由にシフトチェンジをあやつることも可能だ。

デュアルクラッチトランスミッション

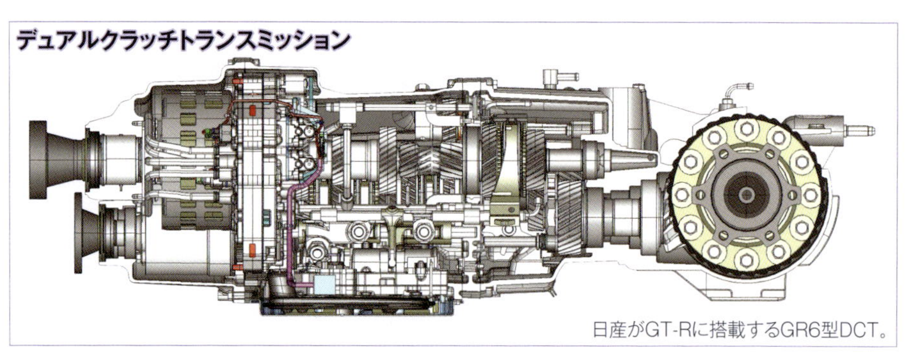

日産がGT-Rに搭載するGR6型DCT。

デュアルクラッチトランスミッションのハイブリッド

ホンダは**DCT**をハイブリッド車のトランスミッションに採用している。ハイブリッドシステムでは、モーターにクラッチを併用（へいよう）すると機能を高められるが、それだけ構造が複雑になりサイズも大きくなる。ホンダのシステムでは、DCTのクラッチを活用することでモーター用のクラッチを省略してコンパクトなシステムを実現している（P158参照）。

DCT＋モーター

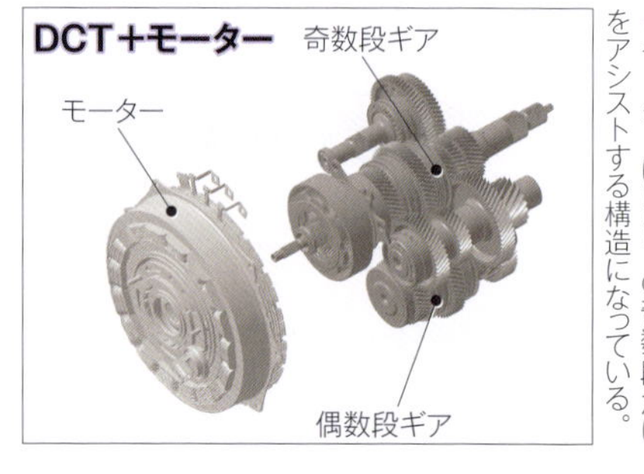

◀モーターはDCTの奇数段だけをアシストする構造になっている。

PART 6

駆動系

駆動系に必要になるもの

エンジンの回転を走行状況に応じた回転数やトルクにして駆動輪に伝える装置を**駆動系**や**動力伝達装置**といい、**ドライブレーン**や**パワートレイン**とも呼ばれる。**トランスミッション**が中心的な存在だが、ほかにも**デフ**や**ファイナルギア**、**ドライブシャフト**などのパーツが必要で、FRや4WDでは**プロペラシャフト**も必要だ。

ディファレンシャルギアの役割

クルマがコーナーを曲がる際には、コーナー外側の車輪のほうが、内側の車輪より長い距離を移動しなければならない。もし、左右の駆動輪に同じ回転を伝えてしまうと、コーナー内側の車輪が空転ぎみにスリップするか、外側の車輪を引きずることになり、クルマの挙動が乱れてしまう。この問題を解消しているのが**ディファレンシャルギア**、略して**デフ**だ。

ファイナルギアの役割

エンジンの回転数を走行に必要な回転数にかえるのがトランスミッションの役割だが、回転数を落とすとトルクが増大する。もし、トランスミッションで駆動輪の回転数まで落とすと、その大きなトルクに耐えられるようにトランスミッションを丈夫に作る必要があり、大きく重くなる。そのため、トランスミッションではある程度の回転数まで落としておき、最終的な減速は**ファイナルギア**という歯車で行っている。日本語では**最終減速装置**や**終減速装置**といい、デフに回転を伝える歯車の組み合わせが、その役割を果たしている。

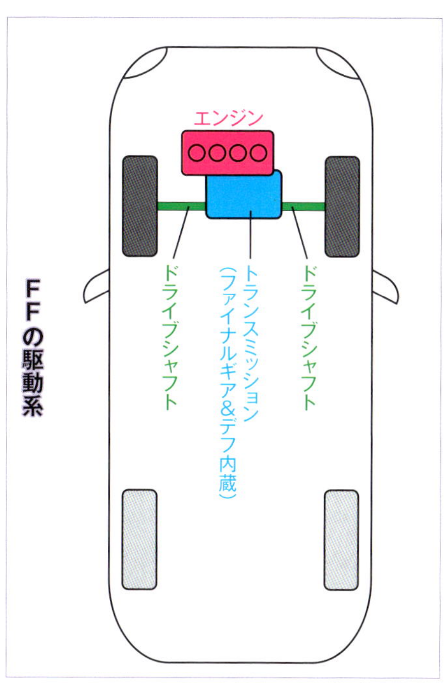

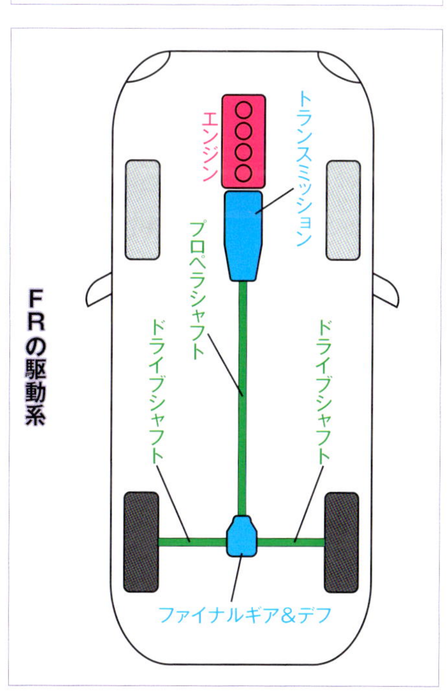

シャフト類

駆動輪に回転を伝えるドライブシャフト

ドライブシャフトとは、最終的に駆動輪に回転を伝える回転軸のこと。**FF**なら**トランスミッション**（内部の**デフ**）と前輪をつなぎ、**FR**なら後輪左右中央に配置されたデフと後輪をつなぐ。**車軸懸架式サスペンション**なら、デフと車輪の位置が変化しないように配置できるため、1本のシャフトでつなぐだけで大丈夫だが、**独立懸架式サスペンション**では車輪の位置が動くため、シャフトだけでは回転を伝達できない。そのため、ドライブシャフトの両端には、軸が折れ曲がっても回転を伝達することができる**等速ジョイント**が備えられている。

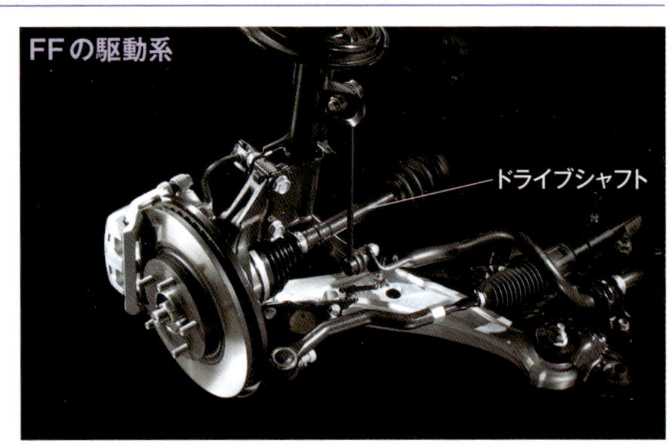

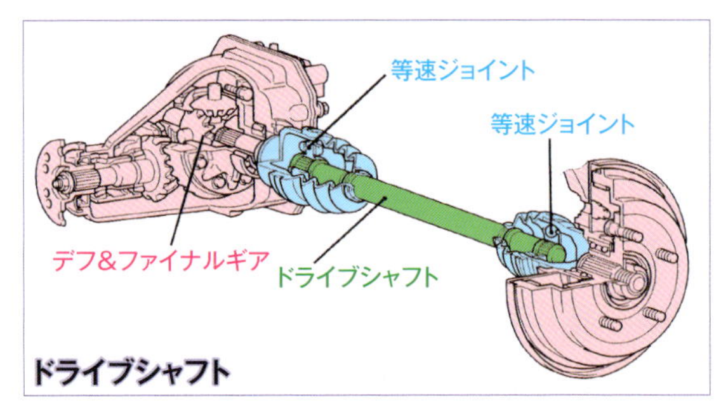

ドライブシャフト

クルマの前後方向に回転を伝達するプロペラシャフト

FRでトランスミッションから後輪左右中央のデフに回転を伝達するのが**プロペラシャフト**だ。トランスミッションは車体に固定されているが、**デフ**はサスペンションによって上下に動くため、シャフトの途中には折れ曲がっても回転を伝達できる**フックジョイント**が備えられている。プロペラシャフトが長い場合には途中に**センターベアリング**を配して回転軸を支えている。**4WD**の場合は前後に動力を分配する**トランスファー**（P144参照）から前輪にシャフトで回転を伝達することがある。こうしたシャフトは、**フロントプロペラシャフト**と呼ばれる。

PART 6

デフ

コーナリングをスムースに行わせるのがディファレンシャルギアの役割

通常は**デフ**と略して呼ばれるが、正式には**ディファレンシャルギア**といい、日本語では**差動装置**（さどうそうち）という。デフは歯車の組み合わせだけで構成されたシンプルなものだが、動作は複雑で理解しにくい。簡単にいってしまうと、コーナーで内側の車輪が回転しにくくなって路面から抵抗を受けると、回転が遅くなり、その分だけ外側の車輪の回転を速くする。デフによるこうした動作を**差動**という。あまり注目されないパーツだが、クルマには不可欠なものだ。

FFの場合、デフはトランスミッションに内蔵されるのが一般的。FRの場合は、左右後輪の中央に配置され、トランスミッションからプロペラシャフトを介して回転が伝えられる。

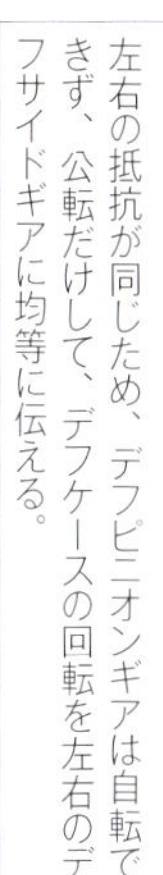
左右の抵抗が同じため、デフピニオンギアは自転できず、公転だけして、デフケースの回転を左右のデフサイドギアに均等に伝える。

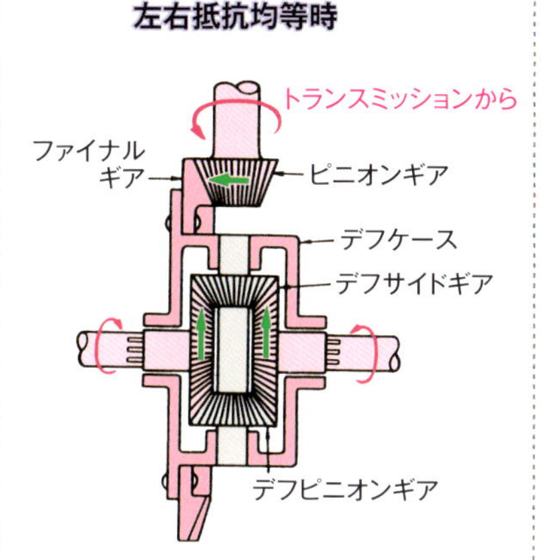

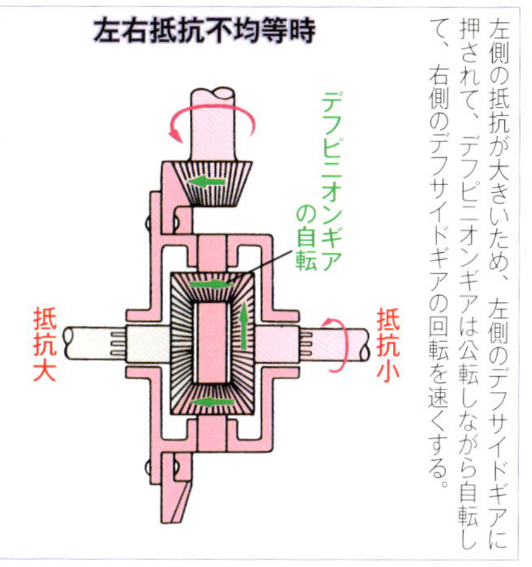

左側の抵抗が大きいため、左側のデフサイドギアに押されて、デフピニオンギアは公転しながら自転して、右側のデフサイドギアの回転を速くする。

ディファレンシャルギアは単純でいてすぐれた装置だが弱点もある

デフはすぐれた装置だが弱点がある。駆動輪（くどうりん）が路面から受ける抵抗を利用しているため、たとえば駆動輪の左右どちらかが浮くと、路面から受ける抵抗が極端に小さくなる。すると、デフはすべての回転を浮いている側に伝えてしまう。浮いている駆動輪が空転し、路面に接している駆動輪が停止し、走行不能となる。すべりやすいぬかるみなどに入った場合も同様だ。こうしたデフの弱点をカバーするのが**差動停止装置**や**差動制限装置**だ。

差動停止装置はその名のとおり、デフを作動させなくすることで、悪路走破性（あくろそうはせい）を高めるもので**デフロック**ともいう。差動制限装置は**リミテッドスリップデフ**の頭文字をとって**LSD**と呼ばれることが多い。左右駆動輪の回転数の差などに応じて、抵抗の大きな側の駆動輪にもトルクを伝え、走破性を高めてくれる。また、LSDはコーナリングの挙動（きょどう）を安定させる機能もあるためスポーツタイプのクルマに採用されることもある。現在では、**電子制御デフ**もあり、駆動輪の左右トルク配分を制御することで、コーナリング性能が高められている。

4WD

フルタイム4WDにはさまざまなシステムがある

4WDには必要に応じて2WDと4WDを切り替えることができる**パートタイム4WD**という方式もあるが、乗用車ではほとんどが常時4WD走行する**フルタイム4WD**だ。フルタイム4WDには**パッシブ4WD**、**センターデフ式フルタイム4WD**、**電子制御式フルタイム4WD**などがある。これらのシステムは、4WD専用に開発されたものもあるが、多くの場合はFFもしくはFRをベースにして作られる。こうしたベースとなる駆動系から動力を分配する部分を**トランスファー**という。

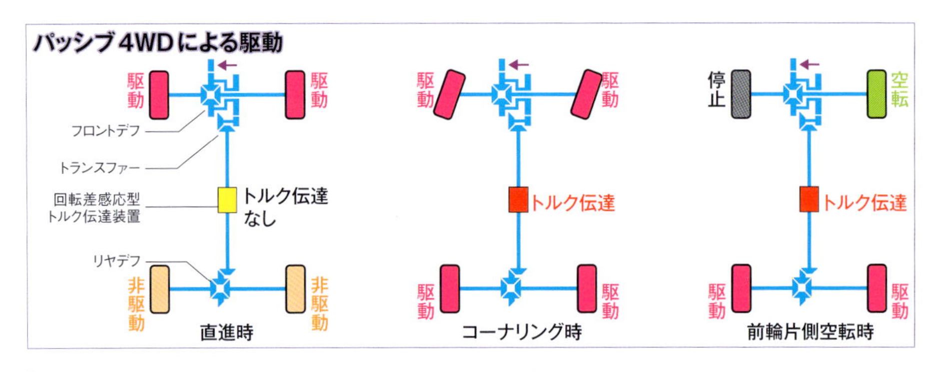

FFを最小限の部品で4WD化できるパッシブ4WDシステム

パッシブ4WDは**スタンバイ4WD**や**オンデマンド4WD**ともいわれ、通常は2WD走行をしているが、コーナリングや発進加速、すべりやすい路面などで前後輪の回転速度に差が発生すると、自動的に4WDに切り替わる。

パッシブ4WDの多くはFFベースだ。トランスファーで分配された後輪用の動力を伝えるプロペラシャフトの途中に**回転差応動型トルク伝達装置**が配されている。このトルク伝達装置は、両側の回転速度が同じ時はトルクを伝達しないが、回転速度に差があるとその差に応じてトルクを伝達する。トルク伝達装置の前方には前輪の回転、後方には後輪の回転が伝わっているので、前後輪の回転速度が同じ直進走行中はトルクの伝達が行われず、2WD走行となる。前後輪の回転速度に差が発生するとトルクの伝達が行われ、4WD走行になる。つまり、コーナリングなど4WDのほうが安全性が高い状況になると、自動的に4WDになるわけだ。回転差応動型トルク伝達装置にはさまざまなものがあるが、採用例が多いのは**ビスカスカップリング**で、**ビスカスカップリング式4WD**や**ビスカス4WD**などと呼ばれる。

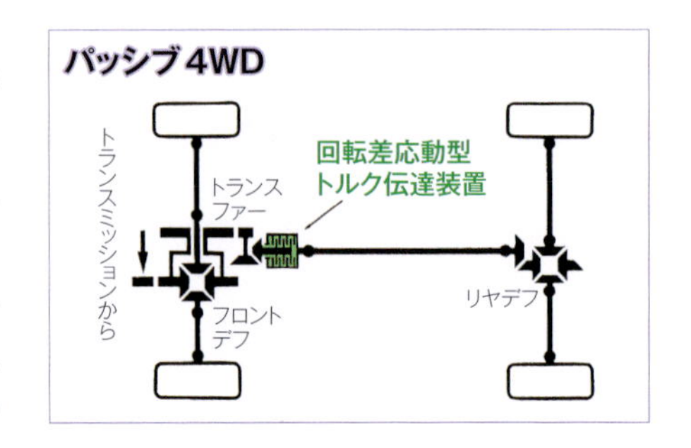

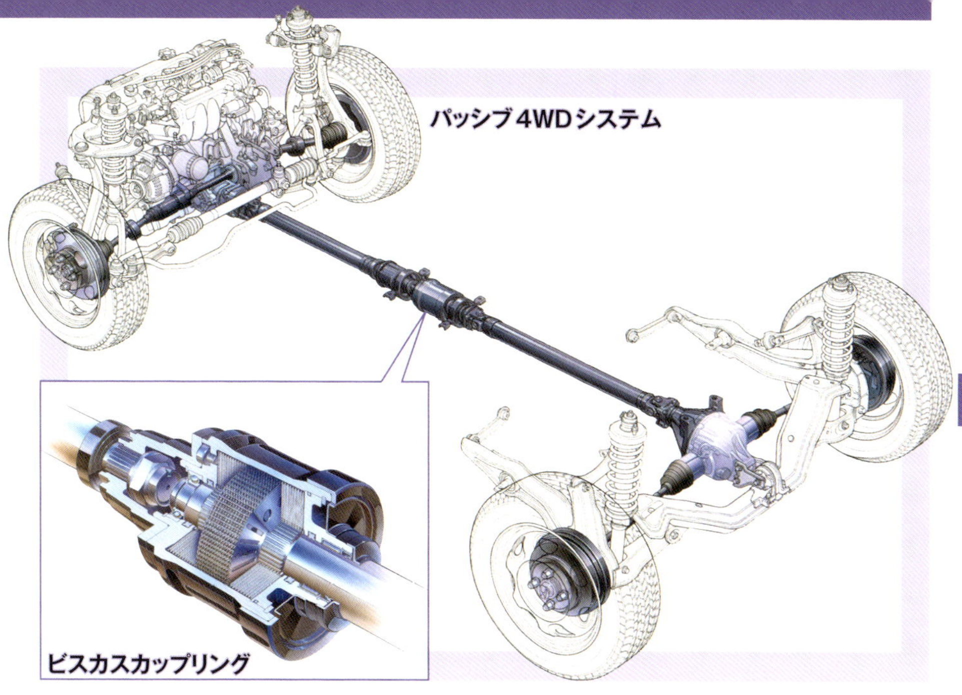

高度なトルク配分が行える電子制御式フルタイム4WD

さまざまなセンサーによってクルマの状態を監視し、コンピュータ制御で走行状況に応じて前後輪のトルク配分を行うのが**電子制御式フルタイム4WD**だ。**アクティブトルクスプリット式4WD**ともいう。次ページで説明する**電子制御センターデフ式フルタイム4WD**という方式もあるが、現在の主流は**電子制御トルク配分式フルタイム4WD**だ。

電子制御トルク配分式フルタイム4WDは、構造的にはパッシブ4WDの回転差応動型トルク伝達装置のかわりに、**電子制御カップリング**を備えたものといえる。電子制御カップリングは多板クラッチ(多数のクラッチが組み合わされたもの)を利用して、トルクを伝達する割合をかえられる装置。このカップリングで走行状況に応じた前後輪のトルク配分にする。パッシブ4WDは受動的であるのに対して、電子制御トルク配分式であれば、能動的にきめ細かいトルク配分が行え、走行性能や安全性を高めることが可能となる。

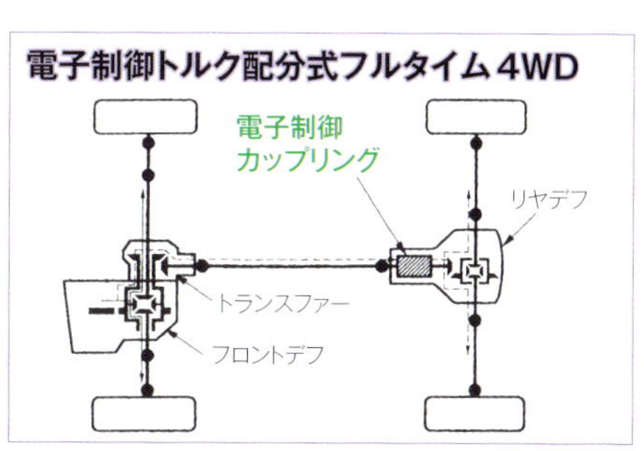

センターデフ式4WD(デフロック付)

デフロック
フロントデフ
トランス
ミッション
リヤデフ
センターデフ

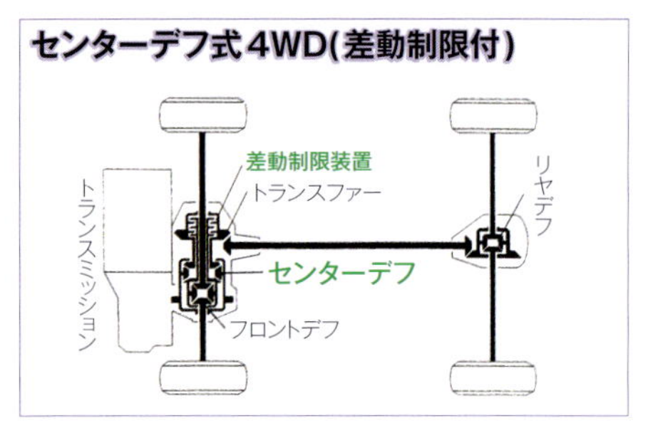

信頼性が高いセンターデフ式フルタイム4WDシステム

カーブでは駆動輪の左右で移動距離が異なるため、デフによってスムーズに走行できるようにしているが、前後輪で比較してみると、後輪のほうが内側を通るため、前輪より移動距離が短くなる。もし、前後輪に同じ回転を伝えてしまうと、舗装路のコーナリングの際に前後輪の移動距離の差によって前輪が引きずられる**タイトコーナーブレーキ現象**が起こり、スムーズに走行できない。この問題を解消するために、**トランスファー**に**ディファレンシャルギア**を備えた**4WD**が**センターディファレンシャルギア式4WD**(**センターデフ式4WD**)で、**センターデフ式フルタイム4WD**とも呼ばれる。丈夫で信頼性の高い4WDシステムだ。

しかし、駆動輪のデフの場合と同じように、前後どちらかで車輪が浮いて空転してしまうと走行不能になる。そのため差動停止装置や差動制限装置を併用するのが一般的だ。センターデフだけを差動制限する車種もあるが、前後輪にも備えたほうが悪路走破性が高まる。

電子制御センターデフ式フルタイム4WDは、センターデフを**電子制御デフ**にしたものだ。多板クラッチを利用してコンピュータ制御で差動制限をコントロールすることで前後輪のトルク配分をかえることができる。センターデフ式フルタイム4WDは受動的であるのに対して、電子制御式であれば、能動的にきめ細かいトルク配分が行える。

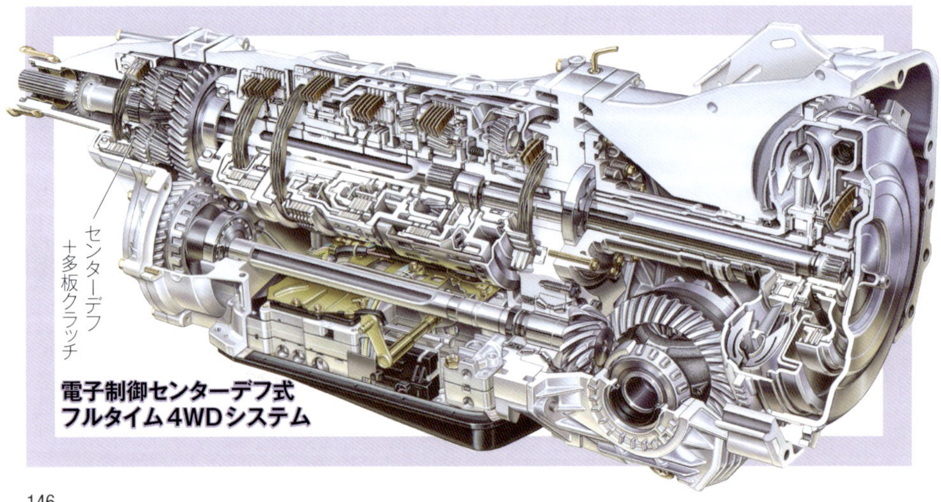

電子制御センターデフ式フルタイム4WDシステム

PART 7

ハイブリッド車と電気自動車

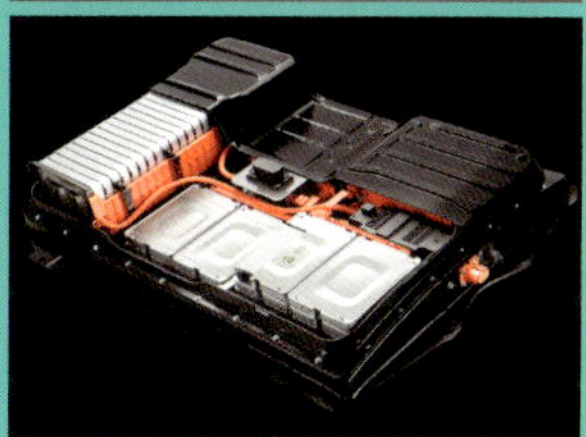

PART 7

モーター

回転する磁界のなかで永久磁石が回転する永久磁石形同期モーター

エンジンはある程度の回転数にしないと走行に必要なトルクを得られないし、0回転からいきなりトルクを発揮できない。しかし、**モーター**は0回転からいきなり大きなトルクを発揮させられるうえ、高回転にも対応できる。そのため、変速機なしでもクルマを動かすことが可能だ。これが動力源にモーターを採用する大きなメリットだ。

電気自動車や**ハイブリッド車**の動力源に使われるモーターは、ほとんどが**永久磁石形同期モーター**という**交流モーター**だ。このモーターはコイルに流す交流の周波数で回転速度を制御できるので動力源に使いやすい。ただし、交流の周波数制御には半導体による制御が欠かせない。**インバーター**と呼ばれる**可変電圧可変周波数電源**が使われるのが一般的だ。インバーターは直流から任意の電圧、任意の周波数の交流を作りだすことができる。こうした半導体制御を前提とした場合、永久磁石形同期モーターは**ブラシレスモーター**と呼ばれることもある。

駆動用モーター（燃料電池自動車用）

▲トヨタ・MIRAIに搭載される駆動用のモーター。モーターのみで駆動されるため、それなりの大きさだ。

駆動用モーター（ハイブリッド車用）

▲ホンダ・レジェンドのハイブリッドシステムに採用されるモーター。非常に薄く作られている。

減速時のエネルギーを回収して再利用することができる

モーターを動力源に採用するもうひとつの大きなメリットは、モーターを**発電機**として利用できる点だ。エンジン自動車の場合、減速時にはブレーキシステムによって摩擦を発生させ、クルマの運動エネルギーを熱エネルギーに変換して周囲に捨てていた。しかし、動力源がモーターの場合、減速時に車輪の回転をモーターに伝えれば、その抵抗でスピードが落ち、同時に発電が行われる。つまり、運動エネルギーを電気エネルギーに変換して回収できるため、エネルギーの効率が高まる。これを、**エネルギー回生**や**回生ブレーキ**という。

回生ブレーキで発電される電力は交流だが、電気を蓄える**バッテリー**は直流しか扱えないため、変換を行う半導体回路が必要になる。この回路を**コンバーター**と呼び、走行時に使用するインバーターとセットにされていることが多く、**パワーコントロールユニット**などと呼ばれる。

電気自動車

モーターを動力源とし電気エネルギーで走行するクルマ

電気自動車は19世紀に実用化されているが、電池の重量や大きさが改善されなかったため、エンジンが自動車の動力源の主流になった。しかし、**二酸化炭素**による地球温暖化や、化石燃料への過度の依存などの問題によって、21世紀初頭から再び注目が集まってきた。半導体によるモーター制御の高度化や電池の技術進歩も大きな影響を与えている。

電気自動車とは電気をエネルギー源としてモーターで走行するクルマのこと。**エレクトリックビークル**(Electric Vehicle)を略して**EV**と呼ばれる。狭義の電気自動車は次ページで説明する**二次電池式電気自動車**だが、広義には**燃料電池自動車**も含まれる。また、**ハイブリッド車**も広義の電気自動車に含めることが多い。

▲日本でも1947年にたま電気自動車というEVが販売されている。販売した東京電気自動車は後にプリンス自動車工業になり、1966年に日産自動車と合併した。

レアメタルを使用するためコストが高いが能力の高い充電池

二次電池とは充電によって繰り返し使用できる電池のことで、**蓄電池**ともいう。一般には**充電池**と呼ぶことが多く、自動車関連では単に**バッテリー**と呼ぶのが一般的だ。電気自動車ではおもに**リチウムイオン電池**が使われている。現在大量生産で実用できる充電池のなかではエネルギー密度(一定重量または容積に蓄えられるエネルギーの量)が非常に高いため、ノートパソコンやデジタルカメラなどのデジタル機器で使われている。単体のリチウムイオン電池の電圧は数Vなので、電気自動車に搭載する場合は複数の電池を直列にして電圧を高め、こうして作られた多数のモジュールを並列にして充電量を確保している。しかし、リチウムイオン電池は原料に**希少金属**(**レアメタル**)を使用するため、非常にコストが高くなる。

ハイブリッド車などでは**ニッケル水素電池**も採用されている。この電池も各種デジタル機器で多用されているほか、現在の乾電池型充電池の主流になっている。エネルギー密度の点ではリチウムイオン電池に劣るが、コスト面では有利だ。

リチウムイオン電池

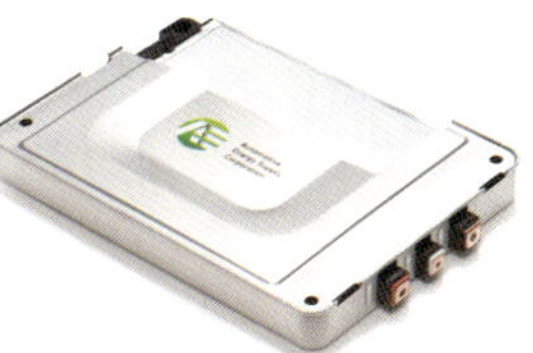

▲日産・リーフが搭載する単体のリチウムイオン電池のシート状セル(左)と、それをまとめたバッテリーモジュール(右)。モジュールをまとめたものが次ページ写真のバッテリーパックだ。角形のセルもある。

◀バッテリーセルには円筒形のものもあり、この場合も複数本をまとめてモジュールとして扱う。

PART 7

プラグインEV

コンセントから充電して走行する電気自動車がプラグインEV

二次電池を電源とする電気自動車が**二次電池式電気自動車**だ。狭義(きょうぎ)の電気自動車でありEVとだけ表現してもよいが、広義(こうぎ)のEVと区別するために**ピュアEV**や**BEV**(Battery Electric Vehicleの略)と呼ぶこともある。また、プラグをさすという充電方法から**プラグインEV**と呼ぶことも多い。もちろん**エネルギー回生**(かいせい)も行う。

リチウムイオン電池の誕生によって電池の小型軽量化が進んだことで、プラグインEVは実用化が進み、**モーター**による走行性能については一般的なエンジン自動車と差がないレベルになっている。燃費(電気自動車の場合は**電費**(でんぴ))はエンジン自動車よりすぐれている。航続距離(こうぞくきょり)は劣(おと)ってはいるが、日常的な近距離使用では問題のないレベルだ。たとえば日産・リーフでは280kmを達成しているタイプもある。

▲代表的なプラグインEV、日産・リーフ。

ただし、従来のクルマの給油に相当する充電は、プラグインEVの弱点であるといえる。家庭で行う**普通充電**の場合、AC200Vでもフル充電に8～11時間かかり、AC100Vだとさらに長くかかる。専用の**急速充電スポット**では充電時間を短縮できるが、それでも80%充電に30分程度はかかる。日産の発表では**充電スポット**(家庭用充電器も含む)の数がガソリンスタンドの数を超えていて、実用上は問題ない状況だともいえるが、**急速充電**が行える充電スポットの数は十分ではない。さらなる充電スポットの充実に期待がかかる。

プラグインEVは事前に充電して蓄えたバッテリーの電力でモーターを作動させて走行。減速時にはモーターによるエネルギー回生で充電が行われるが、バッテリーの電力がなくなってしまうと走行不能になる。

燃料電池自動車

燃料を使って発電しながら走行する電気自動車がFCV

いよいよ本格的な市販が始まった次世代自動車が**燃料電池自動車**（Fuel Cell Electric Vehicle）だ。**FCV**や**FCEV**と略される。**燃料電池**とは、燃料となる水素と酸素の化学反応によって電力を作りだす発電システムのこと。酸素は空気中に存在するので、水素を燃料として供給すれば、継続的に電力を作ることができる。水の電気分解と逆の化学反応なので排出物の大半は水になり、環境にやさしい。

燃料電池自動車でもある程度の容量の**二次電池**を搭載する。これにより**エネルギー回生**が可能になるうえ、加速時など電力消費が大きな時に蓄えられた電力を使用できるため、燃料電池の発電能力をおさえることが可能になる。**モーター**による走行のしくみはプラグインEVと同じで、従来のクルマと同レベルに達している。航続距離も十分で、トヨタのMIRAIが約650km、ホンダのクラリティFUEL CELLが約750kmとされている。**水素充填**にかかる時間も3分程度だ。

▲リース販売が始まったホンダ・クラリティFUEL CELL。

プラグインEVの場合は時間はかかるが家庭でも充電でき、充電スポットも充実してきているが、燃料電池自動車の場合、燃料供給施設の充実が欠かせない。水素ステーションの数はまだまだ少ない。十分な航続距離があるので、保管場所の近くにステーションがあれば日常的な使用では問題ないが、遠出の場合は目的地付近にステーションがないと不安が残る。

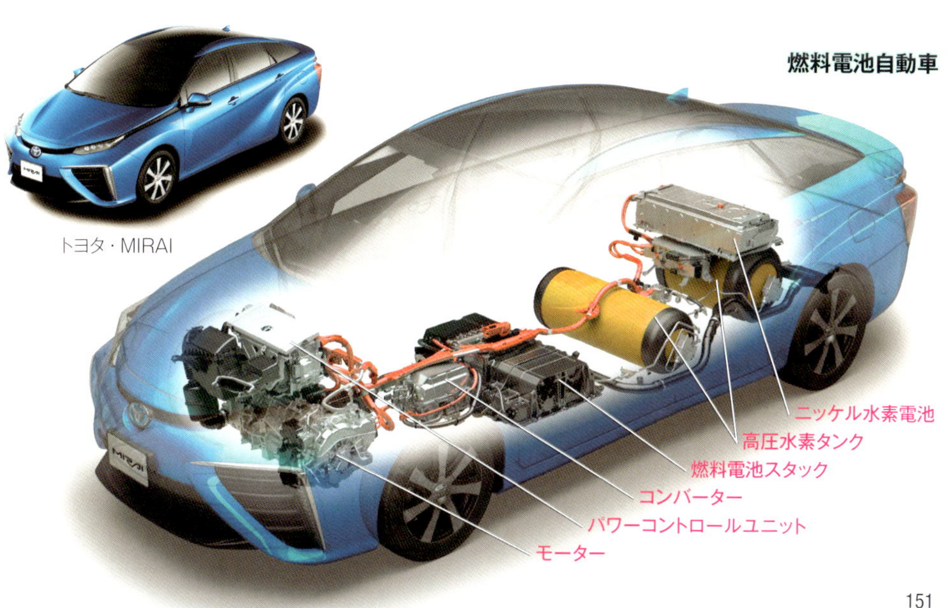

PART 7

ハイブリッド車

ハイブリッドシステムにはさまざまなものがある

ハイブリッド車は、ハイブリッド電気自動車(Hybrid Electric Vehicle)を略して**HEV**や**HV**という。エンジンとモーターという2種類の動力源を備えたクルマのことだ。**エネルギー回生**などのために、**二次電池**が搭載される。当初は特殊なクルマという位置づけだったが、今や普通のクルマの一種といえるほどに普及している。

メーカーや車種によってさまざまな構造の**ハイブリッドシステム**があるが、原理で大別すると**シリーズ式ハイブリッド**と**パラレル式ハイブリッド**になり、両者を併用するシステムもある。また、モーターの能力による分類もある。厳密な規定はないが、一般的にモーターだけでも走行可能なものを**ストロングハイブリッド**、モーターにエンジンのアシスト程度の能力しかないものを**マイルドハイブリッド**という。

エンジンとモーターを直列につなぐシリーズ式ハイブリッド

シリーズ式ハイブリッドはエンジンで発電機を回して発電を行い、その電力でモーターを回して走行する方式。エンジンは走行に使用しない。エンジンはさまざまな回転数やトルクに対応させると効率が悪くなるが、発電のためだけに、もっとも効率のよい状態でエンジンを働かせれば燃費がよくなる。しかし、電力が不足すると走行できなくなるため、ある程度の電力を蓄えられる**二次電池**(バッテリー)が必要になる。バッテリーがあれば、**エネルギー回生**も可能だ。

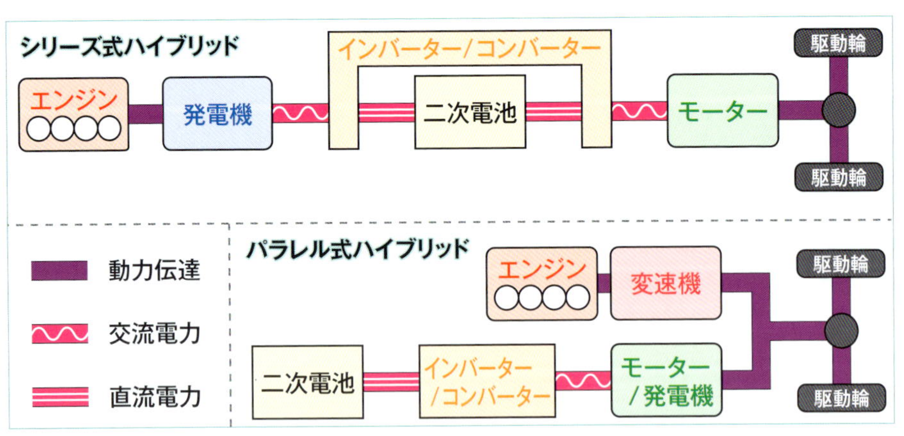

エンジンとモーターの両方を走行に使うパラレル式ハイブリッド

パラレル式ハイブリッドは、エンジンとモーターの両方を走行に使用する方式。状況に応じてエンジンとモーターを使いわけたり、両方を同時に使ったりする。モーターの併用によってエンジンの負担が軽減されて燃費がよくなるが、**エネルギー回生**で得られた電力しか走行に使用することができない。

モーターだけで走るEV走行も可能

ストロングハイブリッドであれば、モーターの力だけで走行することができる。こうした状態を**EV走行**や**EVモード**という。これに対して、エンジンとモーターの両方で駆動する状態を**ハイブリッド走行**や**ハイブリッドモード**という。エンジンは回転数が低いとトルクが小さいが、トルクが不足するような状況でも、モーターでアシストすれば走行できる。そのため、モーターはトランスミッションの代用になるともいえる。多くのハイブリッドシステムでは、トランスミッションを併用しているが、トヨタのハイブリッドシステム(P154参照)にはトランスミッションは使われておらず、諸元表ではモーターを**電気式無段変速機**と表現している。

EV走行はエンジンが作動していないため非常に静かだ。通常、EV走行にするかハイブリッド走行にするかは制御コンピュータが決めるが、深夜や早朝など静かに走りたい時のために、**EV走行スイッチ**(または**EVモードスイッチ**)が用意されている車種もある。二次電池の充電量が十分にあればEV走行が行われる。

▲ハイブリッド車やEVでは通常はモーターと呼ばれるが、発電機としても機能する。発電専用のものもモーターと呼ぶことが多い。

▶スイッチを押すと優先的にEV走行が選択される。

なお、ハイブリッドシステムではモーターの数がシステム構成の重要な要素になる。ここでいうモーターとは、モーターもしくは発電機のことで、たとえば発電にしか使わない発電機と、走行とエネルギー回生用のモーターが搭載されている場合、一方が発電専用であっても2モーターのハイブリッドシステムという。

コンセントから充電できるハイブリッド車

プラグインハイブリッド車は、ハイブリッド車に**プラグインEV**の要素を加えたもので、**プラグインHEV**や**PHEV**、**PHV**と呼ばれる。どんなハイブリッドシステムでもプラグイン化することは可能だが、充電を受けるための機構が増え、コストも高くなる。そのため通常、バッテリーの容量はハイブリッド車より大きく、日常的な近距離走行は、充電された電力だけでEV走行できる程度の容量にされている。プラグインEVは充電量を使いきってしまえば走行不能になるが、プラグインハイブリッド車であれば走行を続けることができる。

▲普通充電の方法はプラグインEVの場合と同じ。出先での急速充電への対応は車種によって異なる。

PART 7

トヨタのハイブリッドシステム

▶ハイブリッド車のパイオニアであるプリウスもすでに4代目。着実に進化を続けている。

シリーズ式とパラレル式を併用することで高効率を実現

トヨタが**THSⅡ**の名称で多数の車種に採用しているハイブリッドシステムはシリーズ式とパラレル式を併用する。**シリーズパラレル式ハイブリッド**や**スプリット式ハイブリッド**とも呼ぶ。走行/回生用のモーターとは別に発電機(ジェネレーター)も搭載。エンジンの動力は分配機構を介して駆動輪にも発電機にも伝えられていて、駆動輪には分配機構を介してモーターからも回転が伝えられる。発電機の発電電力はモーターへも**二次電池**(バッテリー)にも送ることができる。このシステムによって、モーターで常にエンジンをアシストすることができるため、トランスミッションは搭載されていない。このモーターのアシストによる変速機構をトヨタでは**電気式無段変速機**と呼んでいる。

通常は**ニッケル水素電池**が採用されるが、車種によっては**リチウムイオン電池**が使われる。減速時の**エネルギー回生**に加えて、シリーズ式として発電を行えるため、電力を十分に確保できる。充電量にもよるが、たとえばプリウスでは数百mから1km程度の**EV走行**が可能だ。

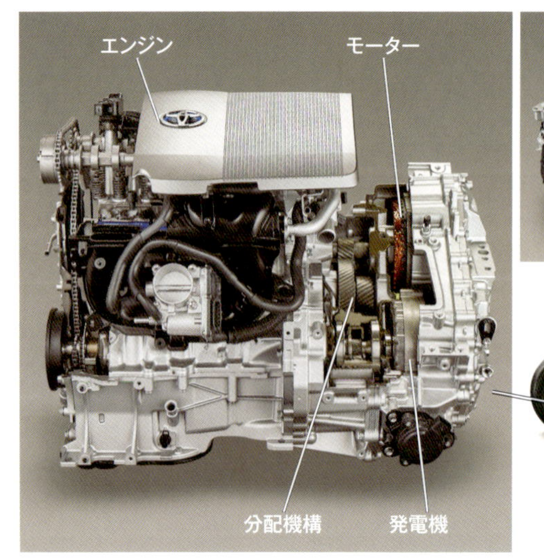

THSⅡ(トヨタ・プリウス)

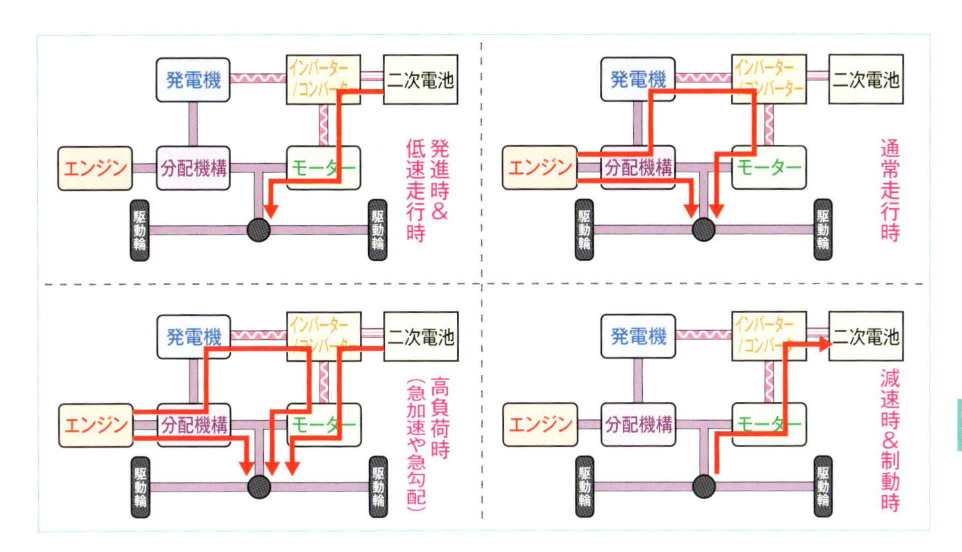

状況に応じてさまざまなモードで走行する

THSⅡは発進時や低速走行時には、バッテリーに蓄(たくわ)えられた電力を使用してモーターのみで**EV走行**する。通常走行ではエンジンの回転が駆動輪と発電機に伝えられ、その発電電力でモーターの駆動を行い、**ハイブリッド走行**する。加速や高速走行時には、バッテリーの電力も使用することでモーター駆動の比率を高め、エンジンの効率が低下することを防ぐ。減速時には、モーターで**エネルギー回生**を行い、その電力がバッテリーに蓄えられる。通常、停車時にはエンジンを停止するが、バッテリーの充電量が不足している場合には、エンジンを稼動させその回転を発電機だけに伝えて充電を行う。通常走行時でも充電量が不足していれば、エンジンの効率が低下しない範囲で能力を高め、発電と充電を行う。

FFもFRも同じ発想のシステムを搭載する

THSⅡは、横置きトランスミッションに相当するレイアウトが採用されたFFで開発され、そのシステムによる展開が長かったが、現在では縦置きトランスミッションに相当するレイアウトが採用されたFRもある。レイアウトは異なっているが、FRの場合もハイブリッドシステムの基本的な構成は同じだ。このシステムから4WDへの発展もある。

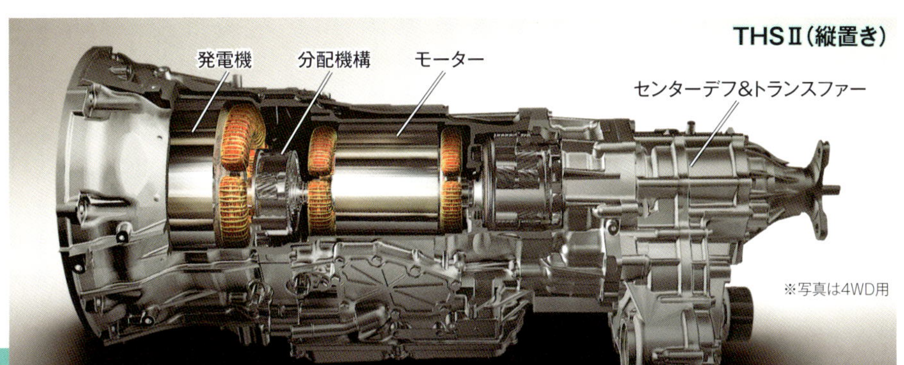

E-Four
（トヨタ・プリウス）

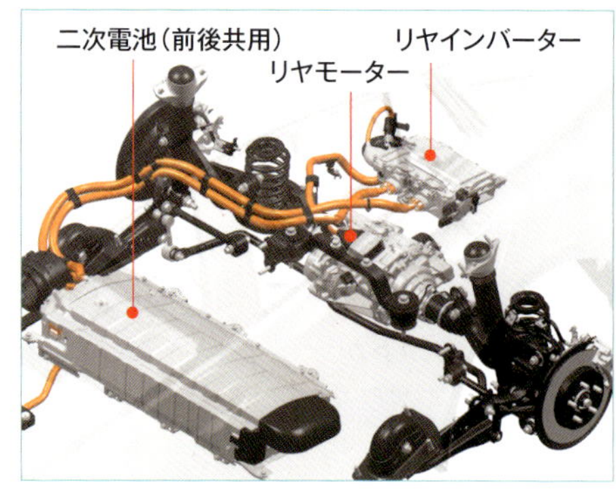

ハイブリッドシステムでも4WDを展開する

トヨタのハイブリッド車の**4WD**には2つのタイプがある。ひとつはエンジン自動車と同様の機械的な4WDだ。FRレイアウトの**THSⅡ**のハイブリッドシステムに**センターデフ**と**トランスファー**が組みこまれている（P155参照）。もうひとつは、FFレイアウトのハイブリッドシステムの後輪にモーターを備えるものだ。ほかにもタイプがあるが、こうした4WDを**ハイブリッド4WD**という。トヨタではこのシステムを**E-Four**と呼ぶことが多い。走行状況に応じて後輪用のモーターを作動させれば、4WD走行になる。もちろん、後輪でも**エネルギー回生**が行われる。後輪専用の二次電池が搭載される場合と、前輪用の二次電池が共用される場合がある。

進化したトヨタのプラグインハイブリッドシステム

初代のプリウスPHVは、プリウスのバッテリー容量を大きくしたうえで充電機構を加えた程度のものでハイブリッドシステムに大きな違いはなかったが、2代目プリウスPHVは**プラグインハイブリッドシステム**として大きく進化した。通常の**THSⅡ**ではジェネレーターと呼ばれるモーターは発電専用だが、プリウスPHVでは駆動にも使えるようにシステムが変更されている。これにより、2台のモーターで駆動されるEV走行の性能が向上している。また、初代に比べて2倍以上の容量の**リチウムイオン電池**を搭載することで、60km程度のEV走行を可能としている。これだけの航続距離があれば、日常走行はほぼ問題なくカバーできる。さらに、普通充電に加えて**急速充電**にも対応し、約20分で80%充電が行える。遠出の際でも**急速充電スポット**があれば、充電を行うことでEV走行を続けることが可能になる。

プラグインハイブリッド車（トヨタ・プリウスPHV）

※写真は北米仕様

◀フル充電の状態であれば、ガソリンを使わずに60km程度走行することができる。

日産のハイブリッドシステム

縦置きATのトルクコンバーターのかわりにモーターとクラッチを搭載する

エンジンとトランスミッションの間にモーターを配置すれば、もっとも簡単に**パラレル式ハイブリッド**が成立する。モーターによるエンジンのアシストや減速時の**エネルギー回生**（かいせい）が行える。しかし、常にエンジンとモーターがつながっていると、制御内容に限界があり、EV走行もむずかしい。そのため、現在ではクラッチを介してモーターをエンジンとトランスミッションの間に配置する方法が主流になっている。こうしたシステムを**クラッチ付1モーター式ハイブリッド**という。1台のクラッチで制御するタイプも多いが、日産のハイブリッドシステム、**インテリジェントデュアルクラッチコントロール**は、その名のとおり2台のクラッチで制御している**1モーター2クラッチ式ハイブリッド**だ。

▲現行の日産・シーマは、インテリジェントデュアルクラッチコントロールを搭載するハイブリッド専用車。

実際のシステムは、縦置きの7速ATのトルクコンバーターを廃し、その位置にモーターとクラッチを配している。もう一方のクラッチはシステム専用のものではなくトランスミッション内のクラッチを流用している。この2台のクラッチを状況に応じて断続することで、**EV走行**と**ハイブリッド走行**が行える。トルクコンバーターが使われていないが、不足するトルクはモーターでおぎなわれている。モーターはスターターモーターの代用も可能で、エンジンの始動が行える。もちろん、減速時のエネルギー回生も行う。**二次電池**には**リチウムイオン電池**を採用している。なお、このシステムはパラレル式に分類されるのが一般的だが、**シリーズ式ハイブリッド**のように走行中に発電を行うことも可能だ。

インテリジェントデュアルクラッチコントロール

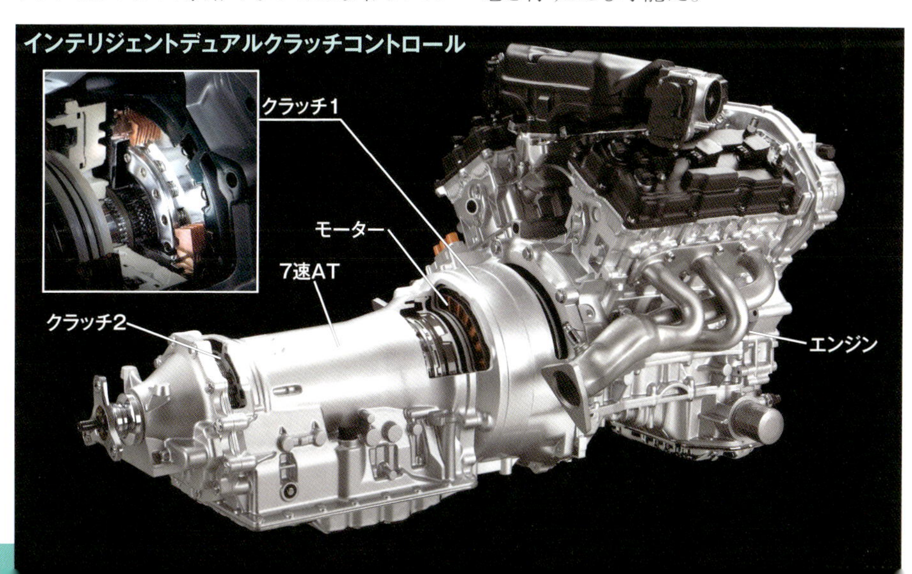

PART 7

ホンダのハイブリッドシステム

デュアルクラッチトランスミッションを活用したハイブリッドシステム

ホンダには、初のハイブリッド車であるインサイトとともに開発した**IMA**という**パラレル式ハイブリッド**がある。**1モーター直結式ハイブリッド**だ。横置きのエンジンとトランスミッションの間にモーターを配置するもので、軽量でコンパクトにハイブリッドシステムを実現できるが、エンジンとモーターが直結であるため、できることには限界がある。現行車種にも搭載されているが、モデルチェンジの際に消えていく可能性が高い。現在は、このほかに3種類のハイブリッドシステムが開発されている。

▲ホンダ・ジェイドのハイブリッドシステムはSPORT HYBRID i-DCD。ほかにもシャトル、グレイス、ヴェゼル、フィットなどに採用されている。

モーターが1台のシステムは、**Sport Hybrid i-DCD**（intelligent Dual Clutch Drive）といい、**1モーター2クラッチ式ハイブリッド**に分類されるが、ほかのシステムと違い、エンジンとトランスミッションの間にモーターやクラッチがない。i-DCDはトランスミッションに**DCT**（P140参照）を採用していて、その奇数段の回転軸上に備えられている。ハイブリッドシステム専用のクラッチは存在しないが、DCTの2台のクラッチを活用することで、**EV走行**と**ハイブリッド走行**はもちろん、エンジンの効率が高くなる高速走行では**エンジン走行**も行われる。エンジン走行中にモーターを使って発電が行われることもある。**二次電池**には**リチウムイオン電池**が採用されている。

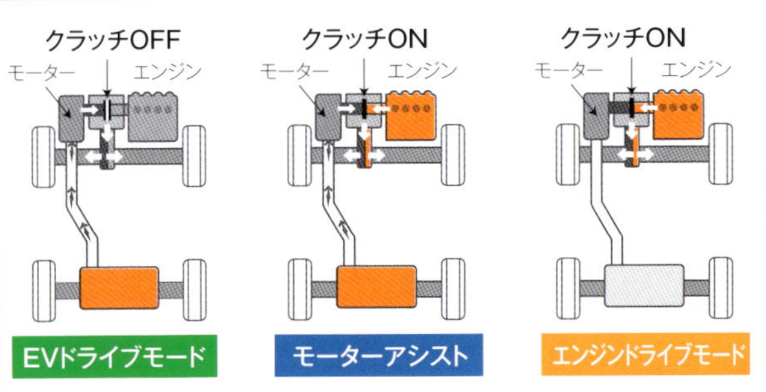

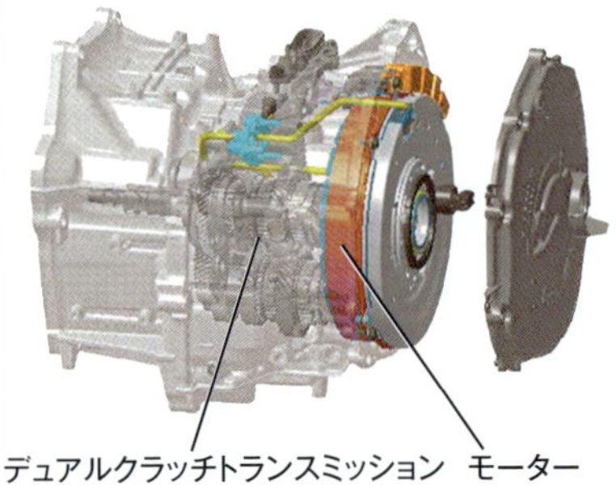

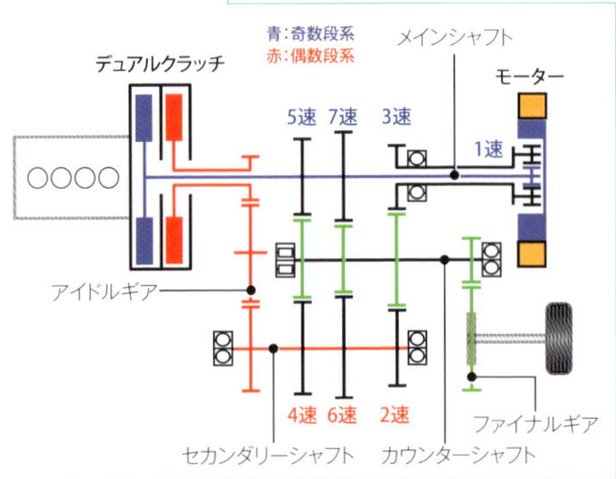

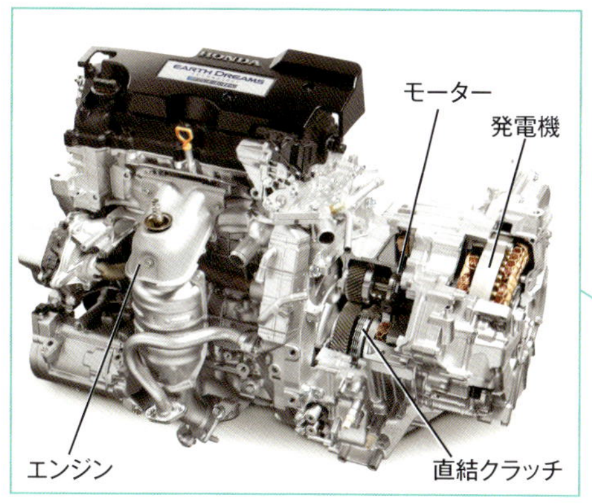

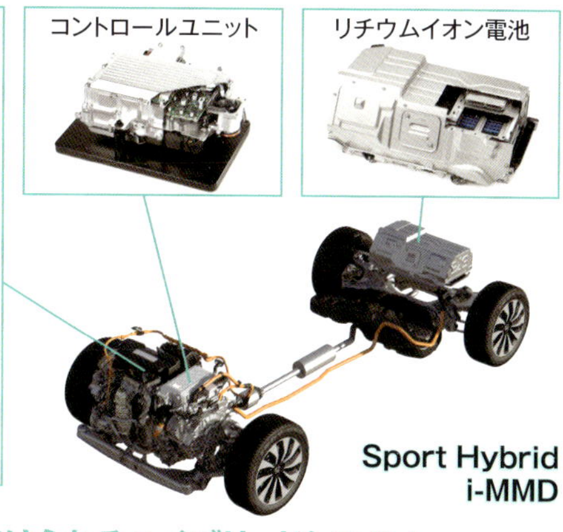

Sport Hybrid
i-MMD

エンジンを常に高効率な領域で使い続けられるハイブリッドシステム

ホンダの2モーターの**シリーズパラレル式ハイブリッド**が、**Sport Hybrid i-MMD**（intelligent Multi Mode Drive）で、駆動用モーターと発電機を搭載する。エンジンの出力は、発電機とエンジン直結クラッチを介して駆動軸に接続される。駆動軸にはモーターも直結されている。**二次電池**には**リチウムイオン電池**が採用されている。

クラッチを開放した状態では、**EV走行**と**シリーズ式ハイブリッド**での走行が可能だ。エンジンは常に効率のよい領域で作動させ、発電量だけでは走行に必要なトルクが不足する場合は二次電池の電力を使用してモーターを回し、発電量があまる場合は充電が行われる。クラッチをつないだ状態では、**エンジン走行**と**パラレル式ハイブリッド**での走行が可能だ。この場合もエンジンは高効率な領域で作動させ、トルクが不足する場合はモーターでアシストを行い、トルクがあまる場合は発電機を回して充電が行われる。

3台のモーターを使いスポーティな走行も可能なハイブリッド4WD

Sport Hybrid SH-AWD（Super Handling All Wheel Drive）は3モーターのシステムで、i-DCDの発展形といえる**ハイブリッド4WD**だ。前輪を駆動するシステムは基本的にi-DCDと同じで、これに後輪の左右それぞれを担当するモーターが加えられている。これにより前輪駆動、後輪駆動、4輪駆動が可能になるうえ、左右後輪のモーターのトルクをかえることで、コーナリング性能を高められる。

Sport Hybrid SH-AWD

PART 7

スバルのハイブリッドシステム

4WDのCVTのプーリーにモーターを接続したハイブリッド

スバルの**ハイブリッドリニアトロニック**は、CVTをベースにして**パラレル式ハイブリッド**にしたもので、**クラッチ付1モーター式ハイブリッド**に分類される。入力側プーリーのエンジンとは反対側にモーターを直結し、出力側プーリーに出力クラッチを備えている。もちろん、従来のスバルの縦置きトランスミッション同様に、トランスミッション内部には**アクティブトルクスプリット式4WDのトランスファー**なども収められている。**二次電池**には**ニッケル水素電池**を採用している。

走行時には常に出力クラッチは接続された状態で、モーターを停止していれば**エンジン走行**、エンジンとモーターの双方を作動させれば**ハイブリッド走行**、モーターだけを作動させれば**EV走行**になる。二次電池の充電量が不足した場合は、停車中に出力クラッチを切りはなし、エンジンでモーターを回して発電を行う。つまり、走行中は**1モーター直結式ハイブリッド**として機能しているが、**シリーズ式ハイブリッド**の要素を加えて停車中の充電を行うためにクラッチが備えられている。

スバル・XV

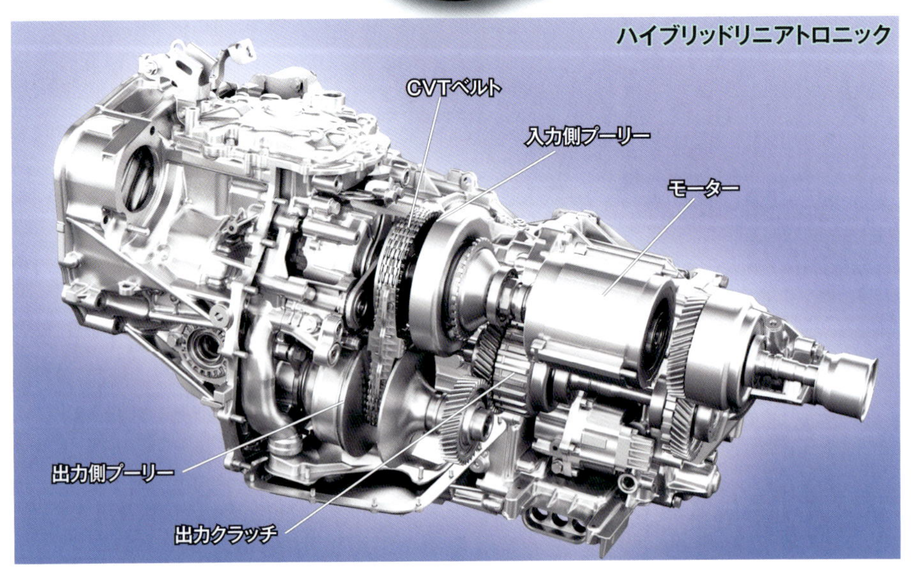

三菱のハイブリッドシステム

3モーターで本格4WDを実現するプラグインハイブリッド

三菱のアウトランダーに採用される**プラグインハイブリッドシステム**には、特に名称は与えられておらず、一般的な略号である**PHEV**で表わされることが多い。3モーターのハイブリッドシステムであり、基本となっているのは2モーターの**シリーズパラレル式ハイブリッド**であり、それに後輪駆動用のモーターが加えられている。これにより、4WDの**EV走行**はもちろん、**シリーズ式ハイブリッド**、**パラレル式ハイブリッド**としても走行できる。

プラグインハイブリッドであるので、基本となるのはEV走行であり、負荷が高くなるにつれてシリーズ式、パラレル式へと移行する。プラグインハイブリッドのメリットをいかすために、**二次電池**には容量の大きな**リチウムイオン電池**が採用されている。これにより、EV走行の航続距離は約60kmを達成。**普通充電**はAC100Vで約13時間、AC200Vで約4時間かかる。**急速充電**にも対応していて、約30分で80%充電が行える。

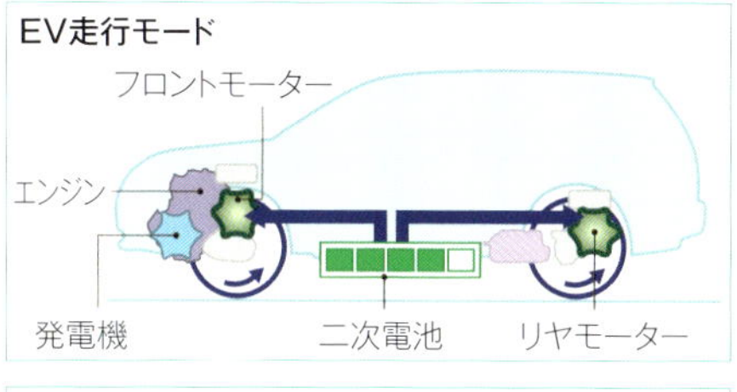

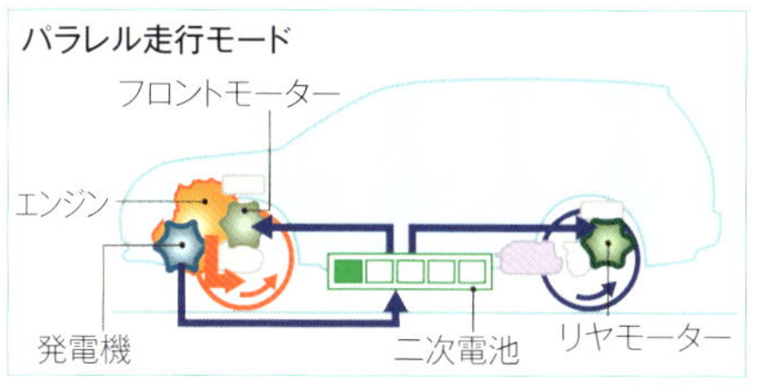

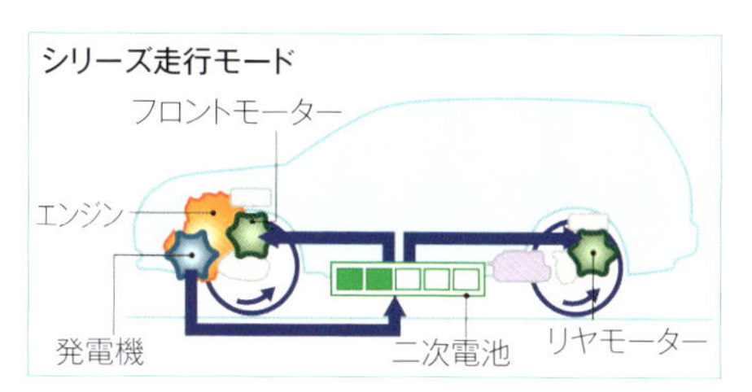

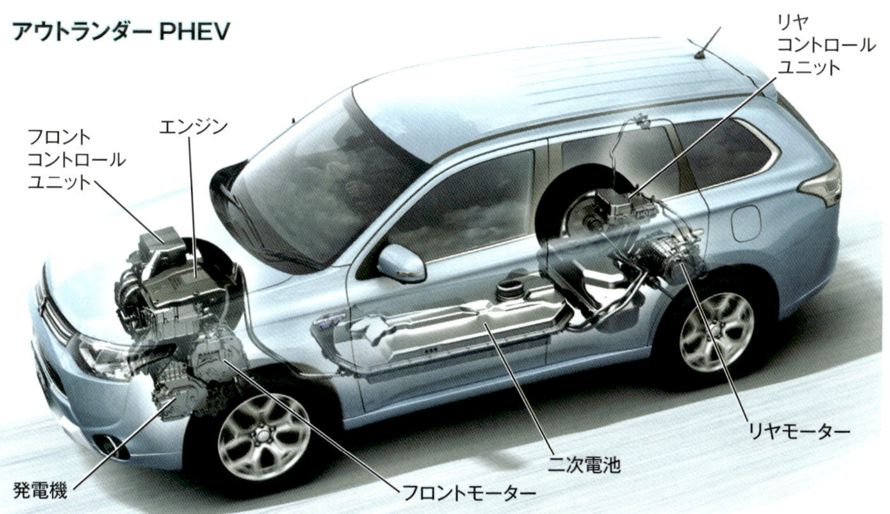

PART 7

マイルドハイブリッドシステム

オルタネーターを駆動用モーターやスターターモーターとして使用する

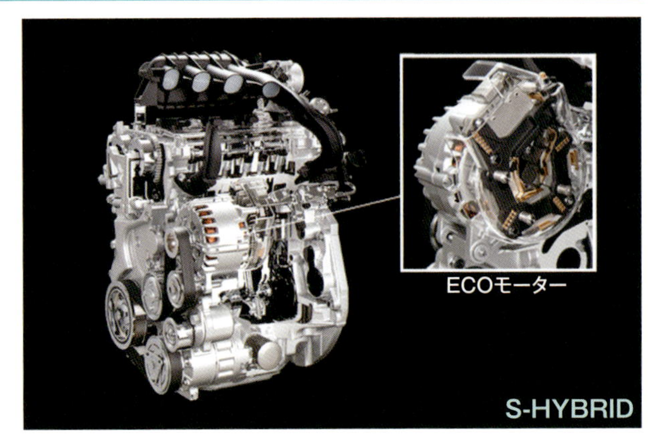

オルタネーターによる**回生発電**(P128参照)を発展させて**ハイブリッドシステム**にしたものを、現在では**マイルドハイブリッド**と呼んでいる(以前は**マイクロハイブリッド**と呼ばれていた)。日産が**スマートシンプルハイブリッド**(**S-HYBRID**)、スズキが軽自動車では**S-エネチャージ**、小型自動車ではマイルドハイブリッドの名称で採用している。二次電池は、日産では**バッテリー**(**鉛蓄電池**)の容量を大きくして対応し、スズキは専用の**リチウムイオン電池**を搭載している。

発電機であるオルタネーターは、もちろんモーターとしても使用できるが、一般的に使われているものでは大きなトルクを発揮させられないため、マイルドハイブリッドでは専用のものが採用される。これを日産では**ECOモーター**、スズキでは**モーター機能付発電機**(**ISG**=Integrated Starter Generator)と呼んでいる。ただし、オルタネーターとエンジンはベルトで接続されているため、伝えられるトルクには限界がある。使用できる電力も小さいため、一般的にマイルドハイブリッドでは発進加速時にモーターによるアシストが基本だ。発進加速はエンジンには負担が大きく燃費を悪化させやすい状況なので、モーターによるアシストは省燃費に大きく貢献してくれる。また、マイルドハイブリッド用のオルタネーターはモーターとしての能力が高いため、**アイドリングストップ**からの再始動時には**スターターモーター**としても使われる。ベルト駆動なので静かな始動が可能だ。

S-エネチャージ／マイルドハイブリッド

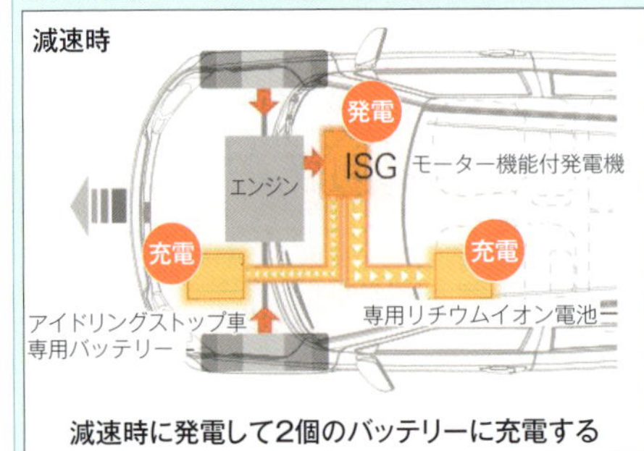

減速時に発電して2個のバッテリーに充電する

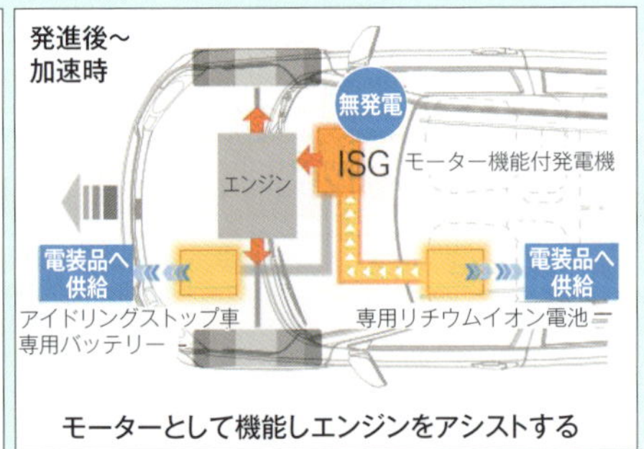

モーターとして機能しエンジンをアシストする

PART 8

シャシーメカニズム

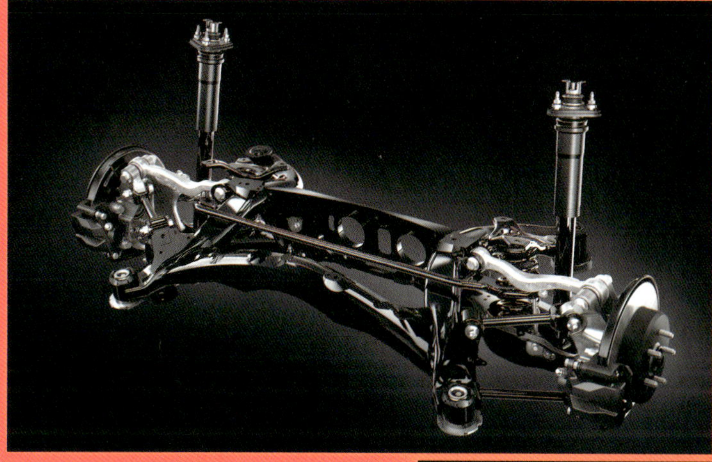

●ステアリングシステム　164
●スブレーキシステム　166
●ABS　169
●サスペンション　170
●サスペンション形式　172
●タイヤ　175
●ウインタータイヤ&スノーチェーン　178
●スペアタイヤ　179
●ホイール　180
●インチアップ　182

PART 8

ステアリングシステム

前輪に角度をつけて進行方向をかえる

クルマの進行方向をかえることを**操舵**といい、それを行う装置を**操舵装置**や**ステアリングシステム**と呼ぶ。乗用車では前輪に角度(**操舵角**)をつけて進行方向をかえる**前輪操舵式**が大半で、一部に走行性能を高めるために4輪すべてで操舵を行う**4輪操舵式**がある。4輪操舵は4 Wheel Steeringを略して**4WS**という。

大半がラック&ピニオン式

ステアリングシステムの構造には、**ボール&ナット式**というものもあるが、現在では大半の車種が**ラック&ピニオン式**を採用している。**ハンドル**の回転操作は、**ステアリングシャフト**によって**ステアリングギアボックス**内の**ステアリングピニオンギア**という小さな外歯歯車に伝えられる。このギアに噛み合っているのが**ラック**だ。ラックとは板状の歯車のことで、ピニオンギアが回転すると、ラック全体が左右に移動する。この移動が、両端に備えられた**タイロッド**という棒状の部品によって、前輪に備えられた**ナックルアーム**に伝えられ、前輪の角度がかわる。

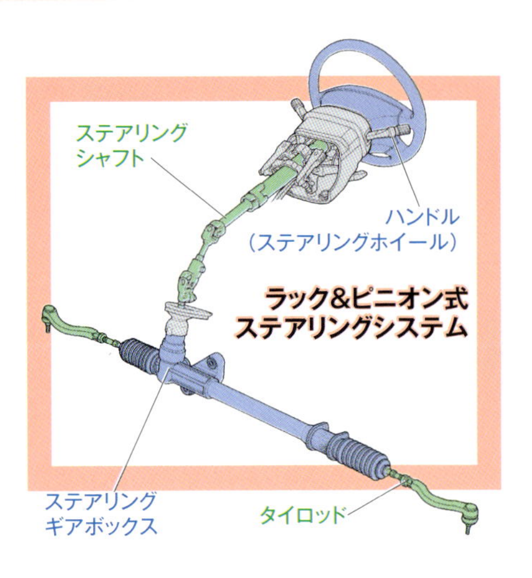

パワステでアシストする

クルマの重量がかかっている前輪の角度をかえるのには大きな力が必要になる。そのためステアリングシステムには、人間の力をアシストする**パワーステアリングシステム**が装備されるのが一般的で、略して**パワステ**と呼ばれる。パワステには**油圧式パワーステアリングシステム**と、**電動式パワーステアリングシステム**がある。現在の主流は電動式で、その英語を略して**EPS**(Electric Power Steering System)とも呼ばれる。

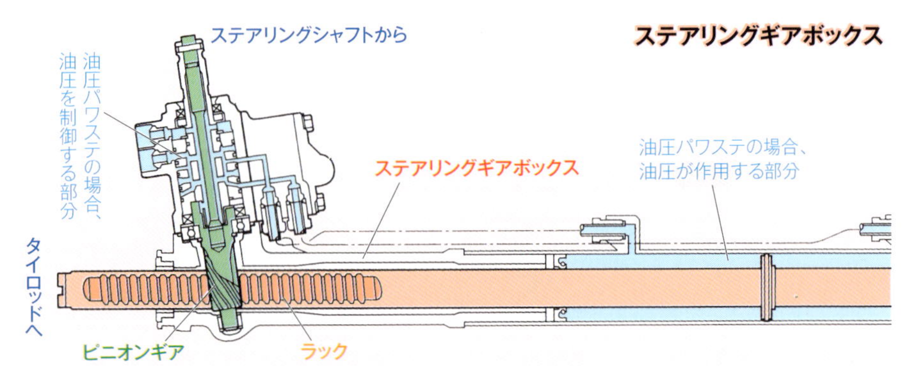

現在の主流は電動パワステ

電動式パワーステアリングシステム（**電動パワステ**）には、**ステアリングシャフト**の回転をアシストするタイプ、**ステアリングピニオンギア**の回転をアシストするタイプ、**ラック**の動きをアシストするタイプなどがあるが、いずれもモーターでアシストを行う。油圧式パワステでは常にエンジンに負担がかかるが、電動の場合は、この負担がなくなる。充電装置の負担が大きくなる可能性はあるが、それでも油圧式より燃費がよくなる。

また、電動パワステは電子制御が行いやすいため、走行状況に応じてアシスト力を変化させることが可能だ。さらに、車線維持システムなどの**先進安全装置**（P184～参照）にも応用しやすい。

主流をはずれた油圧式パワステ

油圧式パワーステアリングシステム（**油圧式パワステ**）は、エンジンの力で**パワーステアリングポンプ**（**パワステポンプ**）を回して油圧を発生させ、その油圧で**ラック**の動きをアシストしている。ラックの一部にはピストンになる部分が備えられ、ステアリングギアボックスの筒状（つつじょう）の部分がシリンダーになる。ポンプの油圧はステアリングシャフトの回転方向で制御されギアボックスに送られる。すると、油圧でラックが押されてアシスト力が発揮される。

油圧式は電動式より操舵感がすぐれるといわれるため、一部には電動ポンプで油圧を発生させる**電動油圧式パワーステアリングシステム**（**電動油圧式パワステ**）を採用する車種もある。

電動式パワーステアリングシステム（ステアリングシャフトアシスト）

ハンドル
ドライバーがステアリングシステムを操作する部分
EPSモーター
アシスト力を発揮するモーター
ステアリングシャフト
ステアリングギアボックス
ステアリングシャフトの回転運動をラックの往復運動にかえて車輪に操舵角を与える部分
EPSモーター
モーターの回転は歯車で減速してからステアリングシャフトに伝えられる。

PART 8

ブレーキシステム

走行中に足で操作するからフットブレーキ

クルマの速度を遅くすることを**制動**(せいどう)といい、それを行う装置を**制動装置**というが、英語の**ブレーキシステム**で呼ばれるのが一般的だ。おもに走行中に使用するブレーキは足で操作するため**フットブレーキ**という。そのメカニズムは**油圧式ブレーキ**というもので、**ブレーキペダル**を踏(ふ)んだ力は、ペダルの根元付近にある**ブレーキマスターシリンダー**で油圧にされ、各輪のブレーキ本体に伝えられる。油圧に使われる液体は**ブレーキオイル**や**ブレーキフルード**と呼ばれる。ブレーキ本体では摩擦(まさつ)によってクルマが進もうとする運動エネルギーを熱エネルギーにかえ、空気中に放熱する。ブレーキ本体には**ディスクブレーキ**と**ドラムブレーキ**の2種類がある。

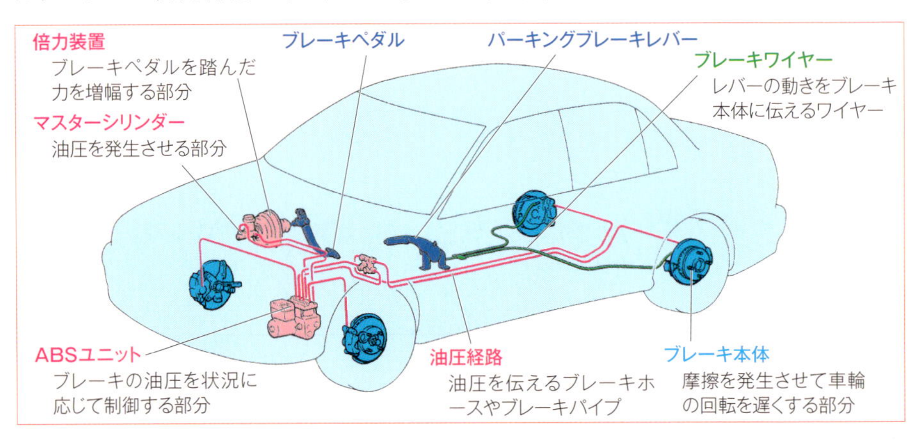
倍力装置
ブレーキペダルを踏んだ力を増幅する部分
マスターシリンダー
油圧を発生させる部分
ブレーキペダル
パーキングブレーキレバー
ブレーキワイヤー
レバーの動きをブレーキ本体に伝えるワイヤー
ABSユニット
ブレーキの油圧を状況に応じて制御する部分
油圧経路
油圧を伝えるブレーキホースやブレーキパイプ
ブレーキ本体
摩擦を発生させて車輪の回転を遅くする部分

円筒が回転するドラムブレーキも基本的な能力は高い

ドラムブレーキは、車輪とともに回転する円筒状(えんとうじょう)の**ブレーキドラム**の内側に、**ブレーキシュー**を押しつけて摩擦を発生させて回転を遅くする。ディスクブレーキに主流が移っているため能力の低いブレーキと思われがちだが、実際にはディスクブレーキより制動能力が高い。しかし、内部に熱がこもりやすく、山道などでブレーキを多用して本体が過熱(かねつ)すると、摩擦力が低下する**フェード現象**や、ブレーキオイルが沸騰(ふっとう)して油圧で力が伝えられなくなる**ベーパーロック現象**が起こりやすい。いずれの場合も、ブレーキの能力が大幅に低下したり、使えなくなったりする。また、水などが入ると摩擦力が低下し、乾燥に時間がかかるといった弱点もある。

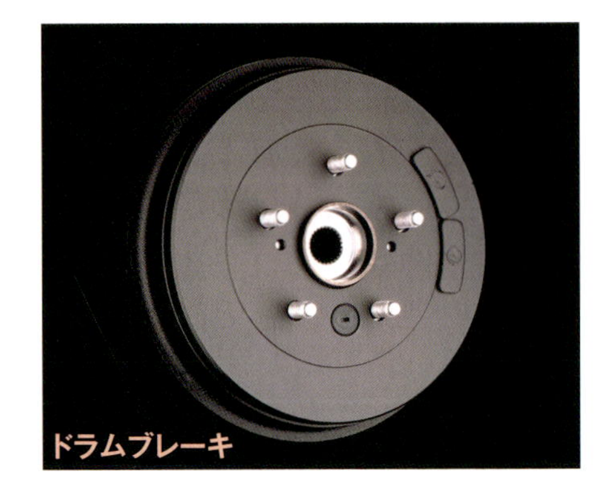
ドラムブレーキ

円板が回転するディスクブレーキ

ディスクブレーキは、車輪とともに回転する円板状の**ディスクローター**の両側に、**ブレーキパッド**を押しつけて摩擦を発生させて回転を遅くする。摩擦を発生する部分が露出(ろしゅつ)しているため放熱がよく、水などが付着しても遠心力(えんしんりょく)ですぐに飛ばされるので能力低下が起こりにくい。一般的にはブレーキパッドを収める**ブレーキキャリパー**にある1個のピストンで、2枚のパッドを押しつける構造が採用されている。

回生ブレーキとの協調が必要

ハイブリッド車や電気自動車のように**回生(かいせい)ブレーキ**を行うクルマの場合、モーター(発電機)によるブレーキ力をいかすためには、ブレーキペダルを踏んだ力のすべてを油圧としてブレーキ本体に伝えるわけにはいかない。**エネルギー回生(かいせい)**とのバランスを取りながらブレーキ本体を作動させる必要がある。こうしたブレーキシステムを**回生協調(かいせいきょうちょう)ブレーキ**という。さまざまなシステムがあるが、ABSのような**ブレーキアクチュエーター**で油圧を制御していることが多い。

駐車中に使用するブレーキ

駐停車中のクルマの位置を保持するためのブレーキが**パーキングブレーキ**だ。**パーキングブレーキレバー**の操作をワイヤーで伝える**機械式ブレーキ**にされている。最近ではこの動作をモーターで行う**電動パーキングブレーキ**も増えている。ブレーキ本体はフットブレーキとの共用が一般的だが、機械式ブレーキで作動させやすく、制動力が高いため、ディスクブレーキ内にドラムブレーキを収めた**ドラムインディスクブレーキ**が使われることもある。

ディスクブレーキ

回生協調ブレーキの油圧回路例

(トヨタ・ECB)

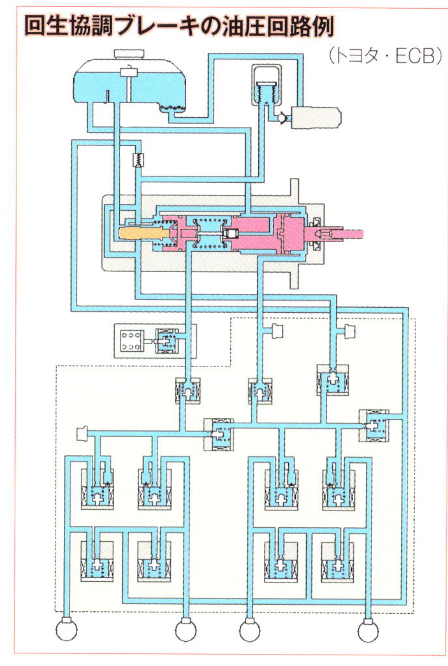

ドラムインディスクブレーキ

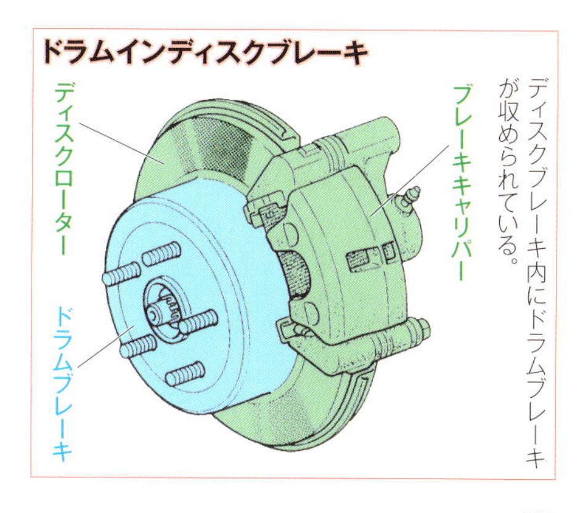

ディスクブレーキ内にドラムブレーキが収められている。

力を強めてくれる倍力装置

ブレーキペダルはテコとして作用して足の力を増幅し、**油圧式ブレーキ**でも力を増幅しているが、人間の足の力でクルマを減速させるのはむずかしい。そのためブレーキシステムには、ブレーキペダルを踏(ふ)みこむ力をアシストする**倍力装置**(ばいりょくそうち)が備えられている。倍力装置は**ブレーキブースター**などとも呼ばれる。

エンジンは勢いよく空気を吸いこむため、吸気経路(きゅうきけいろ)の途中には気圧の低い部分ができる。これを吸入負圧(きゅうにゅうふあつ)といい、この負圧と大気圧の差を利用して、アシストする力を発生させている。ブレーキペダルとマスターシリンダーの間に配されていて、ペダルが踏まれるとアシスト力が発揮され、ペダルを踏んだ力にこのアシスト力が加えられてマスターシリンダーに伝えられる。

なお、電気自動車やハイブリッド車では、電動ポンプで負圧を発生させたり、**ABS**のようにポンプの油圧を利用したりして、アシスト力を発生させている。

緊急時には強くアシスト

事故が起こりそうな時にかけるような急ブレーキを**パニックブレーキ**というが、こうした際に強くペダルを踏めない人や、長く踏み続けられない人が多いことが、各種テストで実証(じっしょう)されている。そのため、大半のクルマには**ブレーキアシスト**が搭載(とうさい)されている。**機械式ブレーキアシスト**と**電子式ブレーキアシスト**があり、機械式の場合は倍力装置の能力が2段階に切り替え可能で、ペダルを強く踏みこむと通常よりアシスト力が高められる。電子式の場合はABSのような**ブレーキアクチュエーター**のポンプを利用して、急ブレーキの際に油圧を高めている。

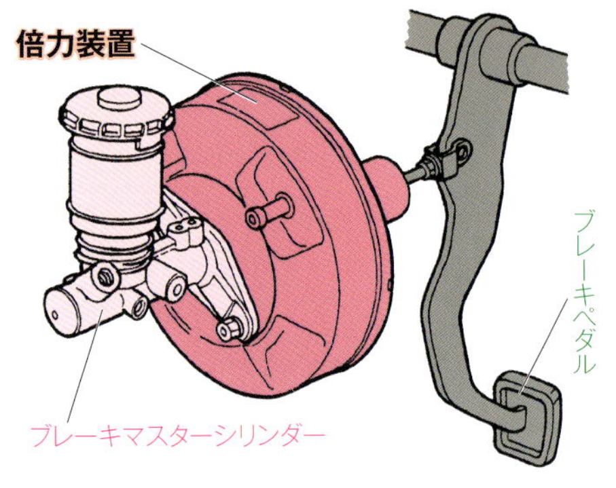

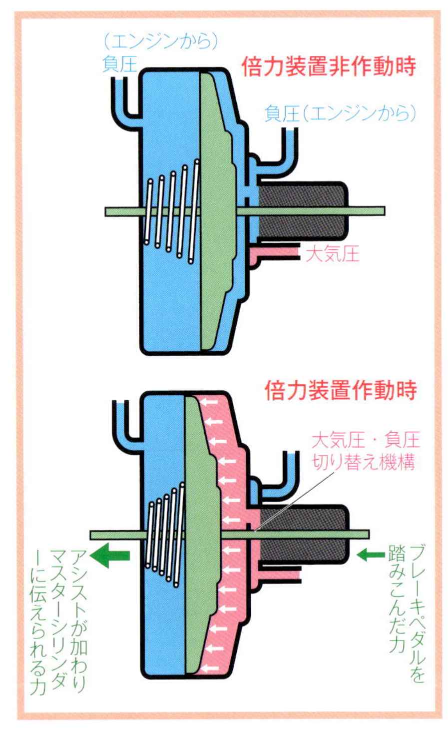

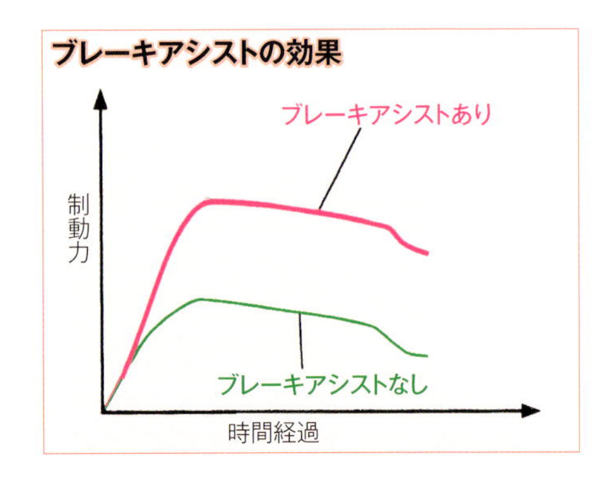

ABS

ハードブレーキングで思いきりブレーキペダルを踏んでも大丈夫

強すぎる力でブレーキをかけてしまうと、回転を止めようとする力が大きくなりすぎて、タイヤが路面をグリップできなくなり、回転を止めてしまう。これを**ホイールロック**といい、タイヤは路面の上をすべっていくだけで、クルマは減速しないし、どの方向にすべっていくかもわからない。ホイールロックが起こるブレーキ力の限界は、タイヤや路面の状態、タイヤにかかっている重量で変化する。こうした危険な状態を防ぐ装置が、**アンチロックブレーキシステム**(Antilock Brake System)で、頭文字から**ABS**と呼ばれることが多い。各輪の回転数を計測する車輪速(しゃりんそく)センサーや減速の度合いを感知するセンサーなどでABSを制御するコンピュータが各輪の状態を監視(かんし)。ホイールロックを起こしそうな車輪があると、その車輪のブレーキ本体に送られる油圧を弱める。現在では、**ブレーキアクチュエーター**内にポンプを備え、必要に応じて油圧を高める制御も行われていることがほとんどだ。

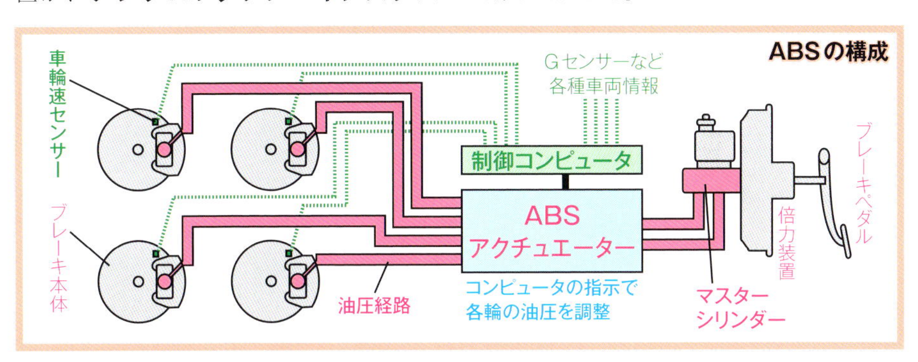

状況に応じて各輪に最適なブレーキ力を発揮させてくれる

ABSは今やクルマの標準装備といえるものであり、追加機能として装備されることが多いのが**EBD**(Electronic Brake force Distribution)だ。ブレーキにかけられる力の限界は、タイヤにかかっている重量で変化する。ブレーキをかけると慣性力(かんせいりょく)によって前輪にかかる重量が大きくなるため、前輪のブレーキ本体に配分する油圧を大きくしたほうが、ブレーキのききがよくなる。また、乗車人数によって前後輪にかかる重量の配分が異なるし、コーナリング中は左右輪の重量の配分が変化する。EBDは、こうしたさまざまな状況に応じて各輪のブレーキ本体に配分する油圧を変化させ、常にブレーキのききをよくしている。

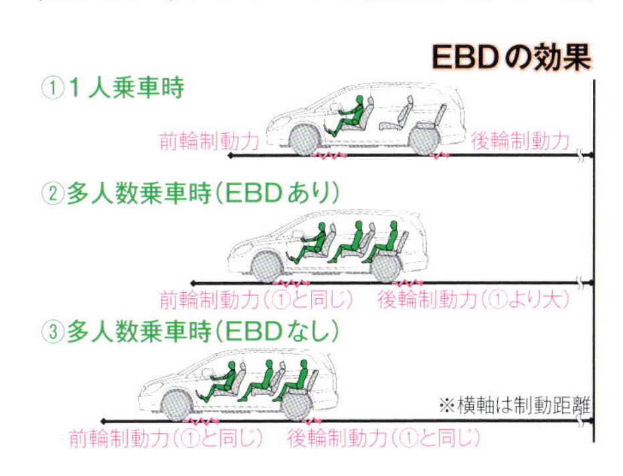

PART 8

サスペンション

乗り心地を向上させタイヤの接地性を常に確保する

サスペンションというと乗り心地が話題にされることが多い。確かに、乗り心地をよくすることも重要な要素だが、タイヤの接地性を確保するのもサスペンションの重要な役割だ。駆動力(くどうりょく)や制動力(せいどうりょく)などの力が発揮できるのは、タイヤが路面と接しているから。ボディに対して車輪の位置が固定されていると、少しでも路面に凹凸があれば、どこかのタイヤが浮いてしまう。また、コーナリングの遠心力(えんしんりょく)による車体の傾きでタイヤが浮いてしまうこともある。タイヤが浮くと駆動力や制動力が失われるのはもちろん、挙動(きょどう)も乱れる。そのためタイヤの接地性を確保することが重要だ。サスペンションは日本語では**懸架装置**(けんかそうち)といい、懸架にはつり下げるや支えるという意味がある。

サスペンションを構成するさまざまなパーツ

サスペンションの基本はスプリングで車輪を支えること。スプリングには各種タイプがあるが、**コイルスプリング**が一般的だ。しかし、コイルスプリングは伸び縮みだけでなく、さまざまな方向に曲がってしまうため、車輪が自由に動きすぎてしまう。そこで**サスペンションアーム**によって車輪の動くことができる方向を定めている。

コイルスプリングは構造が簡単で各種性能のものを作ることができるが、いったん振動を始めると振動を続けてしまう性質がある。そのままでは乗り心地が悪く、S字カーブなどでクルマの挙動が乱れやすい。そのため、**ショックアブソーバー**でコイルスプリングの振動を吸収する必要がある。

振動をおさえるショックアブソーバー

ショックアブソーバーは粘度の高いオイルのような液体が細い穴を通る際に発生する抵抗を利用している。実際には複雑な構造が採用されているが、基本的な構造は、内部がオイルで満たされた筒状のシリンダーにピストンが収められ、ピストンからはシリンダー外に棒（ピストンロッド）が伸ばされている。このピストンには**オリフィス**と呼ばれる小さな穴がある。

ピストンロッドを押しこもうとすると、ピストン下のオイルがオリフィスを通って、ピストンの上に移動しようとするが、穴が小さいため抵抗が発生する。ピストンロッドを引きだそうとする際も同様だ。こうした抵抗によってスプリングが伸びたり縮んだりしようとする力を吸収する。その抵抗による力を**減衰力**という。

また、切り替えられる複数のオリフィスを備え、減衰力の大きさをかえることができる**減衰力可変式ショックアブソーバー**もある。こうしたショックアブソーバーは**電子制御サスペンション**に採用されていて、走行状況に応じて減衰力が切り替わったり、スポーツモードやコンフォートモードなどに切り替えられたりする。

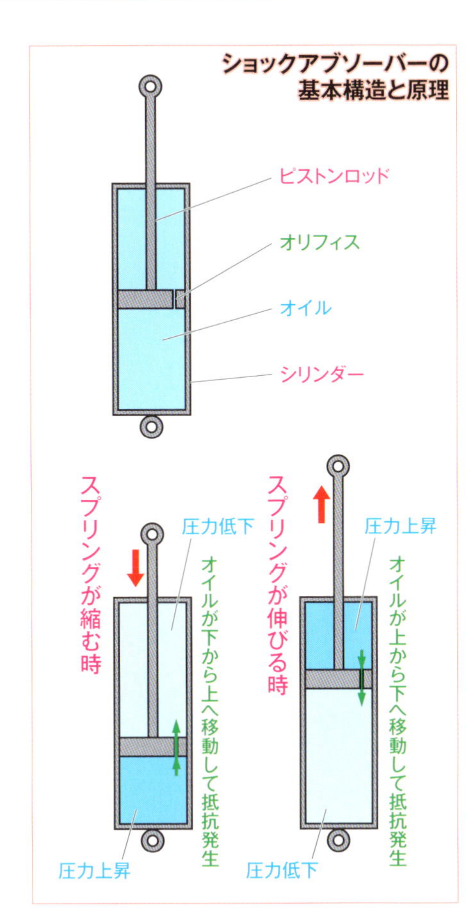

空気を使うエアサスペンション

一部のサスペンションでは容量が変化できる容器に高圧空気を収めた**エアスプリング**が採用されている。エアスプリングは強い力には硬いスプリングとして、弱い力には軟らかいスプリングとして機能するため、クルマの挙動制御と乗り心地の両立が図りやすい。内部の空気圧をかえれば、スプリングの能力や車高を調整できる。こうしたエアスプリングは**電子制御サスペンション**で採用されることが多い。

PART 8

サスペンション形式

左右輪が連動して動くタイプと独立して動くタイプがある

サスペンションの形式は**車軸懸架式**(**リジッドアクスル式**)**サスペンション**と**独立懸架式**(**インディペンデント式**)**サスペンション**に大別される。車軸懸架式は左右輪が1本の軸でつながっているため、左右どちらかの車輪が動くと、反対側の車輪にも上下方向や左右の傾きなどに影響がでる。独立懸架式はこうした影響がなく、サスペンションの性能を高めやすいため主流になっているが、車軸懸架式は構造が簡単で安価に製造できるため、駆動力を路面に伝える必要がないFF車の後輪に採用されることがある。

▲サスペンションは部品が軽量なほど動きやすく反応がよくなるためアルミ製のアームが使われることもある。

それぞれのサスペンションにはさまざまな形式があるが、車軸懸架式では**トーションビーム式**が、独立懸架式では**トレーリングアーム式**、**ストラット式**、**ダブルウィッシュボーン式**、**マルチリンク式**などが採用されている。

トーションビーム式サスペンション

トーションビーム式サスペンションは**トレーリングツイストビーム式**などとも呼ばれる。車軸の両端に進行方向にそって**トレーリングアーム**と呼ばれるアームが備えられ、車軸が上下に動けるようにされ、**コイルスプリング**と**ショックアブソーバー**が上下方向の力を受け止めている。車軸内には**トーションバー**という棒状のスプリングが備えられ、左右輪が独立して動こうとした際に発生するねじれを受け止めている。構造がシンプルなので、車内空間を奪いにくい特徴がある。

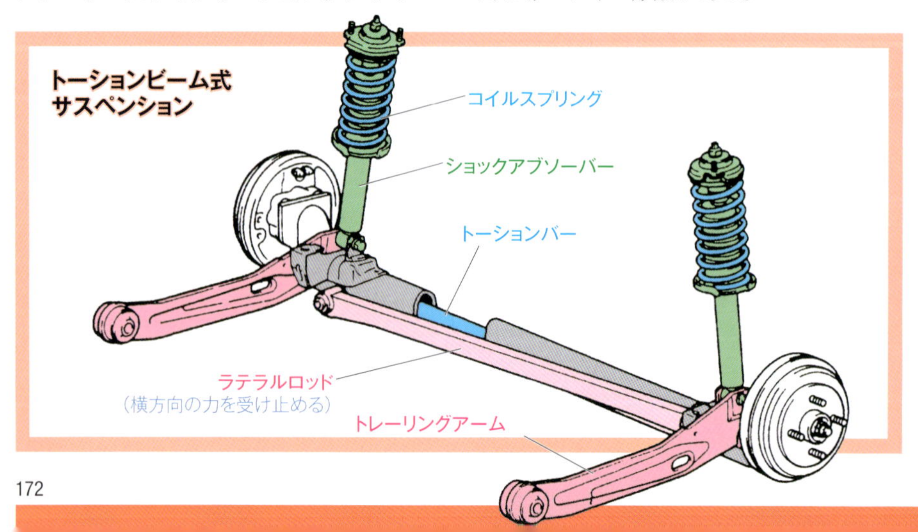

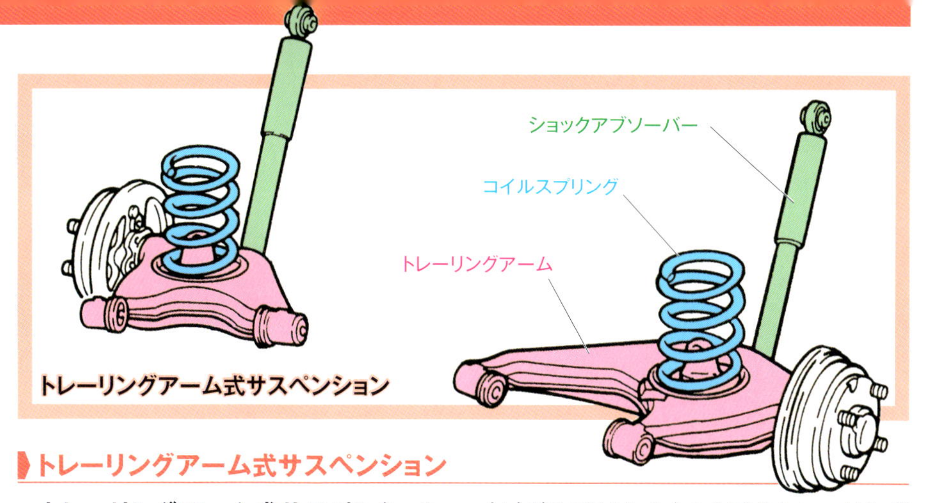

トレーリングアーム式サスペンション

トレーリングアーム式サスペンションは、スイング（首振り）の回転軸が車軸より前方にある**トレーリングアーム**と呼ばれるアームで、1輪の車軸が上下に動けるようにされ、**コイルスプリング**と**ショックアブソーバー**が上下方向の力を受け止めている。スイングの回転軸が路面と平行で左右方向に配されたものを**フルトレーリングアーム式**というが、横方向の力を車軸そのものやアームの回転軸で受け止めることになる。横方向からの力も多少は受け止められるようにスイングの回転軸を真横ではなく、少しななめにした**セミトレーリングアーム式**もある。

マクファーソンストラット式サスペンション

ストラット式サスペンションは、正式には**マクファーソンストラット式サスペンション**という。スイングの回転軸が路面と平行で前後方向に配された**ロアアーム**と呼ばれるアームで、1輪の車軸が上下に動けるようにされている。**コイルスプリング**と**ショックアブソーバー**は同軸上に一体化されていて、**ストラット**と呼ばれる。このストラットが車輪が内側や外側に傾くのを防いでいる。ロアアームとストラットが横方向の力を受け止め、前後方向の力はアームの回転軸が受け止める。

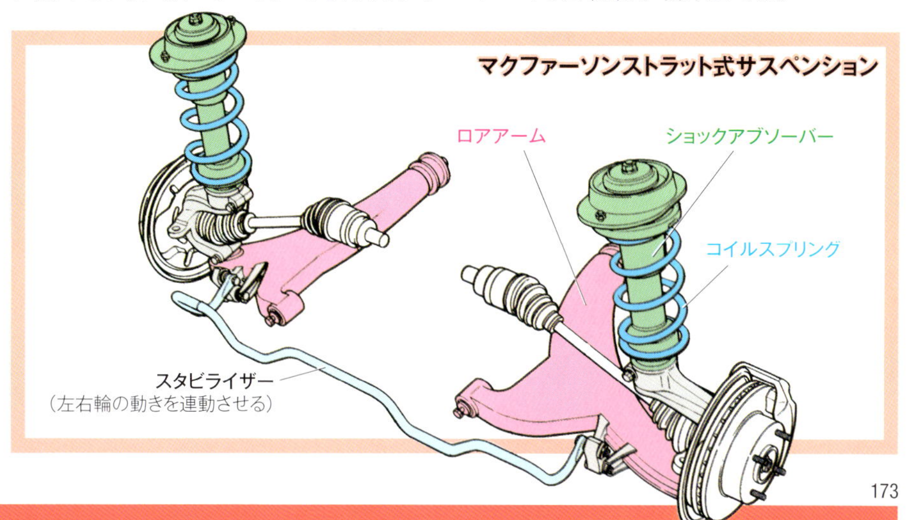

ダブルウィッシュボーン式サスペンション

ウィッシュボーン式サスペンションにはさまざまな形式があるが、単にウィッシュボーン式といった場合は**ダブルウィッシュボーン式サスペンション**をさすことが大半だ。スイングの回転軸が路面と平行で前後方向に配された**アッパーアーム**と**ロアアーム**の２本のアームで、１輪の車軸が上下に動けるようにされている。これに**コイルスプリング**と**ショックアブソーバー**が一体化された**ストラット**が加えられる。最近ではアッパーアームの車両側の取りつけ位置を高くしたハイマウントタイプが増えている。ウィッシュボーン式はアームが２本なので横方向からの力に強く、車輪が内側や外側に傾くのも防げる。前後方向の力にも強い。

２本のアームの長さや取りつけ位置をかえることで、車輪の動き方をさまざまに設定することができ、設計の自由度が高いため、スポーツタイプのクルマや高級車で採用される。しかし、高い位置にもアームがあるため、車内スペースを奪(うば)いやすい。

ダブルウィッシュボーン式サスペンション

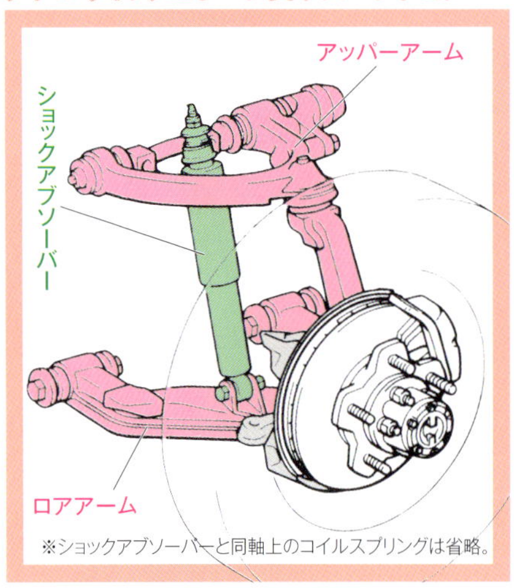

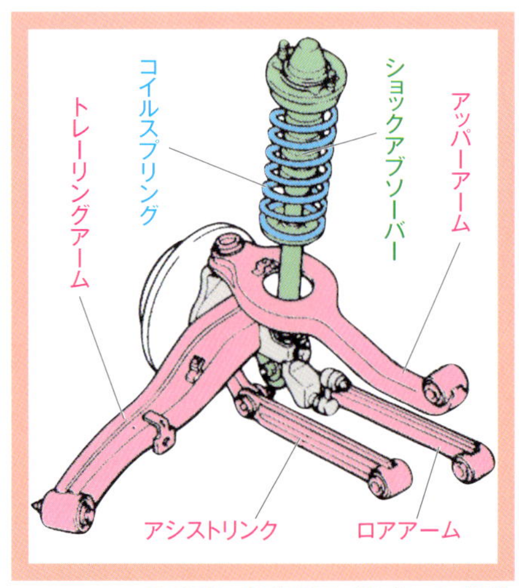

マルチリンク式サスペンション（例）

マルチリンク式サスペンション

マルチリンク式サスペンションは多数のアームを使用した形式の総称で、特定のアーム配置などの構造があるわけではないが、ダブルウィッシュボーン式やストラット式がベースにされていることが多い。従来は１本のアームであったものを２本にしたり、新たなアームを加えることで、車輪の動きをこれまでとは異なった複雑なものにしたり、動きを規制したりすることで、サスペンションの性能を高めている。

電子制御サスペンション

サスペンションでも電子制御が行われるようになっている。クルマの傾きや加減速などを各種のセンサーで検出し、走行状況に応じてスプリングなどの能力を切り替えて、クルマの挙動(きょどう)を制御し、乗り心地と走行性能の両立が図(はか)られている。こうした**電子制御サスペンション**では、反応速度の速い**減衰力可変式**(げんすいりょくかへんしき)**ショックアブソーバー**やスプリングの能力をかえられる**エアスプリング**が使われる。

タイヤ

さまざまな性質のゴムで構成されるタイヤ

走ったり止まったりする力を路面に伝えるのが**タイヤ**の役割だ。同時にクルマの重量を支え、クッションとして乗り心地を高めている。骨格(こっかく)となるのが**カーカスコード**で、ナイロンやポリエステル、スチールなどの繊維(せんい)をゴムでくるんだものが何層にも重ねられている。この骨格をゴム層でおおってタイヤが作られる。路面に接する**トレッド**はグリップ力を発揮する部分、側面の**サイドウォール**は重量を支えながらクッション性を発揮する部分だ。両者をつなぐ部分は**ショルダー**、ホイールにふれる部分は**ビード**という。それぞれの部分ごとに、異なった性質のゴムを使用し、タイヤの能力を高めている。カーカスとトレッドとの間には、スチールや合成繊維で作られた**ベルト**や**ブレーカー**という補強の層が入れられ、ビードは**ビードワイヤー**という金属ワイヤーや**ビードフィラー**という丈夫(じょうぶ)なゴムで補強される。

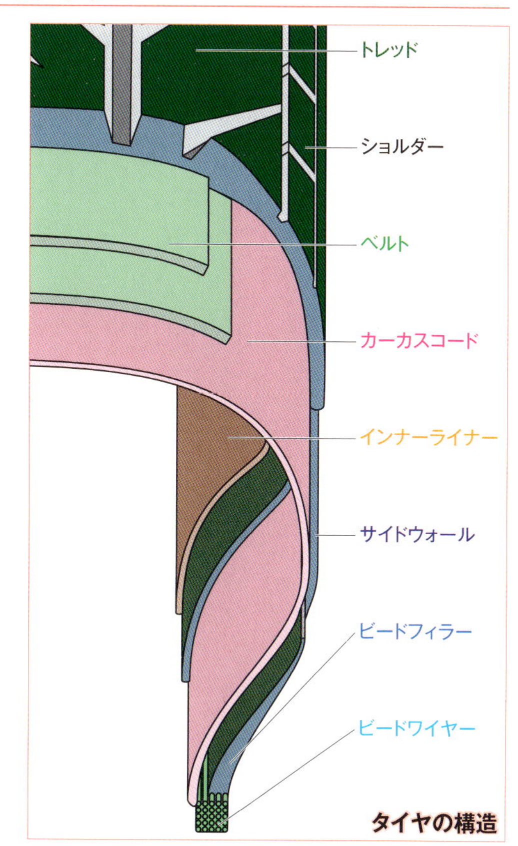

タイヤの構造

ラジアルタイヤとバイアスタイヤ

カーカスコードの重ね方でタイヤは**バイアスタイヤ**と**ラジアルタイヤ**に分類できる。進行方向に45度の角度で交互に重ねられたバイアスタイヤは乗り心地がよく、進行方向に90度に配置されたラジアルタイヤは走行性能が高い。昔はこうした性質で使いわけられていたが、現在ではサスペンションによって乗り心地が十分に高められるので、走行性能が高いラジアルタイヤがほとんどになっている。

チューブタイヤとチューブレスタイヤ

一般的な自転車のタイヤのように内部にチューブを入れて空気を保持するタイヤを**チューブタイヤ**という。昔は乗用車にもチューブタイヤが使われたが、現在ではタイヤ全体で空気を保持する**チューブレスタイヤ**が大半だ。タイヤの内側には**インナーライナー**という空気を通しにくい層がはられている。チューブレスタイヤにはクギなどがささっても、一気に空気が抜けないというメリットがある。

排水のための溝が描くトレッドパターン

タイヤの**トレッド**に刻まれている溝が描く模様を**トレッドパターン**という。トラックなどのタイヤには非常にシンプルな縦溝だけの**リブ型**や横溝だけの**ラグ型**といったパターンもあるが、乗用車用タイヤでは多数の溝で独立したブロックを構成する**ブロック型**が一般的だ。

トレッドパターンの溝はタイヤが踏んだ水を排出するためのもの。溝が浅くなると高速走行時にタイヤが水に乗ってしまい、グリップ力を失う**ハイドロプレーニング現象**が起こる。一般的なタイヤでは溝の深さが1.6㎜になったら十分な排水能力はないため、交換が必要だ。

また、トレッドパターンはグリップ力にも影響を及ぼすし、**ロードノイズ**（走行時にタイヤから発生する騒音）にも影響を及ぼす。そのためタイヤメーカーはコンピュータシミュレーションや実験によって最適なパターンを研究している。

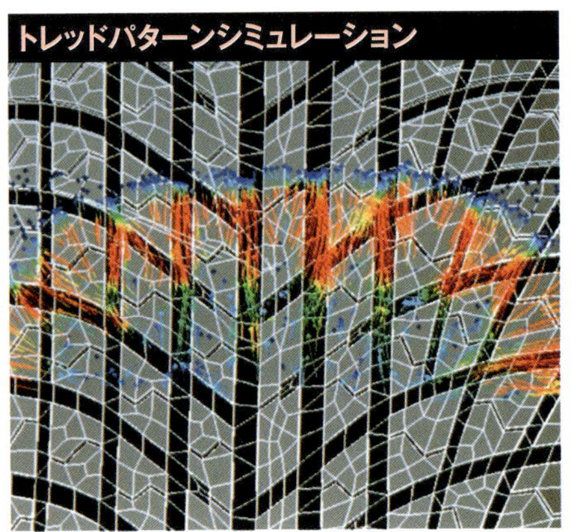

▲トレッドパターンの排水経路や効率はコンピュータで検証される。写真はブリヂストンが開発したハイドロシミュレーションというソフトのもの。

高級セダンでは特にロードノイズの小ささが重視される。タイヤのゴム質やトレッドパターンも騒音に影響を与える。吸音体で騒音をおさえるものもある。

エコノミータイヤやスポーツタイヤなどのバリエーション

タイヤにはさまざまなラインナップがある。燃費がよくなる**エコノミータイヤ**（**低燃費タイヤ**）はもちろん、走行性能が高い**スポーツタイヤ**のほか、ロードノイズの低減や乗り心地の向上に重点を置いた**ラグジュアリータイヤ**などがある。特に騒音の小ささをめざした**低騒音タイヤ**といったものもある。こうしたタイヤの各種性能は両立がむずかしいものだ。

タイヤが転がっていくと、接地する部分が順次変形して路面にふれる面積ができる。しかし、この変形やゴム内部の摩擦によって力が使われる。これがタイヤの**転がり抵抗**というものだ。硬めのゴムを使用して転がり抵抗を軽減させれば燃費はよくなるが、ロードノイズも大きくなりやすい。逆に軟らかめのゴムならグリップ力が高まるが、摩耗しやすいので寿命が短い。中間的な存在といえるのが**コンフォートタイヤ**とも呼ばれる普通のタイヤだ。

ただし、これはあくまでも一般的な傾向。タイヤメーカーはそれぞれに構造やゴム質を開発・改良して、さまざまな性能が両立できるように工夫している。

乗り心地や走行性能に影響を与えるタイヤの偏平率

偏平率(へんぺいりつ)とは**タイヤ**の幅に対する断面の高さを%で表わしたもの。数字が小さいほど断面が薄くなる。乗用車では70～40%が使われ、55%以下のものを**ロープロファイルタイヤ**と呼ぶことが多い。

タイヤは偏平率が高いほど、断面形状が丸みを帯びていく。そのためタイヤの幅が同じでも、低偏平率になるほど接地面積が増え、グリップ力が大きくなる。また、コーナリングで横から力を受けると、サイドウォールがたわんでタイヤの断面形状が変化して、接地面積が減るし、サイドウォールがたわむ際にクルマに不要な動きが発生してしまう。偏平率を低くすれば、サイドウォールのたわみが少なく、接地面積も減少しにくく、コーナリングでもしっかり踏んばる。そのため、低偏平率にするほど走行性能が高まるが、サイドウォールが低くなるため、振動を吸収する能力が低下し、乗り心地が悪くなる

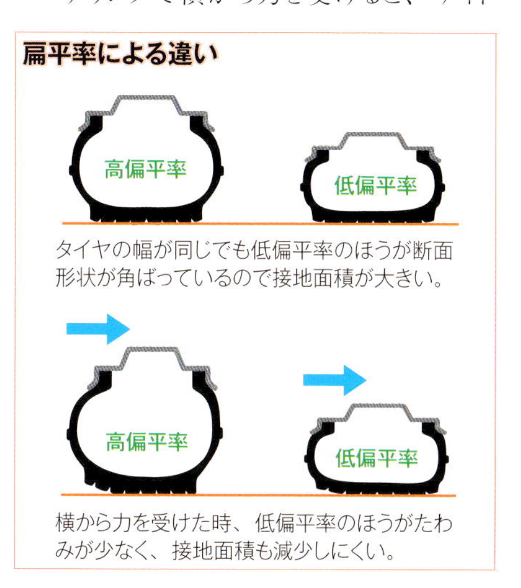

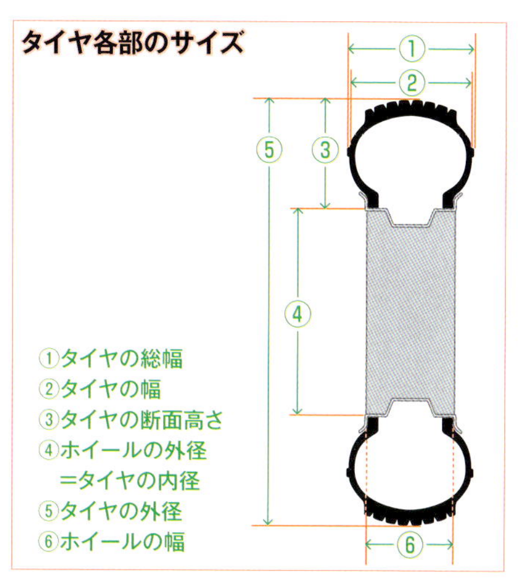

タイヤサイズなどの規格の表示方法

タイヤの規格は下のように表記されるのが一般的だ。最初の数字がタイヤの幅をmmで表わしたもの、／の次の数字が偏平率、次のRは**ラジアルタイヤ**を表わす記号、次の数字が適合するホイールの直径(リム径)をインチで表わしたものだ。これがタイヤの基本的な規格といえるもの。さらに詳しい規格表示の場合は、**ロードインデックス**の数値とアルファベットの**速度記号**が加えられる。ロードインデックスは**荷重指数**(かじゅうしすう)ともいわれ、どの程度の重量に耐えられるかを示している。タイヤ交換の際に、この数値を落としてはいけない。速度記号は許容される最高速度を示したもの。Hが210km/h、Vが240 km/h、Wが270 km/h、Yが300km/hを表わし、旧規格のVRとZRは240km/h超を表わす。

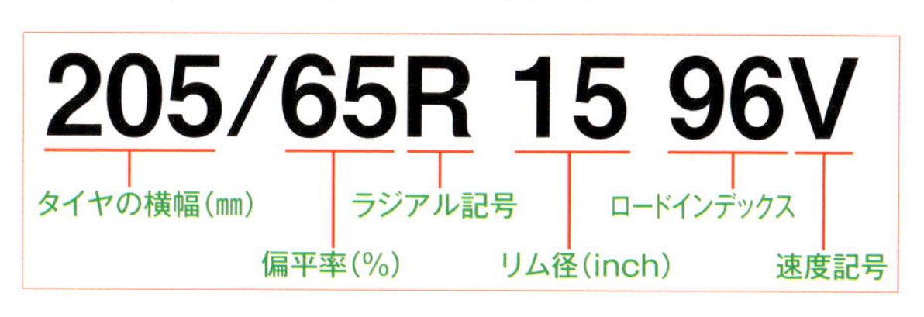

PART 8

ウインタータイヤ&スノーチェーン

積雪路や凍結路でも安心して走行できるスタッドレスタイヤ

ウインタータイヤとは、**スノーチェーン**を装着しなくても積雪路や凍結路を走行できるタイヤのこと。**スノータイヤ**と呼ばれることもある。昔はトレッドにスパイク(鋲)を備えた**スパイクタイヤ**が主流だったが、粉塵公害の原因になるため原則禁止された。かわって登場したのが**スタッドレスタイヤ**だ。低温でも硬くなりにくいゴムに気泡や粒子状の物質を混ぜたり、**トレッドパターン**が工夫されている。

スタッドレスタイヤの積雪路や凍結路での走行性能は年々高まっているが、積雪や凍結のない路面での性能は、それなりのもの。通常のタイヤと比べると**ロードノイズ**が大きいことが多く、消耗も早めだ。制動距離が伸びる場合もある。季節に応じて通常のタイヤとスタッドレスタイヤを使いわけるべきだ。なお、ウインタータイヤに対して通常のタイヤを**サマータイヤ**と呼ぶことがある。

▲簡単に装着できるように工夫された金属チェーン。

▲乗り心地がよく走行音や振動も小さい非金属チェーン。

▲布で作られたチェーンはあくまでも緊急用のもの。長距離は使えない。

積雪路や凍結路を走る可能性が低いのならスノーチェーン

タイヤに装着することで積雪路や凍結路を走行できるようにするすべりどめを**タイヤチェーン**や**スノーチェーン**という。積雪地域のクルマや、こうした地域を訪れる機会が多いクルマではスタッドレスタイヤの使用が一般的だが、もしもの雪に備えたいのならばスノーチェーンで十分だ。また、スタッドレスタイヤであっても、坂道や豪雪時には走破性が高いチェーンを使うこともある。

チェーンには**金属チェーン**と**ゴムチェーン**や**ウレタンチェーン**などの**非金属チェーン**がある。金属チェーンのほうが安価だが、非金属製チェーンは騒音や振動が少なく乗り心地がよく、簡単に装着できるように工夫されたものが多い。

なお、最近では特殊繊維で作られた**布チェーン**もある。乗り心地がよく装着も簡単だが、耐久性は低いため、あくまで緊急用だ。しかし、軽量でコンパクトに収納できるというメリットがあるため、メーカーが**スノーキャップ**や**オートソック**の名称でオプションとして用意していることもある。

PART 8

スペアタイヤ

サイズが小さなテンパータイヤ

スペアタイヤとは**パンク**などでタイヤが使えなくなった時に使用する予備のタイヤのこと。通常使用されているタイヤと同じものが用意されることもあったが、収納スペースが小さくてすむ**スペースセーバータイヤ**が一般的になっている。応急用タイヤを意味するテンポラリータイヤ（Temporary Tire）を略して**テンパータイヤ**とも呼ばれる。通常のタイヤよりサイズが小さいが、空気圧を高め（2倍程度）にすることで、ほぼ同じように使用することができる。

燃費を向上させるスペアタイヤレス

スペアタイヤは使われることなく廃棄されることが多く、資源の無駄といえる。また、テンパータイヤであっても車内空間を奪い、その重量で燃費を悪化させる。そのため**スペアタイヤレス仕様**が標準仕様のことも多い。その場合、**パンク修理キット**が搭載される。プロが行うパンク修理とは異なり、接着剤入りのガスをタイヤ内に入れて穴をふさぐなどの方法で対処できる。切れたり裂けたりした場合は無理だが、クギの穴程度ならば十分に対応可能だ。

走り続けられるランフラットタイヤ

スペアタイヤレス仕様には**ランフラットタイヤ**の採用もある。これは、パンクしても、そのままある程度の距離が走行できるタイヤのこと。サイドウォールの内側に補強材を入れることで、空気が抜けてもタイヤの高さが維持できるようにされている。パンクに気づかないため**タイヤ空気圧警報システム**（P211参照）が併用されるのが基本。

▲スペアタイヤはトランクルームやカーゴスペースの床下に格納されるのが一般的だ。

▲SUVなどでは車外にスペアタイヤを格納する車種もある。車内スペースが奪われずにすむ。

◀スペアタイヤレスの場合はパンク修理キットが車載される。

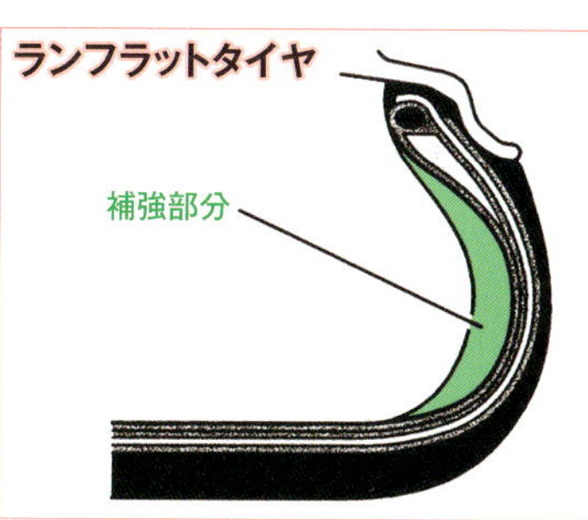

サイドウォールの内側が補強されている。この補強により空気が抜けても車重が支えられる。

PART 8

ホイール

ホイールの構造

車輪は**タイヤ**と**ホイール**で構成される。ホイールの役割は、車輪としての形状を保つことと、ドライブシャフトの回転をタイヤに伝えること。もし、車輪全体がゴムだと、ドライブシャフトから回転を伝えられない。一般的にホイールと呼ばれているが、正式には**ディスクホイール**という。英語でホイールといった場合には車輪全体をさす。

ホイールはタイヤが装着される**リム部**と、取りつけに使用される**ディスク部**で構成される。このリム部とディスク部を一体で製造したホイールを**１ピース構造**（**１ピースホイール**）、リム部とディスク部を別々に製造して合体したものを**２ピース構造**（**２ピースホイール**）、さらにリム部を内側と外側にわけたものを**３ピース構造**（**３ピースホイール**）という。一般的な傾向として、部品の数が多いほどデザインの自由度が高いが、部品の数が少ないほど軽量化しやすく、丈夫（じょうぶ）なホイールを作りやすい。

走行性能に影響するバネ下重量

サスペンションはスプリングでクルマを支えている。クルマを空中に持ち上げた場合、車輪やサスペンションの一部はスプリングを引っぱることになる。この車輪やサスペンションの一部の重量を**バネ下重量**（したじゅうりょう）という。バネ下重量が大きいほど、車輪の動き始めが遅くなり、いったん動きだすと止めにくい。そのため、バネ下重量を小さくしたほうが反応のよいサスペンションになる。バネ下重量を軽減するうえでホイールは大きな意味をもち、軽量化するほど走行性能が高められる。

▲軽合金ホイールは一体で鋳造される1ピース構造が多い。スチールホイールより軽量化が可能。

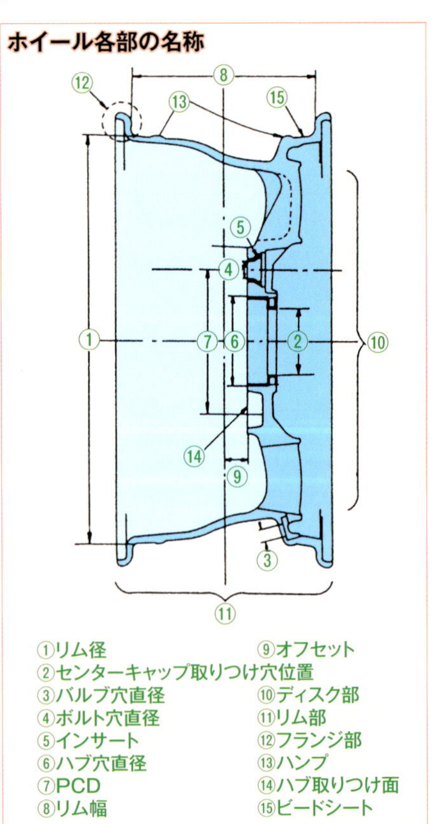

安価なスチールホイールとデザイン性が高いアルミホイール

ホイールは材質によって**スチールホイール**と**軽合金ホイール**に分類される。スチールホイールは**2ピース構造**か**3ピース構造**で、溶接(ようせつ)で簡単に安価に製造できるが、軽量化や複雑なデザインにすることがむずかしい。そのため樹脂(じゅし)などで作られた**ホイールキャップ**でカバーして見た目をよくすることが多い。最近では塗装などで見た目を向上させたものもある。

軽合金ホイールには**アルミホイール**と、軽量化と強度の面で有利な**マグネシウムホイール**がある。**1ピース構造**のものが多く、とかした金属を鋳型(いがた)に流しこんで作る**鋳造(ちゅうぞう)ホイール**が一般的だが、一部には圧力をかけて成型する**鍛造(たんぞう)ホイール**もある。鋳造より鍛造のほうが強度を高めやすいが、コストがかかる。

そもそも軽合金ホイールは、**バネ下重量**を小さくして走行性能を高めるために使われるようになったものだが、現在ではデザインを重視した軽合金ホイールが大半になっている。そのためスチールホイールより重い軽合金ホイールもあり、走行性能の点では不利になることもある。

▲スチールホイールはホイールキャップで隠されるのが普通だが、デザインに配慮したものも増えている。

▲軽合金ホイールは素通し部分の多いデザインを採用しやすいが、ブレーキの汚れがつきやすい。

ホイールサイズなどの規格の表示方法

ホイールの規格は下のように表示される。最初の数字はリムの直径をインチで示したもの、×の次の数字はリムの幅をインチで示したものだ。次のアルファベットは**フランジ形状**と呼ばれるもので、リムの端(はし)の部分の形状を表わしている。次の数字はホイールを固定するボルト穴の数で、4穴か5穴が一般的だが、一部に6穴もある。次の数字が**ナット座(ざ)ピッチ直径(ちょっけい)**で、**PCD**(Pitch Circle Diameter)と略されることが多い。すべてのボルト穴の中心を通る円の直径を㎜で示したもので、国産車では100㎜、114.3㎜、139.7㎜が多い。最後の数字は**ホイールオフセット**で、リム幅の中心からハブ取りつけ面までの距離のことだ。

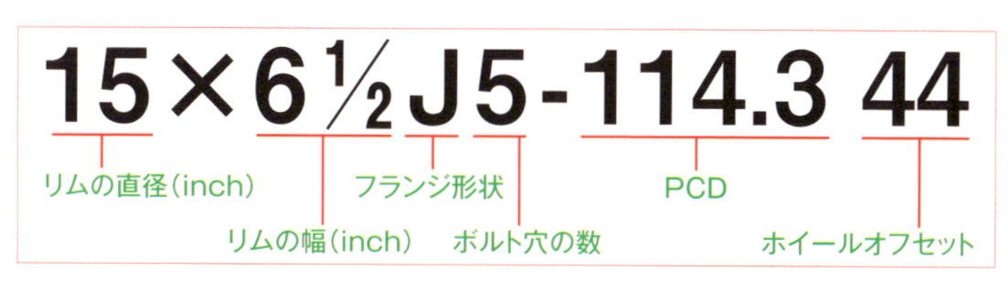

PART 8

インチアップ

低偏平率へのチューニング

ホイールの直径を大きくすることを**インチアップ**という。ホイールの直径はインチで表示されるため、こういわれる。もともとインチアップは**チューニング**の一環としてタイヤの**偏平率**を低くする際に行われていた。タイヤの偏平率を低くすると、それだけサイドウォールが薄く(低く)なる。同じホイールのままでは、車輪の外径が小さくなってしまう。そこでインチアップしてホイールの直径を大きくする必要があるわけだ。

見た目重視のドレスアップ

現在では**ドレスアップ**のためにインチアップが行われることのほうが多い。インチアップでホイールの直径が大きくなれば、車輪を横から見た面積におけるホイールの割合が大きくなり、ホイールのデザインをめだたせることができる。同時に、黒一色で飾り気がないタイヤの面積も小さくなる。この場合も、車輪の外径を大きくするわけにはいかないので、低偏平率のタイヤにかえる必要がある。

プロに相談して決める

タイヤメーカーのカタログなどには、インチアップの際の対応表があるので、サイズの選択肢がわかる。しかし、対応表はあくまでも可能性を示したもので、タイヤの幅が大きくなると、ボディからはみだしたり、ハンドルを大きく切った際にボディの内側に当たることもある。また、好みのデザインのホイールに希望のサイズがあるとは限らない。安易に自分で考えずに、信頼できるショップでよく相談して決めたほうがいい。

▲同じ車種に設定されたホイールサイズの異なるタイヤの例。ホイールサイズが大きくなるほど、タイヤが薄くなり偏平率が低下する。ちなみに14インチと15インチのホイールはスチールホイール。

PART 9 安全装置

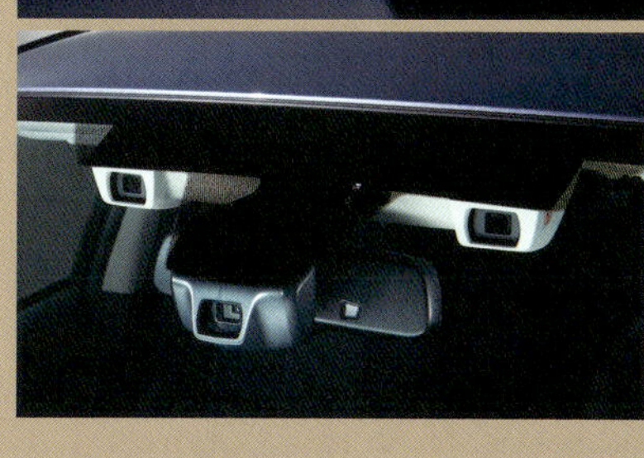

PART 9

安全装置

事故を未然に防ぐ安全対策と事故の際に乗員を守る安全対策

衝突安全ボディや**シートベルト**、**エアバッグ**などは、事故が起こった際に乗員の安全を確保する**安全装置**だ。こうした安全対策を**パッシブセーフティ**や**衝突安全**という。これに対して、事故を未然に防ぐ対策を**アクティブセーフティ**や**予防安全**という。ヘッドランプやミラーもアクティブセーフティに含まれるが、技術の進歩によってさまざまな**先進安全装置**が開発されてきている。

アクティブセーフティ		パッシブセーフティ
ABS	衝突被害軽減ブレーキ	シートベルト
トラクションコントロール		エアバッグ
横滑り防止装置		衝突安全ボディ
追従機能付クルーズコントロール		歩行者傷害軽減ボディ
車線維持システム		ソフトインテリア
誤発進抑制制御		ムチウチ症軽減シート
AFS		ブレーキペダル後退防止装置
ハイビームアシスト		チャイルドシート
…など		…など

ハイテクを駆使して安全運転を支援するシステム

先進技術を利用して安全運転を支援するシステムを搭載した自動車を**先進安全自動車**（**ASV**）という。**高度道路交通システム**（**ITS**）の一分野として、関係省庁、自動車メーカー、大学が連携して1991年から研究開発が進められている。そこから誕生してきたものを**先進安全装置**ということが多い。**自動ブレーキ**が話題になることが多いが、**HIDヘッドランプ**や**LEDヘッドランプ**のような明るいヘッドライトや、各種の**モニター**もこうした研究開発の成果といえる。研究開発は現在も続いてる。

自動ブレーキのような先進安全装置の普及はスバルのEyeSightから始まったといっても過言ではない。

PART 9

シートベルト

現在は3点式で巻き取り機構がELR式のシートベルトが主流

シートベルトは事故で衝撃を受けた際に身体の位置を保持するもの。**エアバッグ**があっても、身体が正しい位置にないと本来の機能が果たせない。過去には**2点式シートベルト**もあったが、現在では安全性の高い**3点式シートベルト**の設置が義務づけられている。3点式にも各種のベルト巻き取り機構があるが、現在の主流は**ELR式シートベルト**（**緊急ロック式シートベルト**）だ。急に引きだしたりクルマに衝撃が加わるとベルトの位置がロックされるが、緊急時以外にはロックされないので、ある程度は自由に身体を動かすことができる。

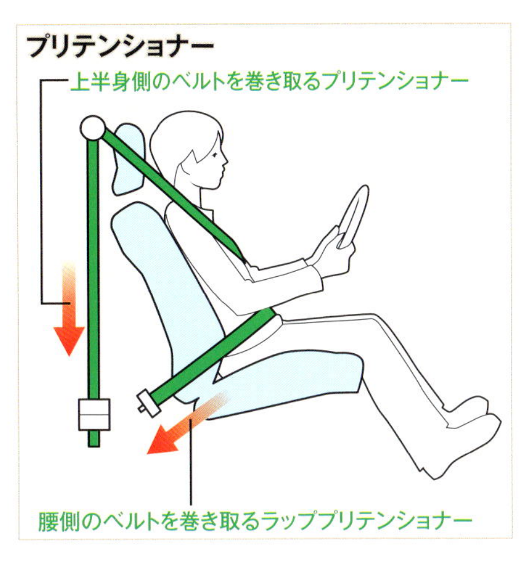

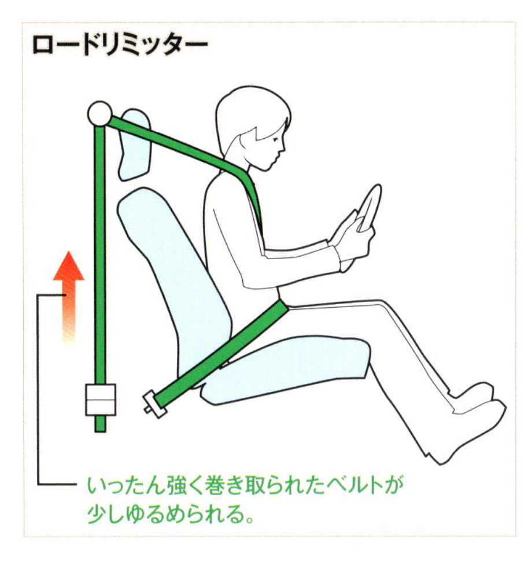

安全性を高めるプリテンショナーとロードリミッター

ELR式シートベルトは事故の際にベルトの位置をロックしてくれるが、作動するまでの間に、わずかだがベルトが引きだされる。また、ゆるめに装着している人も多い。これではベルトでしっかり身体が保持できないこともあるため、緊急時にベルトを巻き取る**プリテンショナー**を備えたものが多い。一般的には肩の側のベルトが巻きこまれるが、腰の側のベルトを巻きこむ**ラッププリテンショナー**が備えられることもある。

ただし、プリテンショナーはベルトを強く引きこむため、身体が圧迫（あっぱく）されて傷害を受けることもある。そのため、作動後にベルトを少しゆるめる**ロードリミッター**が備えられることもある。**フォースリミッター**と呼ばれることもある。

ある程度は身体を動かすことができるELR式シートベルトだが、多少の圧迫感や拘束感（こうそくかん）は感じる。こうした感覚を軽減するために、現在では**テンションリデューサー付ELR式シートベルト**を採用している車種もある。通常のELR式ではベルトに常に巻き取る力が働いているが、テンションリデューサーはこの力を弱めてくれるので、シートベルトを装着していても圧迫感がなくなる。

PART 9

エアバッグ

シートベルトをしていないとエアバッグは正常に機能しない

エアバッグは風船のようにガスでふくらんだ袋をクッションとして利用して乗員を保護する安全装置だ。正式には**SRSエアバッグ**という。SRSとは、Supplemental Restraint Systemを略したもので、日本語にすれば**補助拘束装置**(ほじょこうそくそうち)となる。これは**シートベルト**を補助する装置という意味で、エアバッグがあっても、シートベルトを装着していなかったり、正しく装着していないと、エアバッグは正常に乗員を保護できない。

センサーで事故の衝撃を感知すると、制御コンピュータが点火剤を電気的に着火。ここで発生した火炎と高熱がガス発生剤に広がり、大量の窒素(ちっそ)ガスなどが急激に発生して、バッグをふくらませる。

ふくらんだ状態の写真を目にすることが多いため、いったんふくらんだエアバッグはずっとその状態を保つと思っている人が多いが、実際にはすぐにしぼんでいく。これは衝突後にもクルマが動いている可能性があり、ハンドルやブレーキの操作が必要なこともあるためだ。すぐにしぼみ始めることで周囲の視界を確保してくれる。

エアバッグは急激にふくらむため、エアバッグが乗員に当たる際の衝撃も大きい。エアバッグによってケガをしてしまうこともある。また、乗員の体格や好みの乗車姿勢によってシートの位置はさまざまだ。シートを前方にするほど、エアバッグの衝撃は大きくなる。そのため現在では、乗員の位置や衝撃の度合いに応じて、ふくらみ方が強弱2段階にされたエアバッグもあり、**デュアルステージエアバッグ**や**2段インフレーターエアバッグ**などと呼ばれる。また、ホンダの**i-SRSエアバッグ**のように、エアバッグの容量を連続可変として衝撃を弱めると同時に、保護できる時間を長くしたものもある。同社には乗員が接触する前に内圧(ないあつ)の低下が始まることを防ぐ**内圧保持式エアバッグ**もある。

エアバッグの配置

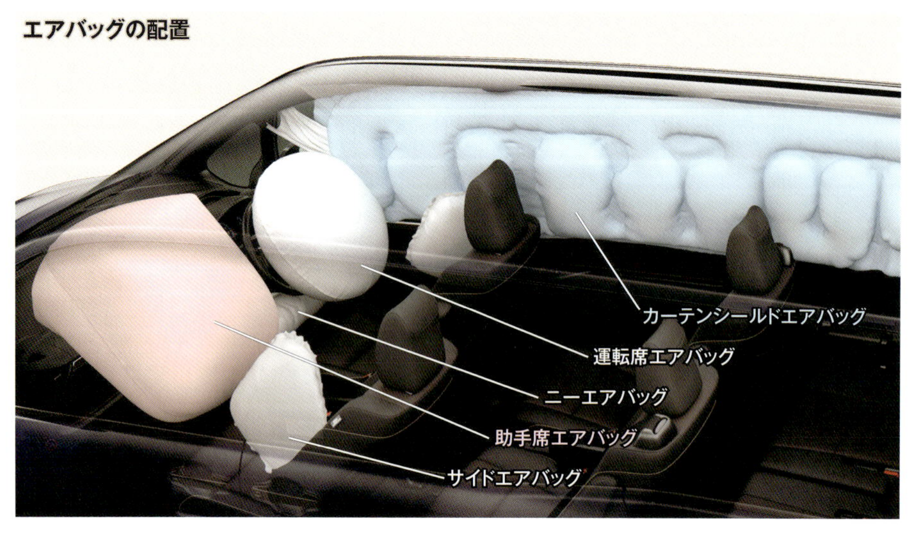

エアバッグの展開

保護面形成　保護性能発揮時間　内圧降下

0.010秒

0.015秒

0.020秒

0.030秒

0.040秒

0.060秒

さまざまな方向からの衝撃をやわらげてくれる

現在では標準装備ともいえるのが**運転席エアバッグ**と**助手席エアバッグ**だ。両席に装備されている場合は**デュアルエアバッグ**と呼ばれる。運転席用はハンドル内、助手席用はダッシュボード内に備えられていて、自車がなにかにぶつかったり、他車が正面からぶつかってきた際の衝撃をやわらげてくれる。このほかにも各種のエアバッグが開発されている。

●サイドエアバッグ

横から他車がぶつかってきたり、スピンなどで側面からなにかにぶつかったりした際に乗員の身体への衝撃をやわらげるのが**サイドエアバッグ**だ。一般的にはシートのドア側の部分に備えられていて、乗員の胸部を保護してくれる。

●カーテンシールドエアバッグ

側面からの衝撃の際に頭部を保護するのが**カーテンシールドエアバッグ**だ。**カーテンエアバッグ**や**サイドカーテンエアバッグ**とも呼ばれる。ドアの上の天井内に備えられていて、上からカーテンが下りてくるように展開される。

●ニーエアバッグ

運転席エアバッグや助手席エアバッグが保護するのは頭部や上半身が中心で、車内のもっとも前方にある脚部は保護されないため、下半身にダメージを受けることもある。そこで開発されたのが**ニーエアバッグ**だ。ダッシュボードの下側に備えられていて、ひざから下を保護してくれる。

●シートクッションエアバッグ

シートクッション内の前方寄りに備えられるのが**シートクッションエアバッグ**だ。ほかのエアバッグとは目的が異なり、シートベルトをした状態で、このエアバッグがふくらむと、乗員の下半身がしっかり保持されて、前方へ飛びだしていくことが防げる。

ニーエアバッグ

ニーエアバッグ

▲乗員の頭部や胸部を保護することがもっとも重要であるが、ニーエアバッグがあれば脚部に障害が残るような事態も防ぐことが可能である。

シートクッションエアバッグ

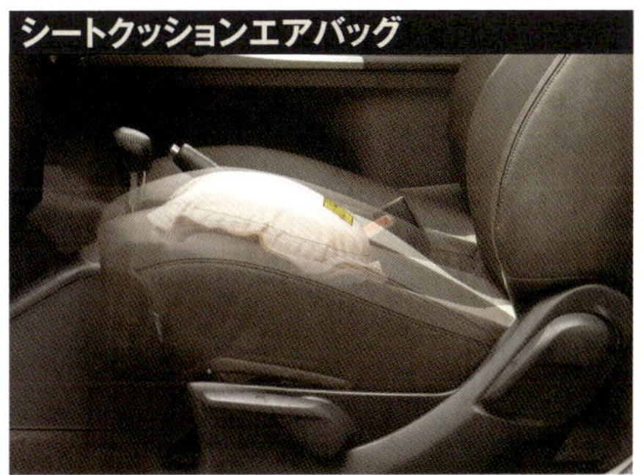

▲シートクッションエアバッグがふくらむと、身体が前方に飛びだしにくくなることに加えて、下半身がシートベルトで確実に保持されるようになる。

PART 9

安全インテリア

身体にやさしいインテリア

事故の際に乗員が受けるダメージのなかでも、特に注意したいのが頭部のダメージだ。シートベルトで身体が保持されていても、横転などもある。カーテンシールドエアバッグを採用していない車種もある。そのため最近では、**ソフトインテリア**が採用されている車種もある。こうした車種ではやわらかい樹脂製パネルを採用したり、衝撃を吸収しながらつぶれていく空間を設けたり、内側にクッションを備えたりしている。各社で名称は異なるが、**頭部衝撃保護インテリア**や**頭部衝撃緩和インテリア**などと呼ばれている。

カーゴスペースの重い荷物は、衝突時に後席のシートバックにぶつかり、乗員に被害を及ぼすこともある。そのためシートバックを丈夫にした**荷物侵入抑制構造シート**を採用している車種もある。

ハンドルやブレーキも危険物

前面衝突の際の衝撃が大きいと、エンジンが後方に移動して内部の部品を押し、ハンドルが車内に飛びだしてドライバーに傷害を与えることもある。そのため**衝撃吸収ステアリング**の採用が義務づけられている。**コラプシブルステアリング**とも呼ばれ、衝撃を受けるとステアリングシャフトが縮むことで車内への突出を防いでいる。

ブレーキペダルが移動して足に傷害を与えることもある。そのため最近では**ブレーキペダル後退防止機構**を備えた車種もある。構造はさまざまだが、ブレーキペダルの根元が前方から押されると、ペダルが前方に移動するようにされている。

ソフトインテリア

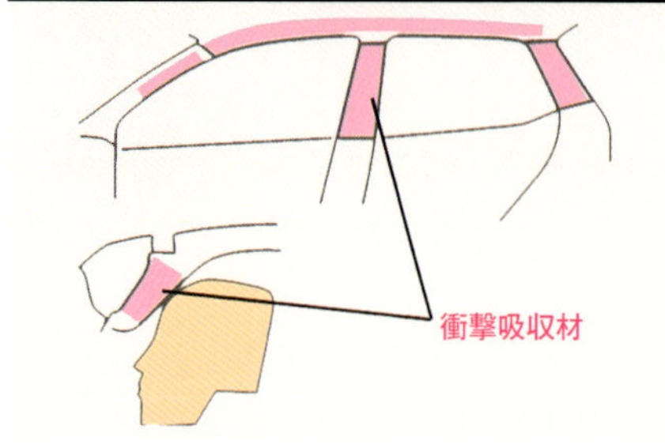

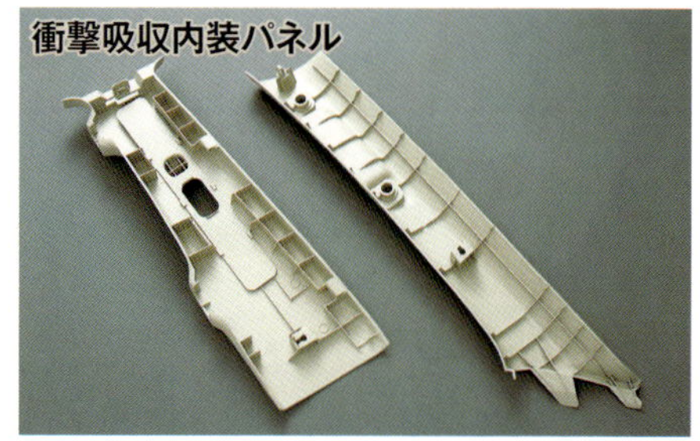

▲強い力を受けるとつぶれることで衝撃を吸収する空間がパネル内に設けられている。

衝撃吸収ステアリング

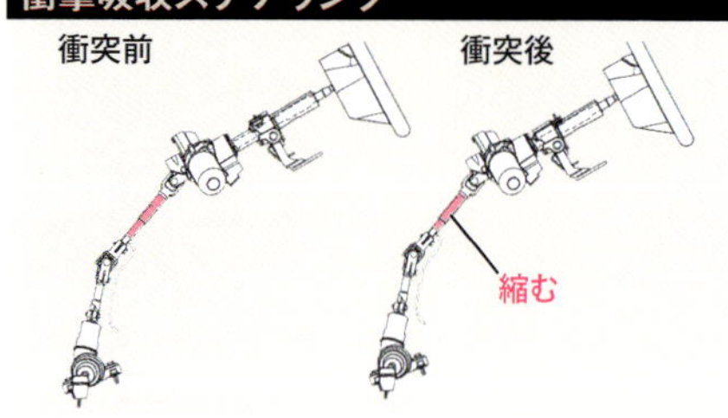

▲前方から力を受けるとステアリングシャフトの一部が縮んで、車内へのハンドルの突出を防ぐ。

ブレーキペダル後退防止機構

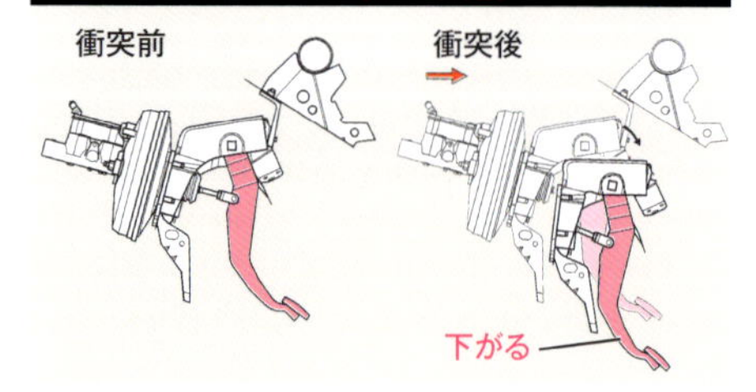

▲前方から力を受けてもペダルが後退することがなく、下方に移動して足への傷害を防いでくれる。

ムチウチを防止するシート

後方から追突されると、乗員の身体はシートに押されて前方に移動するが、頭はそれまでの位置を保とうとするため、勢いよく後方に倒れて首に無理な力がかかる。その結果が**ムチウチ症**だ。こうした傷害を防止するために**ヘッドレスト**が備えられているが、追突の瞬間には身体全体が前方に動くため、頭がヘッドレストからはなれてしまう。そこで開発されたのが**ムチウチ症軽減シート**だ。各社で構造や動きは異なるが、基本的な発想は同じで、**頸部衝撃緩和シート**(けいぶしょうげきかんわ)や**頸部衝撃低減シート**などの名称がつけられている。追突の衝撃でシートが身体を押すと、シートバックに力が加わる。この力を利用して、ヘッドレストを前方や上方に移動させ、頭とのすき間を減らしている。

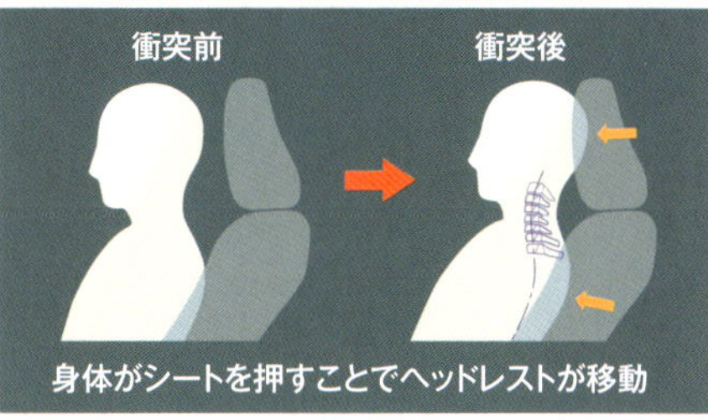

子供の危険な操作を防止

子供の行動は予測がむずかしい。もし、走行中にドアを開けたら…。ドアロックを間違ってさわるかもしれない。**オートドアロック**なら走行中は安全だが、停車直後に後方を確認せずにドアを開ける可能性もある。こうした事態を防止するのが**チャイルドセーフティロック**や**チャイルドプルーフロック**だ。ロックしておけば、車内のハンドルではドアが開けられなくなる。装備されている車種は多い。目につきにくい位置に操作部があるが、ぜひとも使いたい。

また、走行中に子供が**パワーウインドウ**を操作するのも危険だ。そのためウインドウを操作できないようにする**パワーウインドウロック**がほとんどの車種に備えられている。運転席のスイッチでロックすれば、各ドアのスイッチではウインドウが操作できなくなる。

チャイルドセーフティロック

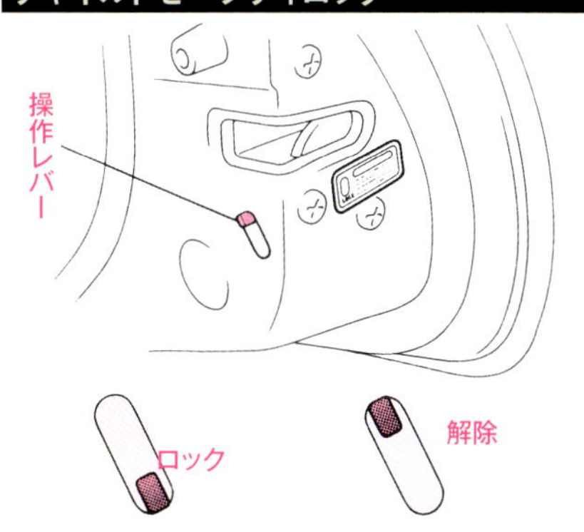

▲ロックの位置や操作方法は車種によって異なる。

▲子供がリヤシートに乗っている時は必ずロック。

PART 9

チャイルドシート

子供の安全のために必要なもの

体格の小さな子供が安全に乗車できるように作られたのが**チャイルドシート**だ。子供の安全を守るばかりではない。子供は車内を動き回り、運転のさまたげになることもあるが、チャイルドシートに座らせれば、こうした心配もなくなる。

チャイルドシートにはシートベルトで固定するものと、クルマに備えられた固定具を使用する**ISO-FIXチャイルドシート**がある。ちなみに、ISO-FIXはアイソフィックスと読むことが多い。シートベルトで固定するものの場合は、装着にかなりの力を使わないと確実に固定できない。また、**チャイルドシート固定機能付シートベルト**ではない場合は、ベルトを固定するクリップなどの併用(へいよう)が必要だ。

ISO-FIXは対応車種を必ず確認

ISO-FIXチャイルドシートに対応した車種では、リヤシートなどのシートクッションの奥に**ロアアンカー**、シートバックの後部や上部に**トップテザーアンカー**がある。ロアアンカーにチャイルドシートの下部を固定し、上部はトップテザーと呼ばれるベルトなどでトップテザーアンカーとつないで固定する。シートベルトで固定するタイプに比べると簡単で確実に固定できる。

2012年以降に販売された国産車であれば、ISO-FIXチャイルドシートの固定具が備えられている。ISO-FIXは国際規格であり汎用(はんよう)のものだが、実際には適正に装着できないこともある。チャイルドシートのメーカーでは対応車種を公表しているので、購入時には必ずチェックが必要だ。

ISO-FIX対応固定具

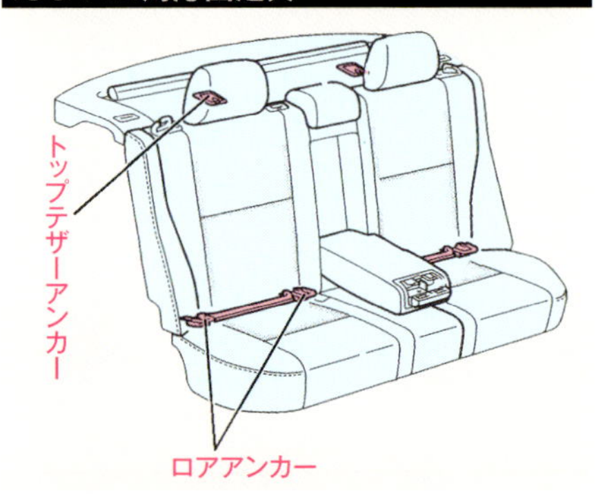

◀トップテザーアンカーという名称だが、高い位置にあるとは限らない。シート下に備えられることもある。

トラクションコントロール

どんな道路状況でも安定した駆動力を確保するシステム

強すぎる力でブレーキをかけると、車輪が回転を止める**ホイールロック**が起こる。逆に走行時に強すぎる力で駆動輪(くどうりん)を回すと、タイヤが路面をグリップできず空転する。こうした現象を**ホイールスピン**といい、レースカーなどが発進時に起こすのを見たことがある人も多いはず。

しかし、ホイールスピンはハイパワーのクルマだけで起こる現象ではない。駆動輪にかけられる力の限界はブレーキングの場合と同じで、タイヤや路面の状態、タイヤにかかっている重量で変化する。たとえば、路面が部分的に濡(ぬ)れていて、駆動輪の片方だけが濡れてすべりやすい部分に接している状態だと、瞬間的にその車輪だけ空転ぎみになる。すると、反対側の駆動輪はデフの働きで回転速度が低下し、全体として駆動力が低下する。こうした事態を防いでくれるのが**トラクションコントロール**だ。**TCS**、**TRC**、**TCL**、**TC**など各社で名称は異なる。

トラクションコントロールには**ブレーキ制御**と**エンジン制御**がある。ブレーキ制御は**ABS**の機能を発展させたもので、センサーによって駆動輪の空転を感知すると、その車輪のブレーキだけを作動させて回転速度を落とし、その駆動輪の空転と反対側の駆動輪の回転速度低下を防ぐ。エンジン制御では、瞬間的にエンジンの出力を低下させ、駆動輪の空転を防ぐ。これによりすべりやすい路面でも微妙なアクセルワークが不要となる。

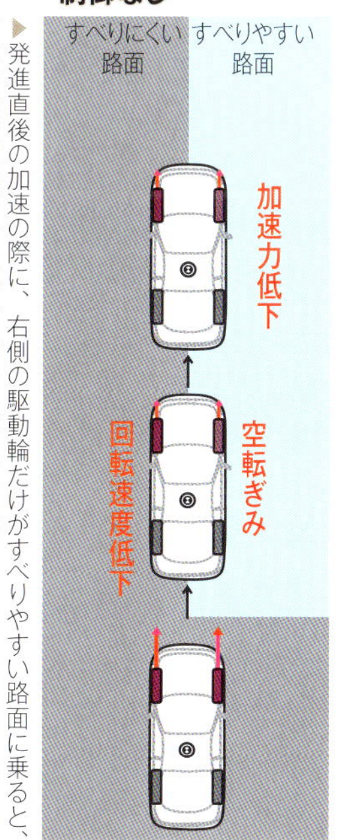

▶発進直後の加速の際に、右側の駆動輪だけがすべりやすい路面に乗ると、右駆動輪が空転ぎみ、左駆動輪は回転速度が低下して、加速が悪くなる。

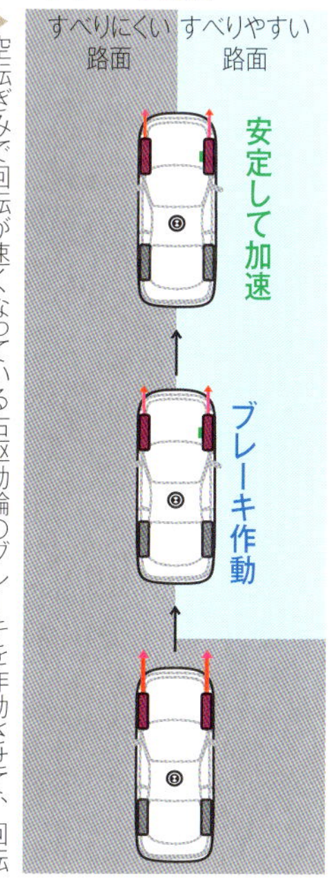

▶空転ぎみで回転が速くなっている右駆動輪のブレーキを作動させて、回転速度を遅くし左右駆動輪の回転速度をそろえて駆動力を安定させる。

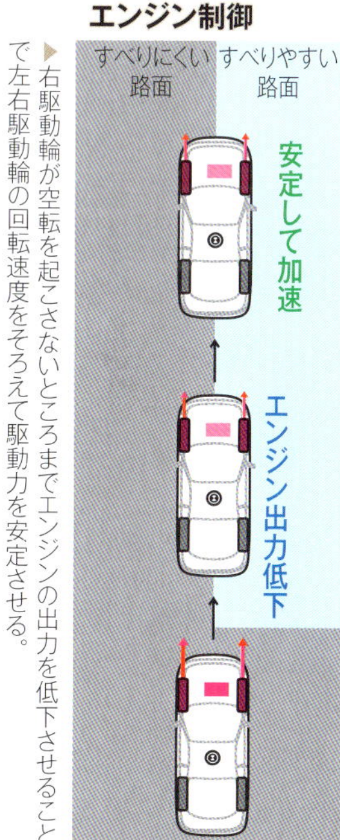

▶右駆動輪が空転を起こさないところまでエンジンの出力を低下させることで左右駆動輪の回転速度をそろえて駆動力を安定させる。

PART 9

横滑り防止装置

オーバーステアやアンダーステアを制御する

コーナリング中の車輪にはわずかに横すべりが発生して、クルマが曲がっていこうとする力を作りだしているが、路面の状況や駆動力の変化によって必要以上に横すべりが発生することがある。前輪の横すべりが大きいとクルマは本来のコーナリングのラインよりふくらんでしまう。これを**アンダーステア**といい、最悪の場合、コーナーから飛びだす。逆に後輪の横すべりが大きいと、想定以上に曲がりこむ**オーバーステア**になり、最悪の場合、スピンを起こす。こうした状態を防いで、安全にコーナーを曲がっていけるようにするのが**横滑り防止装置**だ。**スタビリティコントロールシステム**とも呼ばれ、Electronic Stability Controlを略して**ESC**というが、**VSC**、**VDC**、**VSA**、**DSC**、**ASC**、**DVS**など各社で名称はさまざまだ。

横滑り防止装置もトラクションコントロールと同じように、**ABS**の機能を発展させたものだ。クルマの旋回状況を感知する**ヨーレイトセンサー**によって必要以上の横すべりを感知すると、**ブレーキ制御**が行われる。特定の車輪のブレーキを作動させて逆方向に回転する力を作りだし、オーバーステアやアンダーステアをおさえる。作動させる位置は状況によって異なるが、たとえばオーバーステアの時にコーナー外側の前輪だけにブレーキを働かせれば、コーナーに曲がりこもうとする力が弱まり、オーバーステアが回避される。必要に応じて**エンジン制御**が行われることもある。

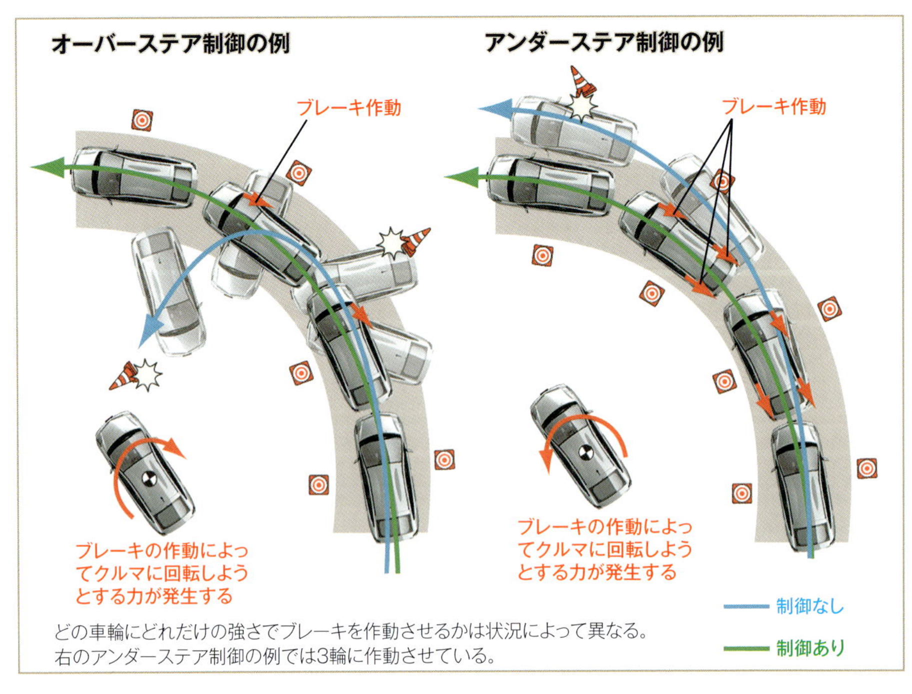

どの車輪にどれだけの強さでブレーキを作動させるかは状況によって異なる。
右のアンダーステア制御の例では3輪に作動させている。

PART 9

統合車両挙動制御

ブレーキとともにステアリングも制御、さらに…

ステアリングシステムの主流が**油圧式パワステ**から**EPS（電動パワステ）**にかわったことにより、操舵に対する制御が容易になっている。こうした**パワーステアリング制御（パワステ制御）**を、**横滑り防止装置**の制御とともに行う**統合車両挙動制御**（とうごうしゃりょうきょどうせいぎょ）も登場してきている。トヨタの**S-VSC**やホンダの**モーションアダプティブEPS**では**ブレーキ制御**と**エンジン制御**に加えてパワステ制御も行う。たとえば、オーバーステアの状況では、EPSのアシスト力を低下させてハンドルを重くしハンドルを戻す方向へ誘導することでオーバーステアをおさえる。トヨタには**ABS**や**トラクションコントロール**も統合制御する**VDIM**もある。さらに、S-VSCとともに**電子制御4WD**のトルク配分を統合制御するシステムや、VDIMと**電子制御サスペンション**を統合制御するシステムも開発されている。

積極的に統合制御を行ってコーナリング性能を向上

電動パワステとブレーキの統合制御は、危険回避ばかりでなく、コーナリング性能の積極的な向上にも利用されている。ホンダの**アジャイルハンドリングアシスト**は、コーネリング時にねらったラインをトレースしやすく、少ないステアリング操作でスムーズな車両挙動を実現する電子制御システムだ。ドライバーがハンドルを切り始めると、車速や操舵量などから車両の動きを予測。その挙動に合わせてブレーキ制御を行い、操縦性を高めている。トヨタには前輪の切れ角を最適にコントロールする**アクティブステアリング**機能があり、VDIMの制御と統合している。

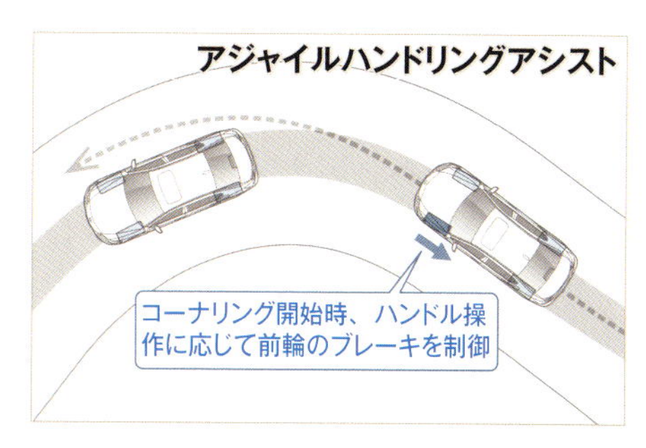

アダプティブフロントライティングシステム

コーナリングの際にヘッドランプの光軸が左右に振られる

クルマは前輪に角度をつけてコーナーを曲がっていく。こうした構造であるため、コーナリング中にクルマの向いている方向と進んでいく方向にはずれが生じる。そのため夜間走行では、ヘッドランプがコーナーの先を十分に照らせない。高速道路や街灯のない山道では前方確認がむずかしくなる。そこで開発されたのが、**アダプティブフロントライティングシステム**（**AFS** = Adaptive Front-lighting System）だ。コーナーの状況や障害物を通常のヘッドランプより早く知ることができる。

ほとんどのAFSでは、ヘッドランプユニット内に電動モーターなどが備えられていて電球や反射鏡（はんしゃきょう）などを動かして、**光軸**（こうじく）を左右に動かせるようにされている。制御システムがハンドルの操作量や車速に応じて光軸を変化させ、コーナーの先まで光が届くようにしている。

AFSの構造

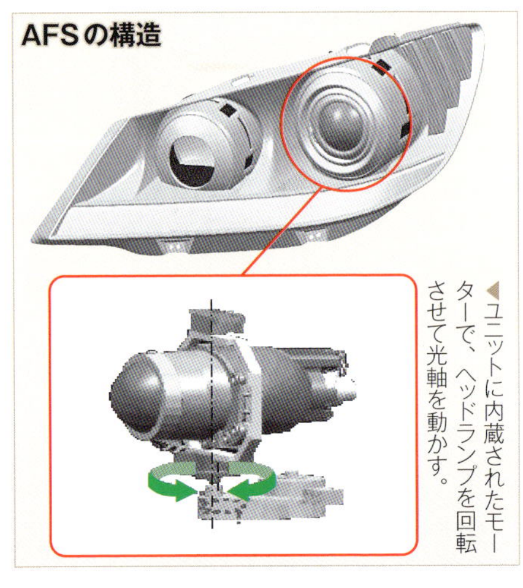

◀ユニットに内蔵されたモーターで、ヘッドランプを回転させて光軸を動かす。

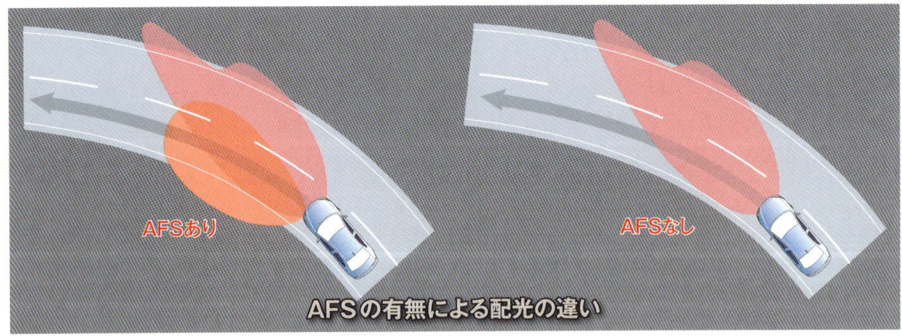

AFSの有無による配光の違い

AFSの直進時の配光とコーナリング時の配光

PART 9

コーナリングランプ

コーナー内側を照らして安全性を高めてくれるランプ

クルマのヘッドランプはコーナリング時には進行方向を照らすことができない。そのため、交差点での巻きこみ事故が起こりやすい。狭(せま)い路地などでもコーナー内側が確認しにくいため壁に接触したりする。こうした事態を防ぐのが**コーナリングランプ**だ。AFSが高速の走行に対応しているのに対して、コーナリングランプはどちらかといえば低速の走行に対応している。

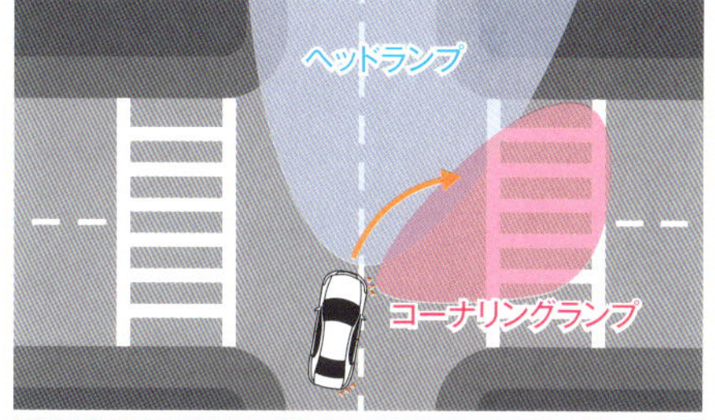

コーナリングランプはクルマの前方から側面を照らすように配置されたランプで、現在では**LEDコーナリングランプ**も増えている。以前はウインカースイッチの操作に連動して点灯するものだったが、現在ではハンドル操作に連動して点灯するものが多く、**アクティブコーナリングランプ(ACL)**と呼ばれる。アクティブコーナリングランプでは、後退時に左右両側のコーナリングランプが同時点灯するシステムが備えられていることもある。これにより、夜間の縦列駐車や車庫入れなどの際、フロントまわりの視認性が向上する。

なお、コーナリングランプに近いものとして**コーナリング連動機能付フロントフォグランプ**がある。ウインカーやハンドルの操作に対応してフォグランプが点灯する。

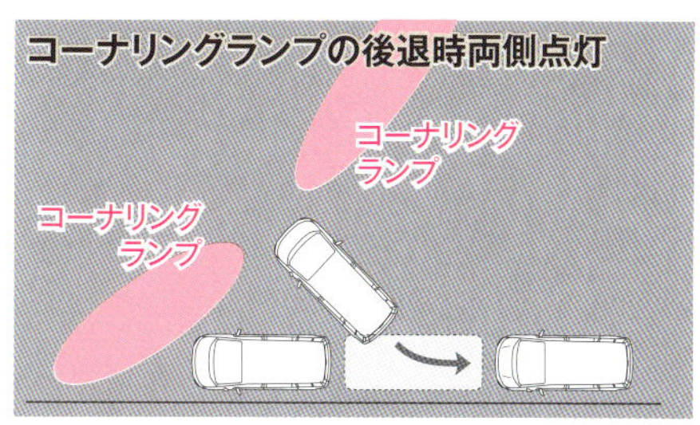

PART 9

予防安全パッケージ

自動ブレーキを中心に各種安全機能がパッケージ化されている

先進安全装置のなかでもっとも注目度が高いのは**自動ブレーキ**であり、採用する車種も増えているが、ほかにもさまざまな**アクティブセーフティ**の機能が含まれる**予防安全パッケージ**として採用されることが多い。自動ブレーキのためにクルマの周囲の状況を監視（かんし）する**センシングシステム**を搭載すると、ほかの機能も容易に実現できるようになるためだ。

予防安全パッケージのなかでは、スバルの**EyeSight**（**アイサイト**）が有名だが、自動ブレーキが中心的な存在であることがわかりやすい日産の**エマージェンシーブレーキパッケージ**やスズキの**デュアルカメラブレーキサポート**をはじめ、**Toyota Safety Sense**（**トヨタ・セーフティ・センス**）や**Lexus Safety System +**（**レクサス・セーフティ・システム+**）、**Honda SENSING**（**ホンダ・センシング**）、マツダの**i-ACTIVSENSE**（**アイ・アクティブセンス**）、三菱の**e-Assist**（**イーアシスト**）、ダイハツの**Smart Assist**（**スマートアシスト**）などさまざまな名称がある。ただし、名称が同じでも搭載されている安全装置の種類がすべて同じだとは限らない。先進安全装置は進化を続けている技術であり、次々と新しい機能が誕生している。EyeSightのようにver.2やver.3といった表現で進化の過程を示していることもあるが、それでもモデルチェンジの時期によっては搭載されている機能が異なっていることもある。

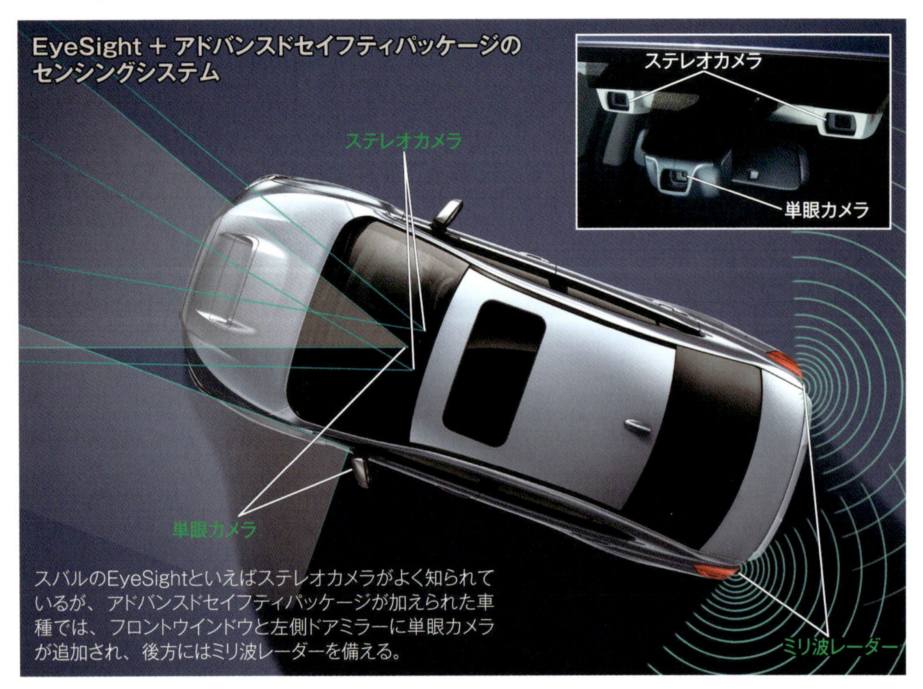

スバルのEyeSightといえばステレオカメラがよく知られているが、アドバンスドセイフティパッケージが加えられた車種では、フロントウインドウと左側ドアミラーに単眼カメラが追加され、後方にはミリ波レーダーを備える。

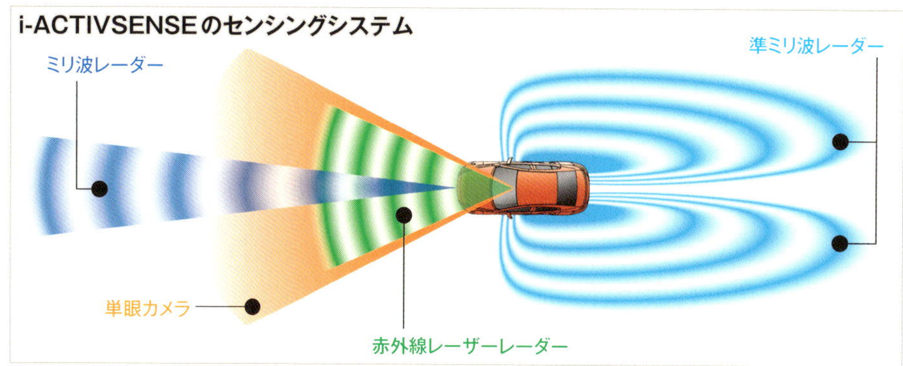

▲センシングシステムの構成内容はメーカーや安全予防パッケージの内容によって異なる。

カメラやレーダーを使ってクルマの周囲の状況を監視する

先進安全装置の**センシングシステム**は大別すると**レーダー式**と**カメラ式**になり、レーダー式には**ミリ波レーダー式**と**レーザーレーダー式**、カメラ式には**単眼**（たんがん）**カメラ式**と**ステレオカメラ式**がある。また、**超音波センサー**（**超音波ソナー**）が近距離の障害物の検知に使われることもある。

ミリ波レーダー式では、ミリ波という電波を発射し、戻ってきた電波を測定することで障害物を検知する。厳密にはもう少し波長が長い準ミリ波が使われていることもあり、**準**（じゅん）**ミリ波**（は）**レーダー式**と区別して表わされることもある。逆に、少し幅広い範囲を示すマイクロ波という用語を用いて**マイクロ波レーダー式**と表現されることもある。ミリ波式は悪天候や明暗の影響を受けにくく、100m以上の検知が可能で、相対速度も測定できるが、歩行者のように電波を反射しにくい障害物の検知はむずかしく、障害物がなんであるかの認識は困難だ。

レーザーレーダー式は正式には**赤外線レーザーレーダー式**といい、**赤外線レーダー式**と呼ばれることもある。赤外線を発射し、戻ってきた電波を測定することで障害物を検知する。距離の測定精度は高いが、検知できる距離は10m前後。しかし、ミリ波式に比べてシステムがコンパクトで、低コストなのが大きなメリットだ。

カメラ式では、障害物がなんであるかを認識でき、白線も検知できる。カラーカメラなら先行車のブレーキランプの点灯も検知できる。しかし、土砂降りのような状況では監視ができず、夜間に検知できるのはヘッドライトの照射範囲など明るい場所のみだ。また、単眼カメラ式では障害物までの距離が測定できない。距離を測定するためには、ステレオカメラ式にするか、単眼カメラにレーダーの併用（へいよう）が必要だ。

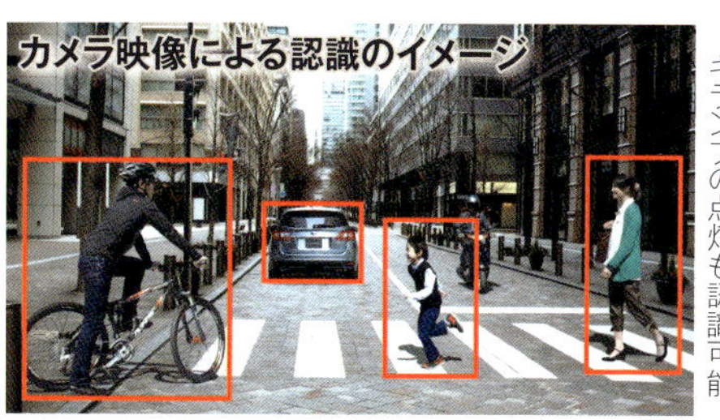

◀▶カメラであれば、どんな障害物であるかを認識することができる。カラーならブレーキランプの点灯も認識可能。

PART 9

衝突被害軽減ブレーキ

自動ブレーキが作動して「ぶつからない?」クルマ

最近では一般の人に**自動ブレーキ**と呼ばれることが増えているが、元来は**衝突被害軽減ブレーキ**や**プリクラッシュブレーキ**という。各社の名称はさまざまで、**衝突軽減ブレーキ**、**衝突回避支援ブレーキ**、**エマージェンシーブレーキ**、**スマートブレーキサポート**などがあり、センシングシステムを含めて**レーダーブレーキサポート**や**デュアルカメラブレーキサポート**といった名称にされることもある。

当初は、高速走行を対象としたもので、追突事故が起こりそうになると、ブレーキを自動的に作動させてクルマを減速させ、乗員の被害を最小限にくいとめるものだったが、しだいに対象となる速度の範囲が広くなり、市街地走行も対象とするものになった。市街地の低速走行であれば、事故を未然に防ぐことも可能だ。現在でも**低速域衝突回避支援ブレーキ**や**スマートシティブレーキサポート**のように低速域の機能を別名称としているメーカーもある。

なお、低速域のみを対象とした衝突被害軽減ブレーキもある。こうした場合、センシングシステムが先行車を検知できる距離が短いため、高速走行では危機の察知が遅れ、クルマを停止させて衝突を回避することができない(それでも衝突エネルギーは小さくなり被害が軽減される)。事故を回避できるのは30km /h程度以下にされていることが多い。

▲低速域では衝突被害軽減ブレーキがクルマを停止させることによって事故を未然に防いでくれる。

先行車との距離を検知することで追突事故を防止する

衝突被害軽減ブレーキは段階的に作動する。追突が起こりそうだと判断されると、まずは警報が発せられる。これを**車間距離警報**と呼ぶ。続いて自動ブレーキが軽く作動し、まだ危険が回避されないと最強で作動してクルマを減速させる。システムによっては警報によってドライバーがブレーキペダルを踏むと、**プリクラッシュブレーキアシスト**といわれる**ブレーキアシスト**が行われ、それでも追突がさけられないと判断されると自動ブレーキが作動するタイプもある。ただ、低速域の場合は時間的余裕がないため、警報とほぼ同時に自動ブレーキが作動することも多い。

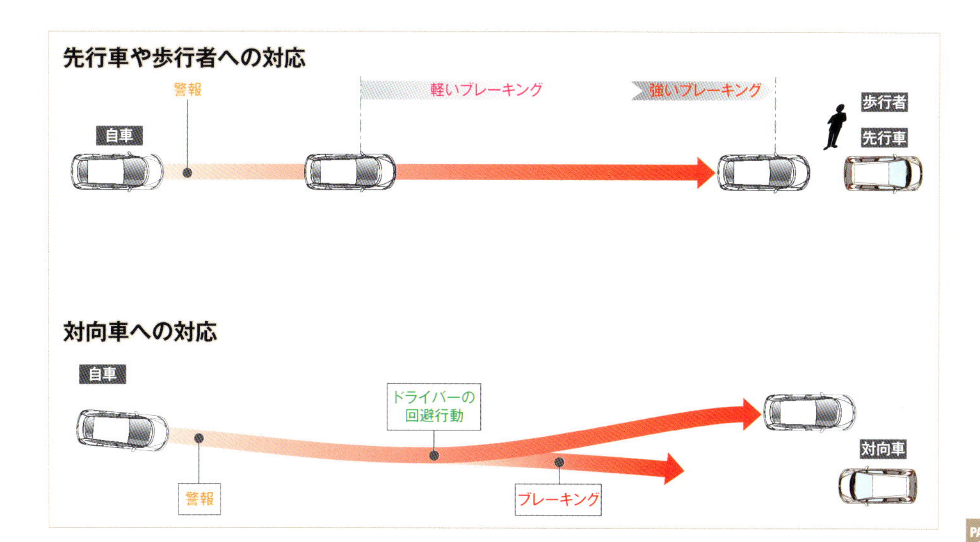

対向車や歩行者も対象にする自動ブレーキシステム

衝突被害軽減ブレーキは、先行車への追突を回避するために開発されたものだが、現在では対象が歩行者や対向車にも広がっている。**Toyota Safety Sense P**の衝突被害軽減ブレーキは**歩行者検知機能付衝突回避支援型**とされていて、歩行者に対しても自動ブレーキが作動する。**Honda SENSING**の衝突軽減ブレーキには歩行者に加えて対向車への衝突も回避するシステムがある。対向車への衝突の可能性がある場合には、通常の警告に加えてハンドルに振動を発生させるといった警告も行われる。

なお、トヨタからは衝突被害軽減ブレーキだけでは回避できない場合に、周囲に余裕があれば自動操舵によって回避するシステムの開発も発表されている。今後もさまざまな新技術が登場しそうだ。

2台前のクルマを監視して玉突き事故を回避する

衝突被害軽減ブレーキは、先行車を監視(かんし)することで追突事故を回避するのが基本だが、さらに前方のクルマを監視することで玉突き事故(たまつきじこ)を回避するシステムも開発されている。日産の**前方衝突予測警報**では、2台前を走るクルマの車間距離や相対速度をミリ波レーダーで監視。自車からは見えない前方の状況の変化を検知し、減速が必要と判断した場合には警報を発してくれる。これによりブレーキの踏み遅れが原因となって引き起こされる玉突き事故の可能性が低減される。

▲ミリ波レーダーによって2台前のクルマを監視することも可能になっている。

PART 9

プリクラッシュセーフティシステム

自動ブレーキでも追突事故がさけられない場合には

衝突被害軽減ブレーキは追突事故の回避をめざすものだが、衝突がさけられないと判断された際に乗員を保護するのが**プリクラッシュセーフティシステム**だ。なお、プリクラッシュセーフティシステムという名称は自動ブレーキに対して使われることもある。

実際には、**シートベルト**の**プリテンショナー**などが作動してベルトを巻き取り、乗員の位置を確実に保持することで、エアバッグが最大限の効果を発揮できるようにする。これを**プリクラッシュシートベルト**というが、**E-プリテンショナー**などメーカー独自の名称にしていることもある。

なお、一部には衝突被害軽減ブレーキとは独立したプリクラッシュセーフティシステムもある。この場合、ブレーキペダルの操作が急ブレーキであった場合に作動する。こうしたプリテンショナーを**緊急ブレーキ感応型プリクラッシュシートベルト**という。

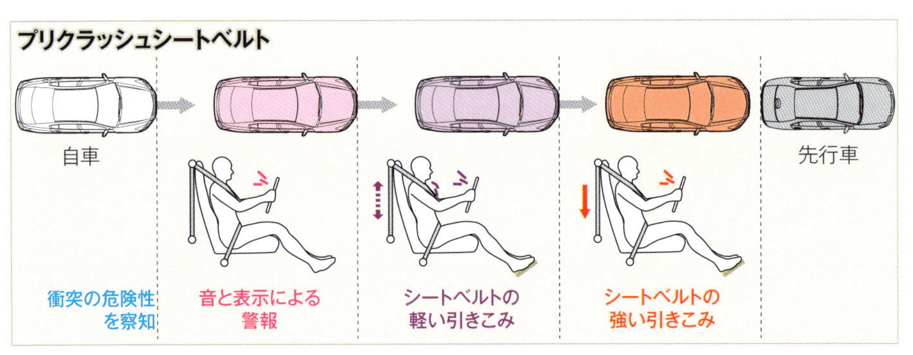

後方からの追突事故でのムチウチ症を回避する

一般的な**プリクラッシュセーフティシステム**は前方への追突事故に対応したものだが、トヨタには後方から追突された際に対応したシステムもある。これを**後方プリクラッシュセーフティシステム**と呼び、追突された際の乗員の被害をおさえてくれる。後方にレーダーを備えることで後続車の接近を感知。後続車に追突される危険性が高まると、ハザードランプを点滅させて後続車に異常に接近していることを警告。事故が回避できないと判断された場合は、**プリクラッシュインテリジェントヘッドレスト**が作動して、ヘッドレストを前方に移動させる。頭部との距離が縮まることで、衝撃を受けた際の頭部の傾きが小さくなり、ムチウチ症が軽減される。

プリクラッシュインテリジェントヘッドレスト

作動前　作動後

ヘッドレストが前方に移動して、頭部との距離を小さくすることで、ムチウチ症を軽減する。

PART 9

追従機能付クルーズコントロール

先行車の有無を感知して安全にクルージングできる

クルーズコントロールは以前からある装置で、ペダル操作なしで一定の車速が維持されるもの。高速のロングドライブなどでドライバーの負担が軽減される反面、集中力がとぎれて居眠りなどを引き起こしやすいという指摘もある。そこで開発されたのが**車間距離制御クルーズコントロール**とも呼ばれる**追従機能付クルーズコントロール**だ。**レーダークルーズコントロール**と総称されることもあるが、センシングシステムにカメラを使用するシステムもある。メーカーによっては**アダプティブクルーズコントロール**（**ACC**）や**インテリジェントクルーズコントロール**の名称が使われる。

先行車が感知されると**ブレーキ制御**によって減速され、安全な車間距離が保たれる。先行車がいなくなれば、**エンジン制御**によって設定速度まで加速される。当初は高速道路での使用を前提としたものだったが、現在では**低速追従機能**や**全速追従機能**を備えたものも増えていて、先行車が停止すると、自車も停止する。渋滞時の走行が容易になる。

車間距離制御クルーズコントロール（高速走行）

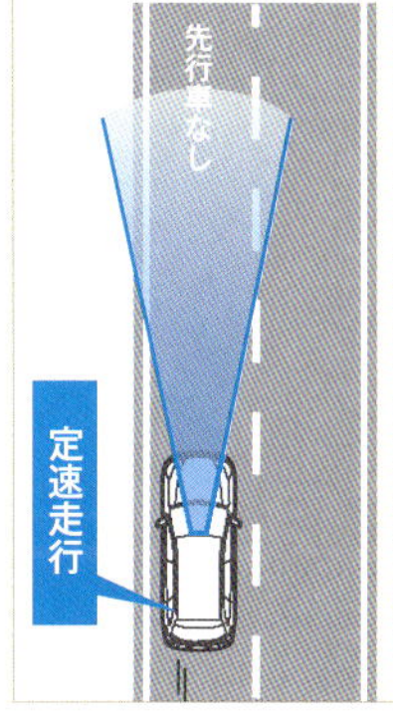

先行車がいなければ設定速度で走行。坂道で加速や減速しそうになってもブレーキ制御とエンジン制御で設定速度を維持。

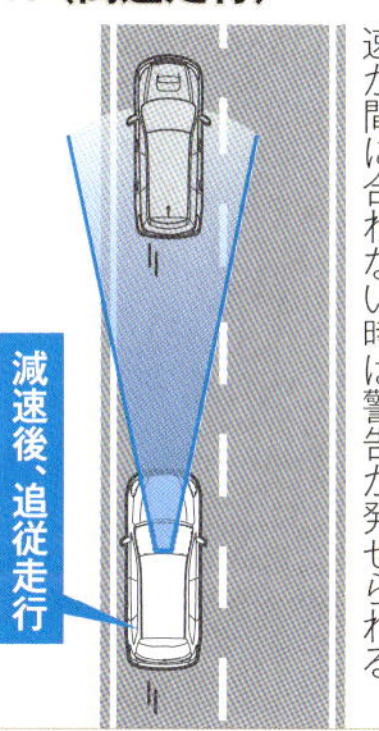

自車より遅い先行車が現われると減速され、一定の車間距離を保って追従走行。減速が間に合わない時は警告が発せられる。

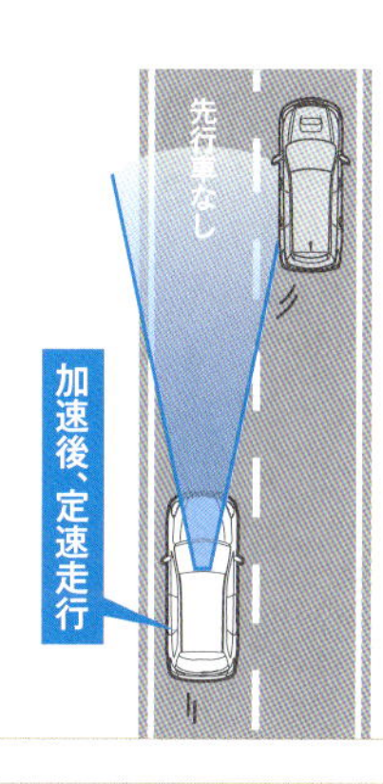

先行車がレーンチェンジなどでいなくなると、エンジン出力が高められて設定速度まで加速し定速走行。

車間距離制御クルーズコントロール（低速追従走行）

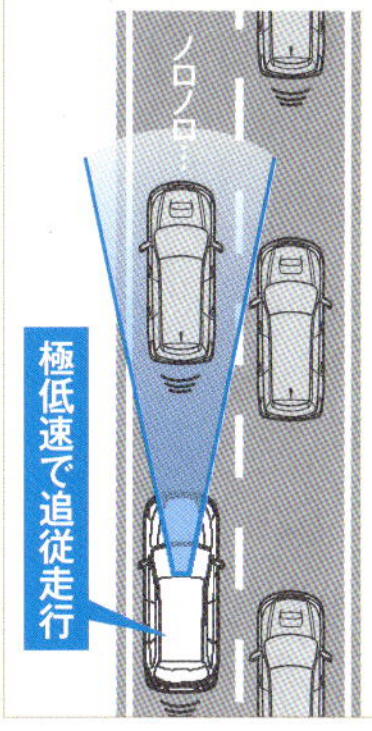

先行車が極低速であっても、その速度に合わせて極低速で追従走行し、一定の車間距離を保つ。

減速、停止保持

先行車が停止した場合は、自車も減速して停止。その状態を保持。停止時間が長い場合は駐車に移行することもある。

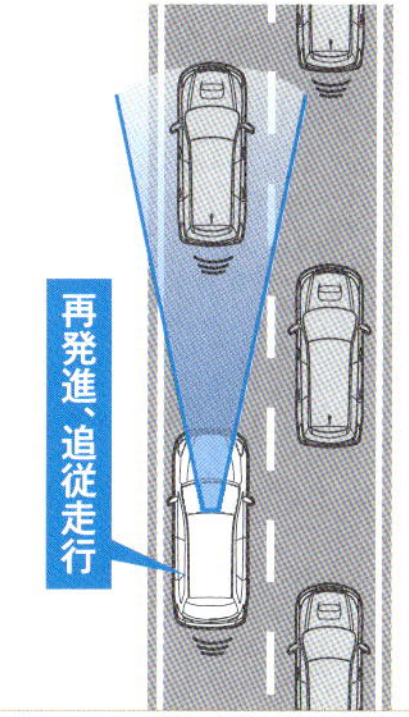

先行車が発進した場合、コントロールスイッチを操作するか、アクセルペダルを踏むと、再発進し追従走行に入る。

PART 9

車線逸脱防止システム

車線をはみ出しそうになると警告を発してくれる

連続する高速走行では、集中力が散漫になったり居眠りしそうになったりすると、ハンドル操作がおろそかになり、車線をはみ出してしまうことがある。隣のレーンに速い後続車がいれば接触事故になってしまうし、路肩の縁石にふれてハンドルを取られ事故に至ることもある。こうした車線をはみ出しそうになった時に警報を発してくれるのが**車線逸脱警報**(**レーンデパーチャーワーニング**)だ。**LDW**や**LDWS**の略号が使われるほか、**レーンディパーチャーアラート**(**LDA**)と呼ばれることもある。カメラで路面の白線をとらえ、白線から逸脱しそうになると警報が発せられる。警報はブザーやディスプレイ表示のほか、ハンドルに振動が加えられるものもある。高速走行を前提としたもので、一定速度以上などの条件下で作動するが、ウインカーの操作でドライバーが車線変更の意思を示せば作動しない。

▲車線逸脱防止システムはカメラで白線を認識する。

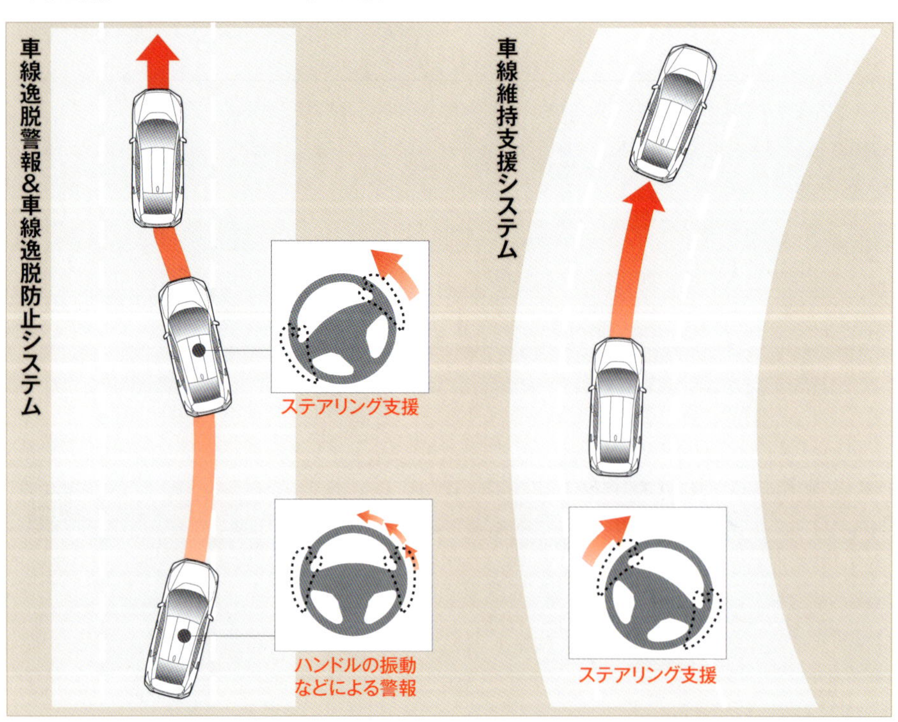

車線の中央をキープして安定した高速クルージング

車線逸脱警報の発展形である**車線逸脱防止システム**では、警報後も、その状態が続き車線を逸脱しそうになると、これを回避してくれる。各社で異なるが、**レーンキーピングアシスト**や**レーンキープアシスト**、**アクティブレーンキープ**といった名称が使われることが多い。略号には**LKA**や**LKAS**る**LAS**が使われている。一般的には**EPS**(**電動パワステ**)のアシスト力が使われ、どちらかの白線に近づくと、逆方向にハンドルを回しやすいようにパワステのアシスト力が高められる。なお、日産の**レーンデパーチャープリベンション**(**LDP**)では、パワステではなく4輪のブレーキを独立して作動させ、車線内にクルマを維持する動作の支援を行う。

また、こうしたシステムは**車線維持支援システム**(しゃせんいじしえん)としても機能することがほとんどだ。居眠りなど以外でも、路面のうねりや風によってクルマがふらつくため、ドライバーは細かくハンドルに力を加えている。こうしたドライバーの負担を軽減し、直線でもカーブでも常に車線の中央を走行するようにEPSのアシスト力が発揮される。

車線内を走っていてもふらついていたら警報が発せられる

車線内を走行していても、注意力が低下していると、ふらつきを起こすことがある。**車線逸脱警報**を備えたシステムでは、こうした際に**ふらつき警報**を発してくれるものもある。白線と自車の位置関係の変化からふらつきと判断されると、警報が発せられる。

ふらつき警報には車線逸脱警報とは独立したシステムもある。日産のふらつき警報は、ハンドルの操作状況からふらつきを検出し、警報が発せられる。

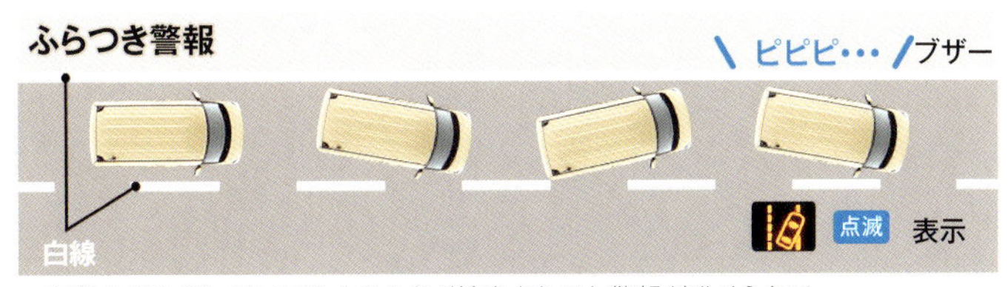

▲車線内を走行していてもふらつきが検出されると警報が発せられる。

一般道における歩行者との事故をステアリングで回避

車線逸脱防止システムは高速走行を前提としたものだが、市街地走行における路側帯の歩行者との接触事故を回避するシステムも開発されている。ホンダの**歩行者事故低減ステアリング**は、レーダーとカメラで路側帯の歩行者と車線を認識する。クルマが車線をはずれ、歩行者と衝突しそうな際には、音と表示で警告し、ステアリングも制御して回避操作を支援してくれる。10～40km /hの範囲で作動する。

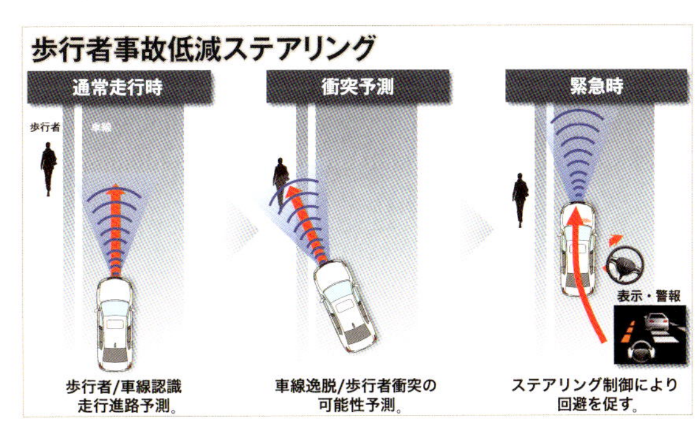

PART 9

ハイビームサポート

積極的にハイビームを使い夜間走行を明るく安全にする

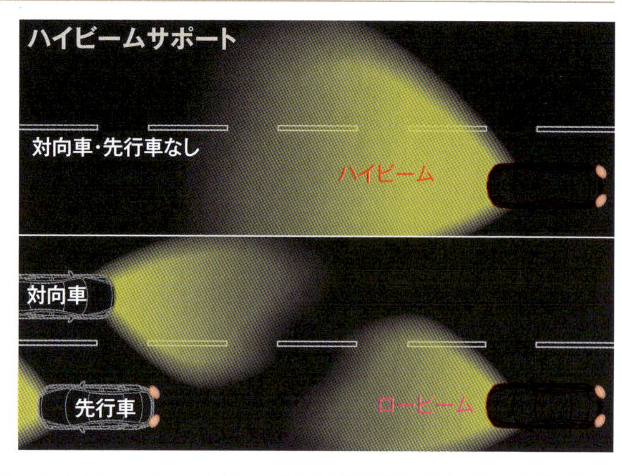

高速道路や街灯もないような暗い山道などでは、**ヘッドランプ**を**ハイビーム**にしたほうが進行方向の状況がよくわかって走りやすい。しかし、対向車が現われたり先行車に追いつくたびに**ロービーム**に切り替えるのは面倒だ。そこで開発されたのが**ハイビームサポート**だ。**オートマチックハイビーム**や**ハイビームアシスト**、**ハイビームコントロール**ともいう。カメラなどによって対向車のヘッドランプや先行車のテールランプなどが認識されると自動的にハイビームからロービームに切り替わる。

対向車や先行車がいる部分だけには配光しないハイビーム

配光可変ヘッドランプ

高速走行のハイビーム

高速域での遠方視界を拡大。

ハイビーム

市街地走行のハイビーム

部分消灯されるため眩しくない。

ハイビーム

ワイド配光のロービーム

車両近くの左右視界を拡大。

ロービーム

進化した**ハイビームサポート**が、**配光可変**(はいこうかへん)**ヘッドランプ**だ。対向車や先行車が現われると、その部分だけは直接光が当たらないようにロービームになり、それ以外の部分はハイビームの状態を保つ。マツダの**アダプティブLEDヘッドライト**(**ALH**)では、ヘッドランプのLEDが4つのブロックにわけられていて、それらを個別に点灯/消灯することで、照射範囲を変化させている。トヨタの**アダプティブハイビームシステム**(**AHS**)とスバルの**アダプティブドライビングビーム**では、ヘッドランプユニット内に遮光板(しゃこうばん)があり、その位置を動かすことで照射したくない範囲を遮光する。これらのヘッドランプは、ロービームではワイドな配光を実現している。

PART 9

誤発進抑制制御

ペダルの踏み間違いによる誤発進による事故を防止する

ブレーキペダルとアクセルペダルの踏み間違いによる事故は数多い。後退時に衝突して慌てたドライバーが、アクセルを踏みこんだままDレンジにシフトした結果、急発進して事故ということもある。Rレンジに入れたつもりでアクセルペダルを踏んだら、実際にはDレンジに入っていたという勘違(かんちが)いからの事故もある。最初は小さな事故であっても、それでパニックにおちいると、ブレーキペダルとアクセルペダルを踏(ふ)み間違えて、事態を悪化させることもある。こうした発進時の事故を防止するために開発されたのが、**誤発進抑制制御**(ごはっしんよくせいせいぎょ)だ。**誤発進抑制機能**ともいい、カメラなどで前方の状況を監視(かんし)し、障害物がある状況でアクセルを踏みこまれても、エンジン出力をおさえてクルマを急発進させないようにするものだ。警告も発してくれる。

▲誤発進が抑制されると急発進での追突が防止される。

一般的に誤発進抑制制御は前進を対象にしたものだが、スバルやマツダには後退を対象にしたものもある。また、トヨタの**インテリジェントクリアランスソナー**や日産の**踏み間違い衝突防止アシスト**では、エンジンの出力制御に加えて自動ブレーキを作動させることで、障害物への衝突を防止してくれる。前進時にも後退時にも機能する。さらに、トヨタの**ドライブスタートコントロール**では、アクセルペダルを踏みこんだ状態でのシフト操作など、通常とは異なる操作を行った際にエンジン出力をおさえ、急発進や急加速を抑制する。

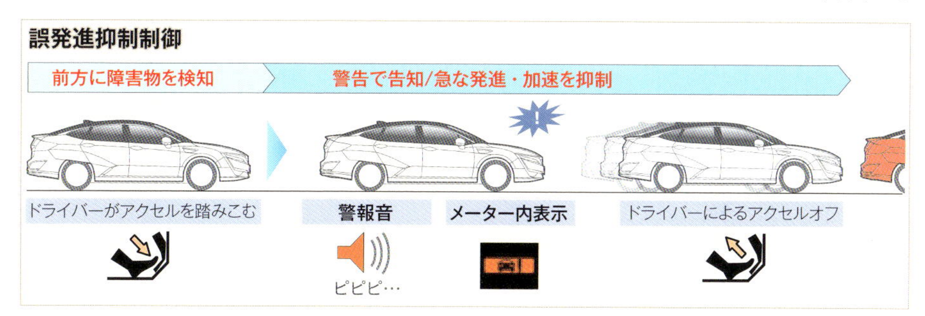

ブレーキペダル対アクセルペダルはブレーキペダルの勝ち

パニックにおちいると、ブレーキペダルを踏むべき状況で、アクセルペダルとブレーキペダルの両方を踏んでしまうこともある。また、アクセルペダルがフロアマットに引っかかって踏まれた状態が保持されることもある。こうした事態に備えて、現在では**ブレーキオーバーライド**という機能を備えたクルマもある。両ペダルが踏まれた場合には、ブレーキペダルの操作が優先され、アクセルペダルの踏みこみは無視される。

車線変更支援システム

隣の車線の後方を監視することで安全に車線変更できる

車線変更しようとしたら、隣の車線にクルマがいて接触しそうになったという経験がある人は多いはず。ドアミラーで後方を確認しても、死角に後続車が入っていることがある。こうした死角になりやすいクルマの左右後方を監視して安全に車線変更を行えるようにしてくれるのが**車線変更支援システム**だ。死角（Blind Spot）を監視するため、**ブラインドスポットモニター（BSM）**、**ブラインドスポットモニタリング（BSM）**、**ブラインドスポットインフォメーション**といった名称が多いが、**リヤビークルディテクション**や**後側方車両検知警報（BSW）**という名称を使うメーカーもある。レーダーで監視を行うものが多いが、一部にはカメラを採用するものもある。後続車の存在はインジケーターで表示され、その状態でウインカーを操作して車線変更しようとすると、インジケーターが点滅したり警告音が発せられたりする。インジケーターはドアミラーの脇か鏡面上に備えられる。

車線変更支援システムの進化形には、日産の**後側方衝突防止支援システム（BSI）**がある。警告が発せられた状態で車線変更を行うと、ブレーキまたはステアリングを制御して車線変更が回避される。

また、少しタイプは異なるがホンダの**レーンウォッチ（LaneWatch）**では、左方向にウインカーを操作すると、助手席側ドアミラーに装着したカメラが作動。車線変更や合流、左折時に見えにくい助手席側後方の状況をナビ画面に表示してくれる。

▲ドアミラーの鏡面上に表示されるインジケーター（左）とドアミラーの脇に備えられるインジケーター（右）。

後退出庫支援システム

見通しが悪い後退出庫での周囲の確認をサポート

前向き駐車した駐車スペースからバックででる時は、非常に見通しが悪い。横切っていくクルマはもちろん、近くの駐車スペースから同じタイミングで出庫してくるクルマとも接触事故を起こしやすい。こうした通常は運転席から見えないクルマの後方左右を監視して安全に出庫を行えるようにしてくれるのが**後退出庫支援システム**だ。**後退出庫サポート**や**リヤクロストラフィックアラート**（**RCTA**）といった名称が使われている。

後退出庫支援システムは**車線変更支援システム**のレーダーを利用して監視を行っているものがほとんどだ。スバルのように車線変更支援と後退時支援が**リヤビークルディテクション**の機能であるとしている場合もある。車両接近の警告も車線変更支援システムと同じインジケーターが使われることが多いが、一部にはリヤモニターの映像と連動させているシステムもある。

後退出庫支援システムの発展形にはレクサスの**リヤクロストラフィックオートブレーキ**（**RCTAB**）や日産の**後退時衝突防止支援システム**（**BCI**）がある。これらのシステムは、衝突の危険性がある場合にはブレーキを制御して回避行動をとる。

なお、リヤモニターがワイドリヤモニターであれば、自分の目で確認することになるが、クルマの後方左右を見ることができる。こうしたモニターに移動物検知機能が備わっていれば、後退出庫支援システムとしての機能が備わっているといえる。

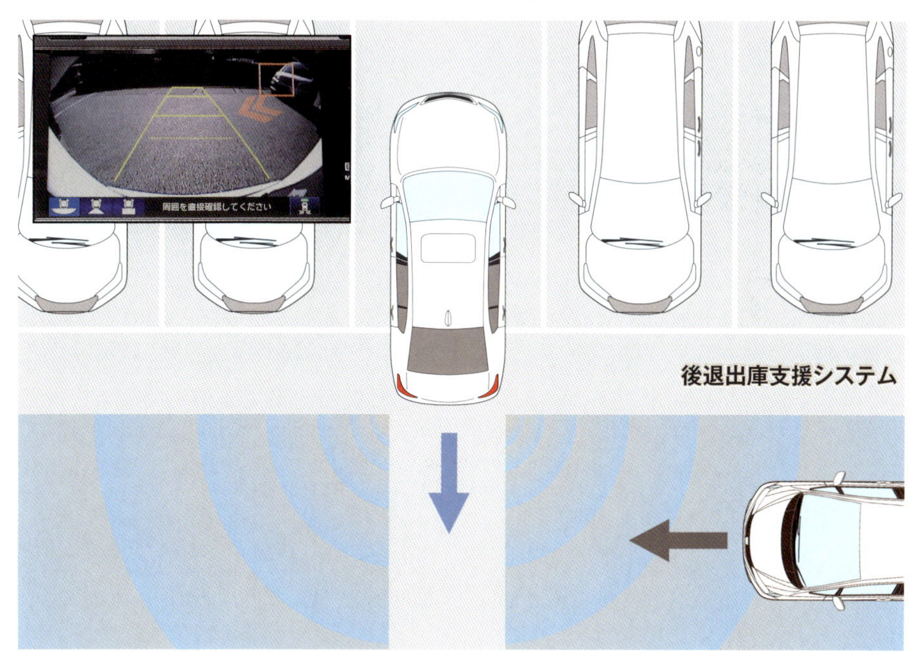

▲ホンダの後退出庫サポートでは警報音とナビ画面上の矢印でドライバーに横切るクルマの存在を知らせてくれる。

PART 9

インフラ協調型運転支援システム

光ビーコンから提供される安全運転支援情報

IT（情報技術）を利用して交通の輸送効率や快適性の向上に寄与する一連のシステム群を**ITS（高度交通システム）**という。警察が進める**新交通管理システム（UTMS）**では、交通管制システムの高度化をめざしている。そのひとつとして開発されたのが**安全運転支援システム（DSSS）**だ。**光ビーコン**から周辺の交通状況などを提供することにより、車両周辺の危険を知らせてくれる。このようにインフラ（社会基盤）を利用した先進安全装置は**インフラ協調型安全運転支援システム**という。DSSSの内容には、**一時停止規制見落とし防止支援システム、信号見落とし防止支援システム、出会い頭衝突防止支援システム、追突防止支援システム**などがある。**DSSS対応カーナビ**（光ビーコン受信ユニットが必須）であれば、必要に応じて映像と音で警告してくれる。

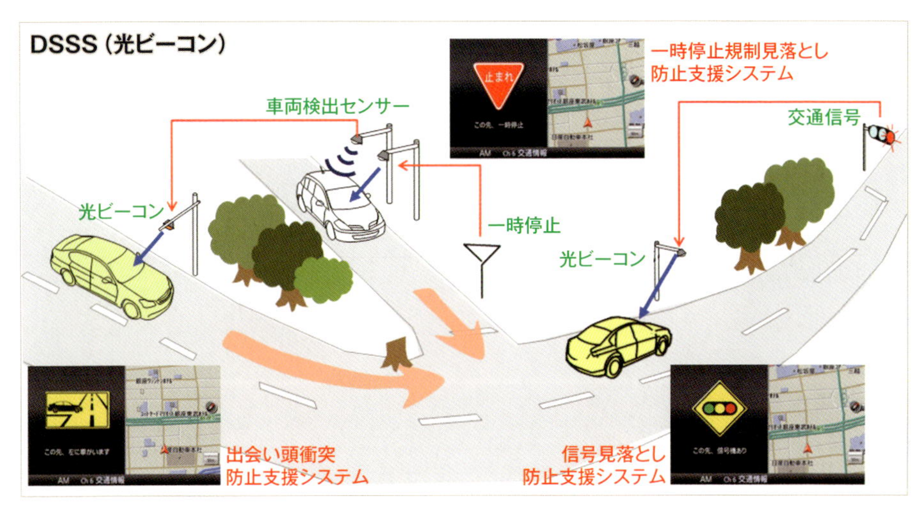

ITS専用周波数で通信して安全運転をサポート

ITS Connectは、従来の**光ビーコン**を通じて所定のポイントで情報提供されるシステムを進化させたもので、**ITS専用周波数**の電波を使って通信が行われる**インフラ協調型安全運転支援システム**だ。路上には無線装置だけでなく、車両や歩行者の検知センサーも備えられる。これらを利用して**路車間通信システム**で行われる**DSSS**に加えて、**車車間通信システム**による**CVSS**もある。DSSSでは**右折注意喚起**や**赤信号注意喚起**などが行われ、CVSSでは**通信型レーダークルーズコントロール**対応車同士であれば、先行車の加減速情報が後続車に伝えられスムーズな追従走行が可能になる。トヨタではすでに対応車種を販売している。まだ限られた地域でしか情報提供が行われていないが、今後全国に展開される。

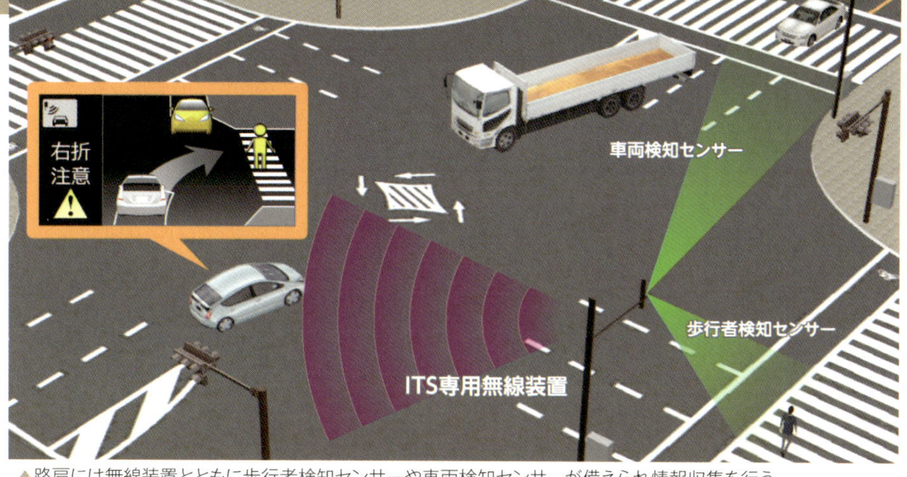

▲路肩には無線装置とともに歩行者検知センサーや車両検知センサーが備えられ情報収集を行う。

ITS Connect

▼直進対向車や歩行者を見落として発進しそうになると、DSSSが警告を発して注意をうながしてくれる。

▼先行車の車速情報が後続車に伝えられるため、車間距離や速度の変動をおさえて追従走行が行える。

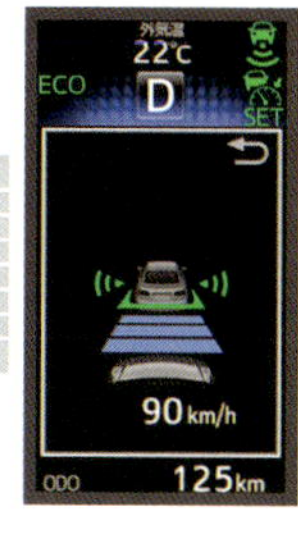

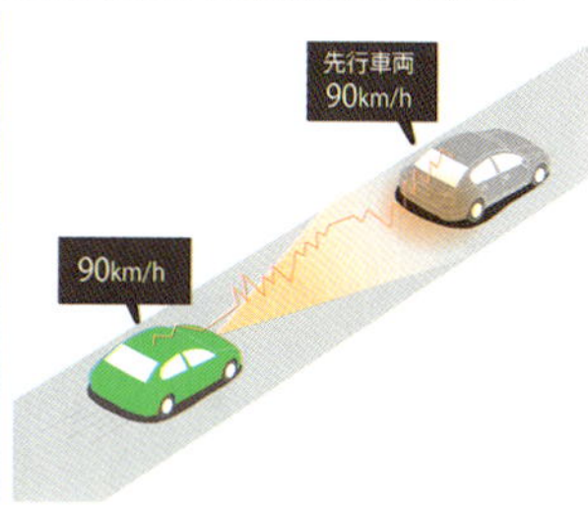

道路交通情報とともに安全運転支援情報も提供するETC2.0

車両との無線通信に特化して設計された通信規格による**ITS**が**ITSスポットサービス**だ。当初は**DSRC**と呼ばれていたが、現在は同じ通信規格を利用する**ETC**（P218参照）の機能とまとめられ**ETC2.0**と呼ばれる。VICS（P217参照）の光ビーコンや電波ビーコンに比べて通信速度が速いため、大量のデータを効率よく受け取ることができる。発信装置であるITSスポットは高速道路を中心に全国に設置されている。道路交通情報が中心のシステムだが、安全運転支援にも活用される。見通しの悪いカーブの先の渋滞や停止車両などの**前方障害物情報提供**や、**合流支援情報提供**などが行われる。サービスの利用には対応のカーナビに**ITSスポット車載器**（**DSRC車載器**）もしくは**ETC2.0車載器**の装着が必要になる。

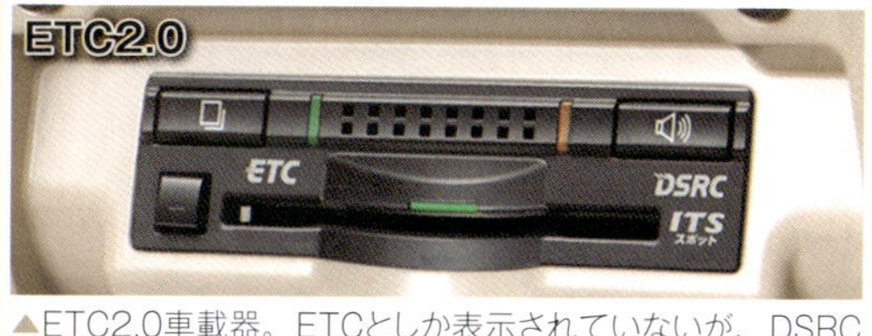

▲ETC2.0車載器。ETCとしか表示されていないが、DSRCやITSスポットの表示からETC2.0対応であることがわかる。
◀安全運転支援情報はカーナビの画面上に表示される。

PART 9

その他の安全装置

歩行者に気づいてもらうために

電気自動車やハイブリッド車のEV走行は非常に静かだ。静かすぎるため、歩行者がその存在に気づかずに危険なこともある。このため、現在では**車両接近通報装置**が備えられるのが一般的だ。低速走行時と後退時に通報音が発せられる。

▲スピーカーの位置は車種によってさまざまだ。

ブレーキランプなどの点滅で急停止を後続車のドライバーに知らせる

走行中に急ブレーキをかけた場合、車間距離によっては後続車に追突されることもある。そのため、**エマージェンシーストップシグナル**を採用するクルマが増えている。**エマージェンシーシグナルシステム**や**緊急ブレーキシグナル**と呼ばれ、一定速度以上での走行中に急ブレーキをかけると、**ブレーキランプ**が高速で点滅するか、ブレーキランプの点灯とあわせて**ハザードランプ**が高速点滅する。

▲ハザードランプかブレーキランプが高速で点滅する。

ドライバーが見落とした標識も安全装置が認識してくれる

ホンダのHonda SENSINGには**標識認識機能**(ひょうしきにんしききのう)が含まれている。最高速度、はみ出し通行禁止、一時停止、車両進入禁止といった道路標識をカメラが認識し、ディスプレイに表示することで標識への注意をうながしてくれる。交通違反が防がれるのはもちろん、安全運転も支援してくれることになる。また、日産の**エマージェンシーブレーキパッケージ**には**進入禁止標識検知機能**があり、進入禁止路へ進入する可能性がある場合に、警告音とディスプレイ表示とブザーで知らせてくれる。

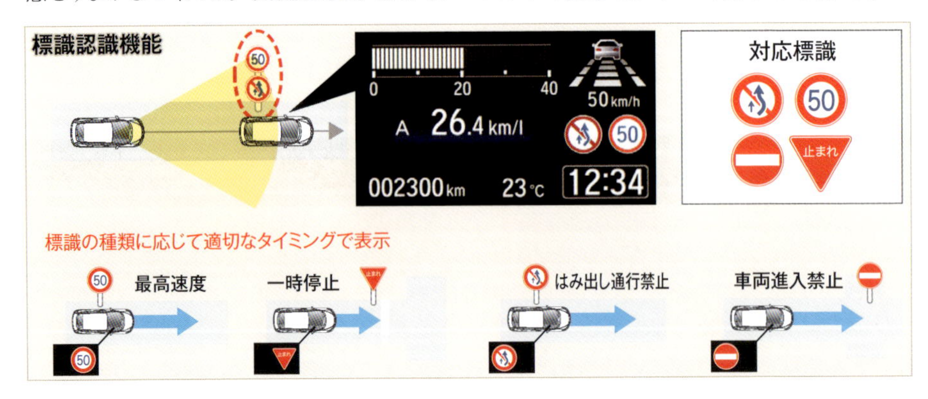

先行車の発進に気づかず後続車にクラクションを鳴らされないために

安全装置とはいえないが、各社の予防安全パッケージに含まれていることが多いのが**先行車発進お知らせ機能**だ。**先行車発進告知機能**とも呼ばれ、信号待ちや渋滞で先行車に続いて停止し、先行車の発進に気づかずそのままでいる場合に警告音とディスプレイ表示で知らせてくれる。後続車にクラクションを鳴らされずにすむ。

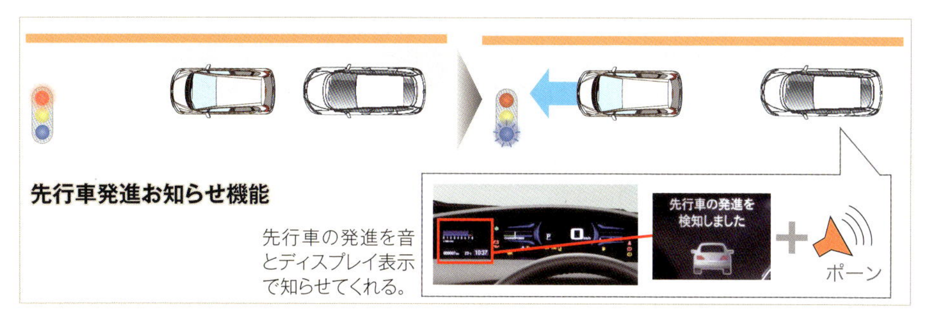

先行車発進お知らせ機能
先行車の発進を音とディスプレイ表示で知らせてくれる。
先行車の発進を検知しました
ポーン

ドライバーからは見えない前輪の切れ角をディスプレイで確認

運転席からは前輪がどちらの方向を向いているかわからないもの。車庫入れや縦列駐車で切り返しを何度か行うと、よくわからなくなることがある。そんな時に便利なのが**タイヤ角度モニター**だ。**タイヤアングルインジケーター**や**タイヤ切れ角表示**、**タイヤ切れ角モニター**など各社でさまざまな名称があるが、ディスプレイ上に前輪の向いている角度を示してくれるので、クルマがどちらに向かって動くのかを目で見て確認することができる。

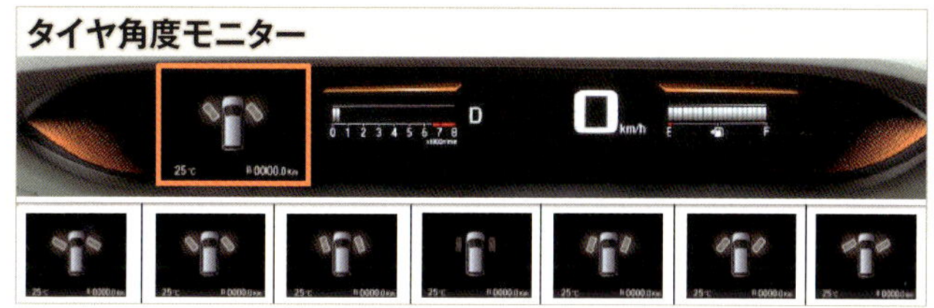

タイヤ角度モニター

タイヤの空気圧の状態を見守ってくれる

タイヤの**空気圧**が不足した状態での走行は燃費を悪くするばかりではない。特定の車輪のタイヤの空気圧が不足していると、急ハンドルや急ブレーキの際にタイヤ本来の性能が発揮できずクルマの挙動(きょどう)が乱れることもある。だが、パンクなどで空気圧が低下しても意外に気づきにくいもの。そこで開発されたのが**タイヤ空気圧警報システム**だ。また、パンクしても走行できる**ランフラットタイヤ**には必需品といえる。警報装置には、各輪に備えられた無線式の空気圧センサーで異常を検出するものと、ABS用の車輪速(しゃりんそく)センサーの情報から異常を判断するものがある。

タイヤ空気圧警報システム
タイヤの空気圧が
低下しています

▲空気圧の異常はディスプレイ表示や音で知らされる。

急な坂道での発進をブレーキを保持してアシスト

AT車やCVT車であっても、急な上り坂では発進時にクルマが後退することもある。そのため、**ヒルスタートアシスト**が多くの車種で採用されている。**ヒルホールドコントロール**とも呼ばれるもので、ブレーキペダルから足をはなしても、約1秒など一定時間ブレーキを作動させ続けてくれる。また、渋滞時などにも使用できる**ブレーキホールド**が搭載された車種もある。スイッチをONにしておくと、停車時にペダルから足をはなしてもブレーキが保持され、アクセルペダルを踏むと解除される。

いっぽう、急な下り坂や雪道では、ゆるやかな下りでもクルマをコントロールするのがむずかしいことがある。こうした際に微速走行を維持してくれるのが**ダウンヒルアシスト**だ。**ヒルディセントコントロール**とも呼ばれ、自動的にブレーキが作動して車速が制御されるので、ドライバーはハンドル操作に集中できる。

駐車の際に面倒なハンドル操作をアシストしてくれる

最近の**リヤモニター**や**アラウンドモニター**はバックでの駐車の際に予想進路をガイドラインとして表示してくれるものが多い。この機能だけでも、車庫入れや縦列駐車が容易になるが、さらに発展させて、ハンドル操作のアシストまで行う**パーキングアシスト**（**駐車支援システム**）も開発されている。トヨタと日産では**インテリジェントパーキングアシスト**（**IPA**）、ホンダでは**スマートパーキングアシストシステム**と呼んでいる。メーカーや採用された時期によって機能は異なるが、駐車位置の設定がすめば、ハンドルに手をそえブレーキペダルを踏んだり戻したりして速度を調整するだけで、ほぼ目標の位置にクルマを進めることができる。現在では駐車位置を自動認識するものもある。

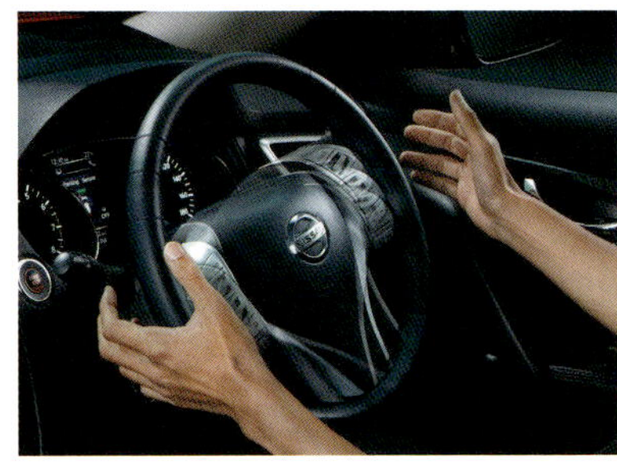

◀手ばなしでも問題なく操作されるが、軽くそえておくといい。

パーキングアシスト　（ホンダ・スマートパーキングアシスト）

駐車枠を自動認識

自動でハンドル操作

PART 10

快適装置

ENGINE
START
STOP
P

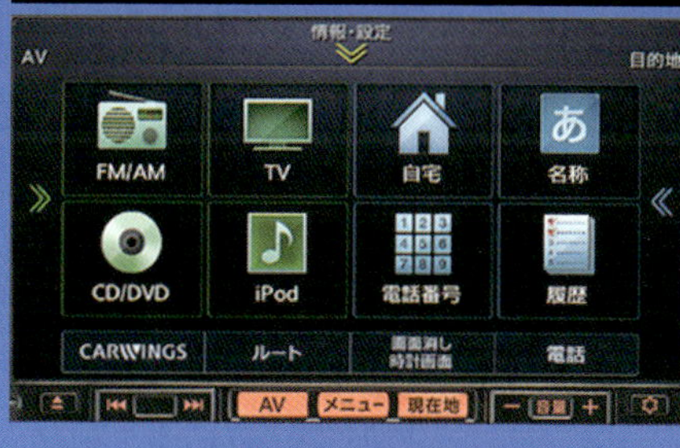
情報・設定
AV
目的地
FM/AM
TV
自宅
名称
CD/DVD
iPod
電話番号
履歴
CARWINGS
ルート
画面消し
時計画面
電話
AV
メニュー
現在地
音量

POWER
OUTLET
HDMI

PART 10

カーナビゲーション

地図が苦手な人も目的地に導く

カーナビゲーションシステム（**カーナビ**）とは自車位置の確認や目的地への誘導を行う装置だ。**地図データ**を搭載(とうさい)していて、**GPS衛星**などで自車位置を確認したうえでルート探索を行い、画面と音声による誘導をしてくれる。地図データは単なる道路地図ではなく、店舗などの名称や住所、電話番号も含まれていて**目的地検索**が行いやすくされている。特定の地点の周辺を検索する**周辺検索**も可能だ。

GPS+自律航法で位置確認

自車位置の確認には、**全地球測位(ぜんちきゅうそくい)システム**であるGPS（Global Positioning System）が使われる。地球を周回する多数の**GPS衛星**からの電波を使って位置を特定する。しかし、電波が受信できない場所もあるため、**自律航法(じりつこうほう)**という機能も搭載されているのが一般的だ。**ジャイロセンサー**による方位の変化と車速の情報から、移動方向と距離を算出(さんしゅつ)している。

地図データはメモリーに収められる

カーナビは、地図データがDVDに収録された**DVDナビ**から、データの読みこみが速いHDD（ハードディスクドライブ）に収録する**HDDナビ**へと進化し、現在の主流はさらに読みこみが速いフラッシュメモリーを使用する**メモリーナビ**だ。メモリーに**SDカード**を使用する**SDカードナビ**（**SDナビ**）もある。地図データは年々古くなるため更新(こうしん)が必要だ。最近では**テレマティクスシステム**（P216参照）による通信での更新も増えている。

▲カーナビがあれば道に迷うことがない。今や必需品。

▼ナビ画面はカーAVほかさまざまな機能に利用される。

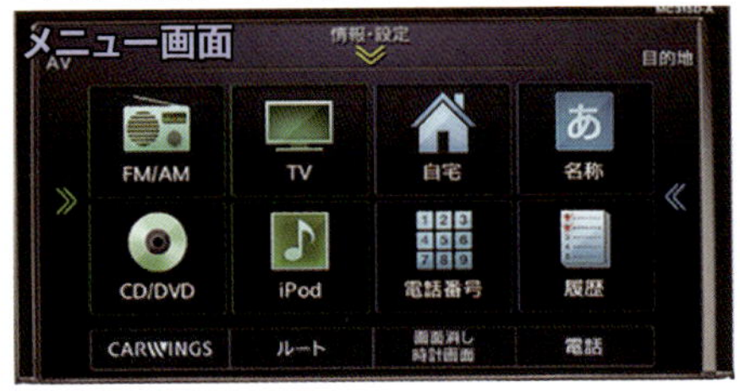

▲カーナビの操作はタッチパネルのほかインパネのスイッチ類やステアリングスイッチで行えるものもある。

通信による地図更新

▲上の地図では青い点線だった未開通の高速道路が下の地図では開通して青い線になっている。

カーナビゲーションの選択肢にはスマートフォンも含まれる

カーナビには**純正カーナビ**と市販のカーナビがある。市販のカーナビのほうが高機能で使いやすいという意見もあるが、現在では純正ならではのメリットが大きくなっている。純正カーナビであれば、画面を**モニター**などの表示に使用したり、**マルチインフォメーションディスプレイ**の表示に使用したりもできるうえ、カーナビと協調（きょうちょう）した安全装置などの制御も可能だ。

市販のカーナビは**スマートフォン**の**ナビゲーションアプリ**や**カーナビアプリ**の機能向上によっても影が薄くなっている。そもそもGPS機能を内蔵し通信も可能なスマートフォンはナビゲーションに適したものだ。高機能でありながら無料で使えるアプリもあり、安価なことが大きな魅力だ。スマートフォン車載ホルダーを使えば、運転中でも安全に利用できる。

カーナビアプリ

▲▼テレビCMでもおなじみのナビタイムのカーナビアプリがカーナビタイム。安価にカーナビが利用できる。

スマートフォンとカーナビの連携

カーナビとスマートフォンの連携も進んでいる。従来からカーナビには**ハンズフリー機能**が搭載されていることが多かった。USBによる接続から、現在では無線接続が主流になり、**Bluetooth対応カーナビ**や**Bluetooth対応ハンズフリー機能**などと呼ばれている。着信などの操作はカーナビの画面のほか、専用の**ステアリングスイッチ**が装備されることもある。

▲ハンドルに備えられた携帯電話の通話ボタン。

また、アップルの**CarPlay**やグーグルの**Android Auto**に対応したカーナビも登場している。対応機種であれば、クルマのなかでスマートフォンを快適で安全に使用できるようになる。

さらに、スマートフォンとカーナビを仲介する**NaviConアプリ**の種類も増えてきている。機能はさまざまだが、たとえばNaviConアプリで検索した目的地などを**NaviCon対応カーナビ**にBluetoothもしくはUSB接続で送信することができる。

NaviConアプリ

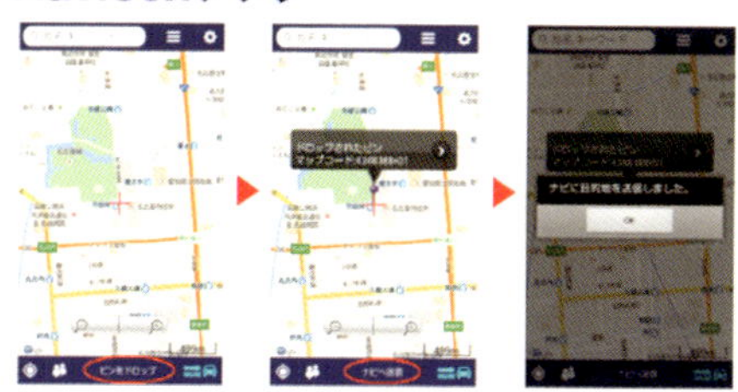

▲NaviConアプリで決めた地点をナビに送信できる。

PART 10

テレマティクスシステム

カーナビが情報端末として機能し精度の高い渋滞回避を実現

テレマティクスシステム（Telematics）とは通信（Telecommunication）と情報工学（Informatics）から生まれた造語といわれていて、クルマなどの移動体に携帯電話などの通信を利用してサービスを提供することを意味する。リアルタイムに情報を提供することで、安心や安全を高めたり、利便性（りべんせい）を高めることを目的としている。トヨタの**G-BOOK**と**T-Connect**、日産の**カーウィングス**、ホンダの**インターナビ**のほか、カーナビメーカーが独自に展開するパイオニアの**スマートループ**がある。

テレマティクスシステムではさまざまなサービスを受けることができるが、もっとも利用価値が高いとされているのが渋滞情報の提供だ。渋滞情報は**VICS**でも提供されているが、情報は車両感知器のある道路に限られている。そこでテレマティクスシステムでは、会員のクルマの走行データを集めることで、さまざまな道路の混雑具合を判断し、渋滞情報を提供している。こうした会員のクルマの走行データを**プローブ情報**や**フローティングカーデータ**などという。多くの道路がカバーされるので、渋滞箇所を回避（かいひ）する誘導（**ダイナミックルートガイダンス**）を高い精度で行うことができる。過去の膨大なデータから渋滞しやすい道路などの情報も収集できる。

▲テレマティクスのメニュー画面（トヨタ・T-Connect）。

テレマティクスシステムのサービス内容は各社で異なるが、ナビゲーション機能の向上のほか、事故時の緊急通報や盗難時の車両捜索などを行えるものが多い。音声通信もテレマティクスシステムのメリットで、緊急時の連絡のほか、オペレーターがさまざまに対応してくれるサービスなどもある。利用料金の体系は各社で異なるが、通信費無料が広がりつつあり、携帯電話の通信機能を利用する方式などもある。

プローブ情報（渋滞情報）

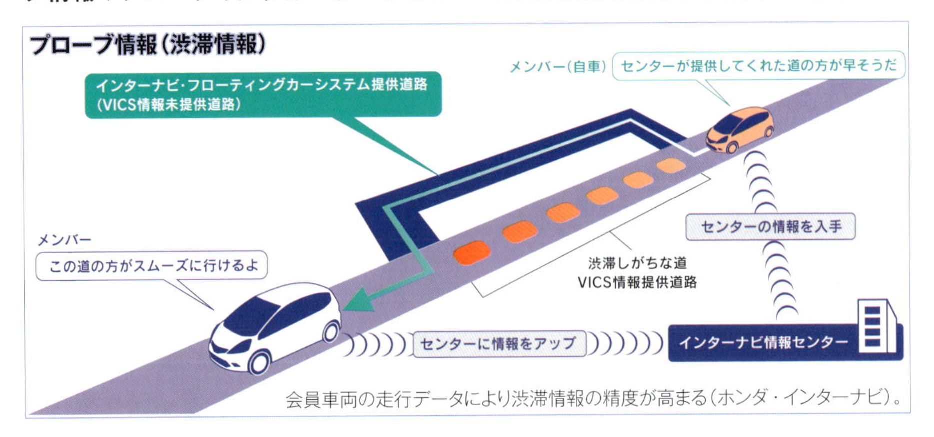

会員車両の走行データにより渋滞情報の精度が高まる（ホンダ・インターナビ）。

VICS

ほぼリアルタイムの渋滞場所が地図上で確認できる

VICS（Vehicle Information and Communication System）とは**道路交通情報通信システム**のことで、**ITS**（**高度道路交通システム**）に含まれる。カーナビに道路の**渋滞情報**や工事箇所、主要区間の旅行時間などの情報を提供する。**FM-VICS**と**ビーコンVICS**の2種類があり、FM-VICSはラジオ放送の電波を利用してデータの送信が行われるもので、広範囲な情報が中心。ビーコンVICSは一般道路上の**光ビーコン**や高速道路上の**電波ビーコン**という発信機から送信が行われ、周辺の詳細な情報が提供される。ビーコンVICSの情報を利用して、渋滞箇所を回避する誘導（**ダイナミックルートガイダンス**）が可能なカーナビもある。

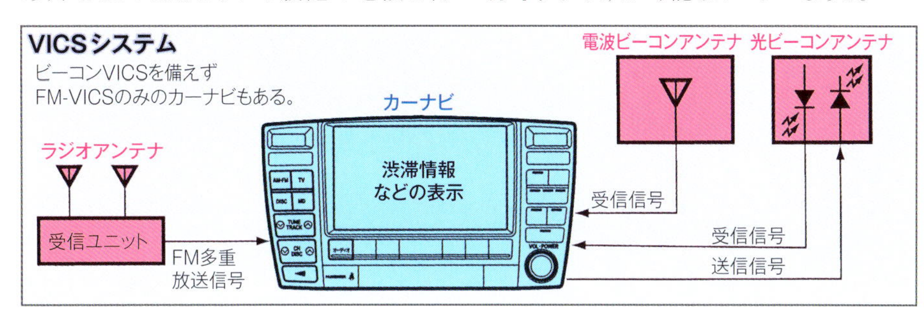

進化したVICSワイドならFM-VICSでも多彩な情報が提供される

ビーコンVICSはオプションのことが大半で利用者が少ないのに対し、**FM-VICS**は今やカーナビの標準装備といえる。従来のFM-VICSは旅行時間の情報が提供されていないので**ダイナミックルートガイダンス**が行えなかった。しかし、2015年から運用が開始された**VICS WIDE**ではFM-VICSで旅行時間の情報も提供されるようになった。VICS WIDEに対応したカーナビであれば、ビーコンを装備しなくてもダイナミックルートガイダンスが行える。また、VICSは車両感知器が備えられた道路の情報しか提供されていないが、**プローブ情報**の提供も行われるため、多くの道路の交通情報が提供される。当面、プローブ情報が提供されるのは東京地区に限られるが、情報源にはタクシーの走行状況が利用される。

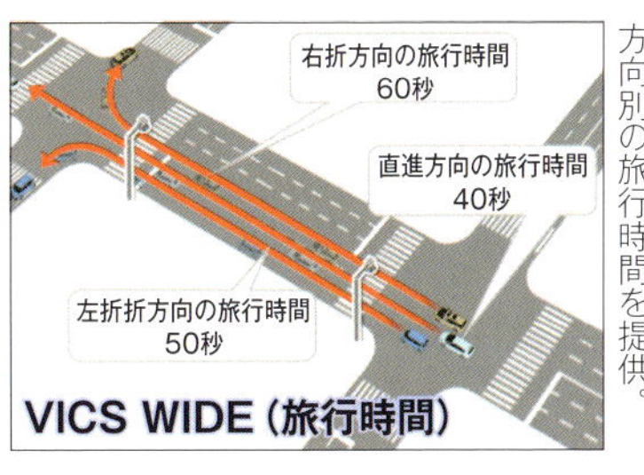

◀VICS WIDEではプローブ情報により交差点流出方向別の旅行時間を提供。

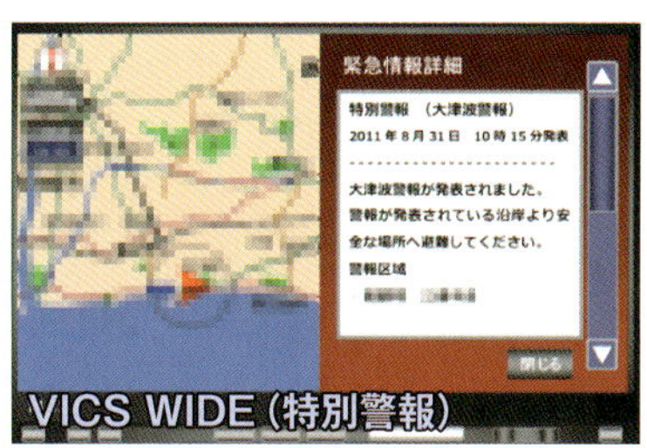

◀VICS WIDEでは従来の気象・津波情報に火山噴火を加えたすべての特別警報（地震をのぞく）が提供される。

PART 10

ETC

ノンストップのメリットだけではなく割引制度も魅力大

ETC（Electronic Toll Collection System）とは、**ノンストップ自動料金収受システム**と呼ばれるもので、有料道路通行の際に、料金所で停止することなく通行料の精算が行えるもの。**ETCマイレージサービス**など各種割引制度がある。曜日や時間をうまく選ぶと通行料が節約できる。ETCの利用には**ETC車載器**と**ETCカード**が必要だが、今や車載器はカーナビの標準装備といえるもの。純正の場合は**ビルトインETC**が一般的で、インパネ周辺にETCカードの挿入口が設けられる。ETCの各種操作もカーナビから行える。

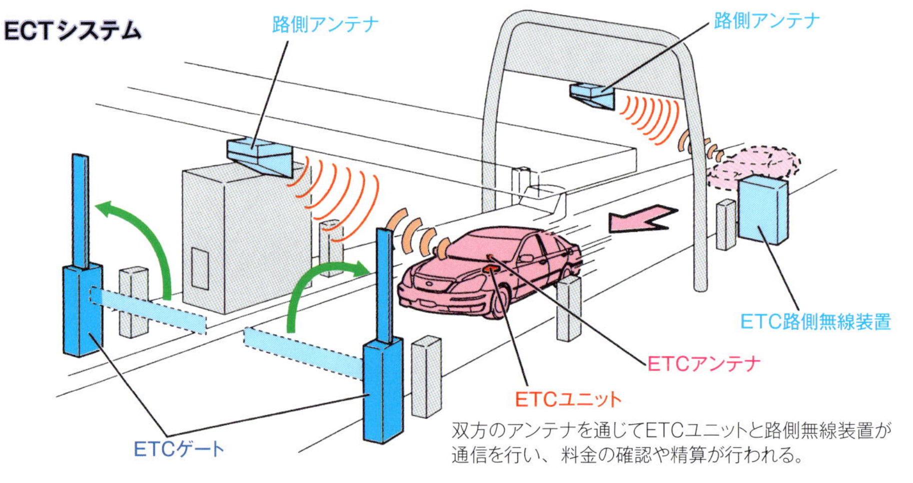

双方のアンテナを通じてETCユニットと路側無線装置が通信を行い、料金の確認や精算が行われる。

進化したETCでは渋滞情報の入手が可能になっている

2011年から運用が開始された**ITS**が、**ITSスポットサービス**（当初は**DSRC**と呼ばれていた）だ。おもに高速道路の交通情報を提供するシステムで、**ETC**の機能も備えている。**VICS**に比べて広範囲の渋滞情報などが提供されるため、広範囲を対象にした**ダイナミックルートガイダンス**を行うことができる。また、安全運転支援にも活用されている（P209参照）。このITSスポットサービスが、新たなサービスを加えて、**ETC2.0**に進化している。ETC2.0に限定された料金割引制度がある。現状では都心を通過せず圏央道を利用すると、渋滞緩和に貢献したことになり、料金が割引になる。今後は渋滞をさけたルートを走行した場合の割引や、災害や事故などで高速道路を一時的に退出して、再進入した場合、退出せずに連続して走行した際の料金と見なすなどのサービスが予定されている。将来的には観光情報の提供なども行われる予定だ。ETC2.0のサービスを受けるにはETC2.0に対応したカーナビに**ETC2.0車載器**を装着する必要がある。すでに**ITSスポット車載器**（**DSRC車載器**）を備えている場合は、再セットアップでECT2.0に対応できる。

PART 10

カーAV

対応しているオーディオ&ビデオソースの種類はさまざまだ

クルマの音響映像機器には**カーラジオ**や**カーオーディオ**(**カーステレオ**)もあったが、現在では**カーAV**が一般的であり、純正の場合、ナビと合体した**AV一体型カーナビ**が主流だ。**AM/FMラジオ**はもちろん**テレビ**の受信が可能なことも多く、**ワンセグ**ばかりでなく**フルセグ**(**12セグ**)が受信可能なものもある。再生可能なソースは**DVD**と**CD**が一般的で、**USBメモリー**や**SDカード**に対応した機種も増えている。**Blu-ray Disc**の再生が可能な機種もある。なお、CDチューナーなどのカーオーディオはわずかに存在するが、カーラジオはオプションにも設定されていない車種も多い。

また、カーナビやカーAVの内蔵メモリーやSDカードに(HDDカーナビの場合はHDDに)、CDなどから音楽データを取りこめる機能を備えていることもあり、**サウンドライブラリー**や**サウンドコンテナ**、**ミュージックボックス**、**ミュージックサーバー**などと呼ばれている。

外部入力に対応している

現在のカーAVは**外部入力**が多彩だ。オーディオ入力については、スマートフォンなどとの接続のために用意された**USB端子**はもちろん、**ミニジャック**などの**AUX端子**でさまざまなオーディオ機器が接続できる機種もある。**Bluetooth通信機能**を備えた機種であれば、無線接続も可能だ。ビデオ入力については、**RCAピンジャック**(**ビデオ入力端子**)のほか**HDMI入力端子**を備えた機種もある。

AV一体型カーナビ

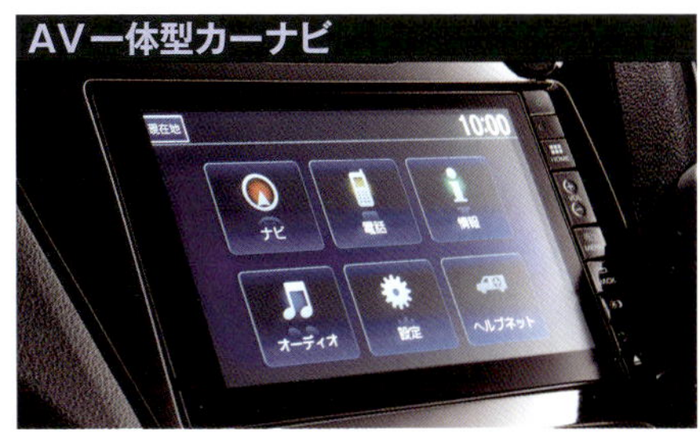

▲今やAV一体型カーナビで、ナビゲーションやAV機器、電話などを集中的にコントロールするのが一般的。

カーオーディオ

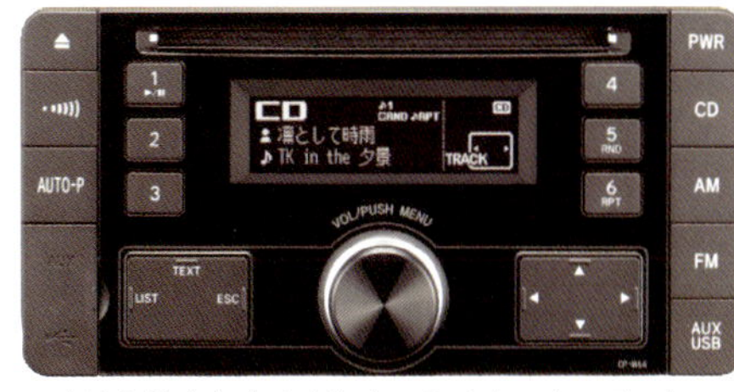

▲もはや希少な存在だともいえるカーオーディオ。この機種はCDチューナーだがUSBメモリーにも対応。

外部入力(USB+HDMI)

▲さまざまな機器に対応できるようにUSB端子を複数備える車種もある。この車種はHDMI端子も装備。

外部入力(USB+RCAピン)

▲RCAピンジャックが装備されていればAV機器から映像信号と音声信号をカーAVに送ることができる。

手をはなさずに操作できる

カーAVでは**ステアリングスイッチ**が用意されることが多い。運転中にハンドルから手をはなさずに操作することができるので安全性が高い。オプションになっているようならぜひとも装備したいものだ。

▲ステアリングスイッチがあれば、ハンドルから手をはなさずにAVの操作が行えて安全だ。

高級オーディオ仕様

純正カーオーディオの音質は向上しているが、さらにオーディオに力を入れた設定が用意された車種もある。機器のグレードが高められるのはもちろん、8スピーカーや10スピーカーなどスピーカー数も増える。**BOSE**や**マークレビンソン**、**ロックフォードフォズゲート**、**ハーマンカードン**、**JBL**、**Krell**など、人気の高いブランドのスピーカーやアンプを採用している車種もある。

▲ホンダ・レジェンドに用意されたKrellのオーディオシステム。14スピーカーでノイズコントロールも採用。

本格的に音を楽しむために

高速になるほど走行騒音は大きくなる。そこで**車速連動ボリュームコントロール**が搭載(とうさい)された車種もある。車速が高まると自動的に音量が大きくされる。また、騒音の周波数などを測定し、それとは波の形が逆になる音をだすことで騒音を打ち消す**アクティブノイズコントロール**という高度な騒音防止システムが搭載されたカーオーディオやAVもある。

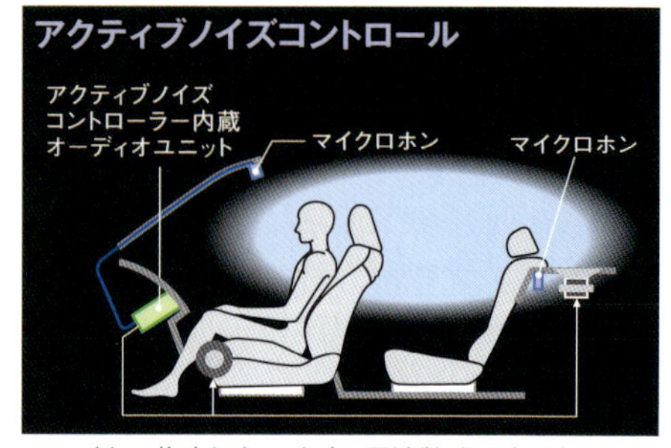

▲マイクで集音したノイズの周波数成分を分析し、ノイズを打ち消すことができる制御音を、通常の再生音に混ぜて発することでノイズを制御する。

リヤシート用のビジュアルもある

カーAVの映像はリヤシートからはよく見えないため、**リヤエンターテイメントシステム**が用意された車種もある。フロントシート直後の天井付近やセンターコンソールの後方に**リヤシートモニター**（**後席**(こうせき)**モニター**）が配され、専用のDVDプレーヤーも備えられることがある。

▲リヤシートモニターが天井に設置されるのが一般的だが、2列シートの場合はセンターコンソールの後方やフロントシートバックに備えられることもある。

PART 10

キーレスシステム

ドアロックが自動的に作動

クルマの**イグニッションキー**はエンジンの始動に欠かせず、ドアのロックと解除にも必要なものだった。しかし、リモコンのボタンを押すだけで**集中ドアロック**の解除やロックができる**リモコンドアロック**が進化した**キーレスエントリーシステム**が一般的になり、エンジンの始動にもキーを使う必要がなくなりつつある。

キーレスエントリーシステムでは、キーまたはそれに相当するリモコンなどを持っていれば、クルマに近づくだけでドアロックが解除され、クルマからはなれれば自動的にロックされる。このように完全に操作をなくしているシステムもあるが、ドアロックの解除には、ドアノブなどにふれたりボタンを押したりといった最小限の動作が必要とされている方式が主流だ。

エンジン始動にもキーが不要

エンジンの始動にキーを使わないのが**キーレススタートシステム**だ。始動や停止には**エンジンスタートボタン**を使用する。リモコンなどとエンジンのコンピュータなどが通信を行い、登録されているかの認証(にんしょう)が行われるため、誰でもが始動できるわけではない。車両盗難防止装置である**イモビライザー**と同じ機能を備えていることになる。なお、一部には**エンジンスタートノブ**を回して始動する車種もある。

キーレススタートとキーレスエントリーは同時に装備されていることがほとんどだ。こうした**キーレスシステム**の名称は各社で異なるが、**スマートエントリー**と**インテリジェントキー**が定着しつつある。

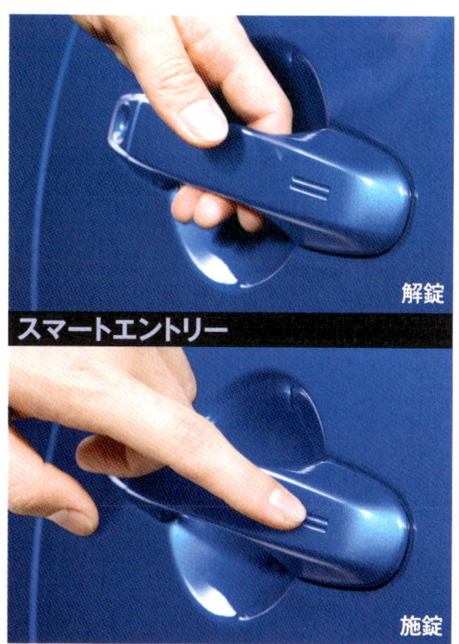

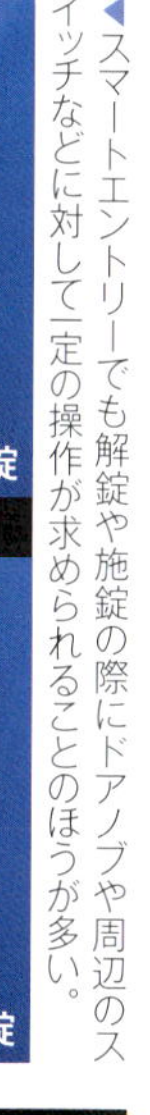

◀スマートエントリーでも解錠や施錠の際にドアノブや周辺のスイッチなどに対して一定の操作が求められることのほうが多い。

各社のキーレスシステムの名称

トヨタ：スマートエントリー&プッシュスタートシステム
日産：インテリジェントキー&プッシュエンジンスターター
ホンダ：スマートキーシステム&プッシュエンジンスタート
マツダ：アドバンストキーレスエントリーシステム&プッシュボタンスタートシステム
スバル：キーレスアクセス&プッシュスタート
三菱：キーレスオペレーションシステム&エンジンスイッチ
スズキ：キーレスプッシュスタートシステム
ダイハツ：キーフリーシステム&プッシュスタートボタン

PART 10

エアコン

車内の環境を維持するエアコンディショナー

クルマの**エアコンディショナー**（**エアコン**）の役割は、冷暖房や除湿のほか、換気も含まれ、車外の空気を取り入れる**外気導入**と車内の空気を循環させる**内気循環**を切り替えられる。**デフロスター**（P082参照）の機能も搭載されている。

冷房のしくみは家庭用エアコンと同じで、**コンプレッサー**で圧縮して液化させた冷媒が気化する際に周囲から熱を奪うことを利用している。コンプレッサーはエンジンの力で動かすため、冷房を使用すると燃費が悪くなることが多い。そのため**電動コンプレッサー**を採用する車種もある。また、アイドリングストップ中も冷房を続けられるように**蓄冷エバポレーター**を採用する車種もあり、**エコクール**や**スマートクール**と呼んでいる。

暖房のしくみは家庭用エアコンとは異なり、エンジンの冷却によって高温になった冷却液を利用している。そのため、エンジン始動後しばらく時間が経過しないと、暖房が行えない。電気自動車の場合は、電動コンプレッサーと電気によるヒーターを利用する。

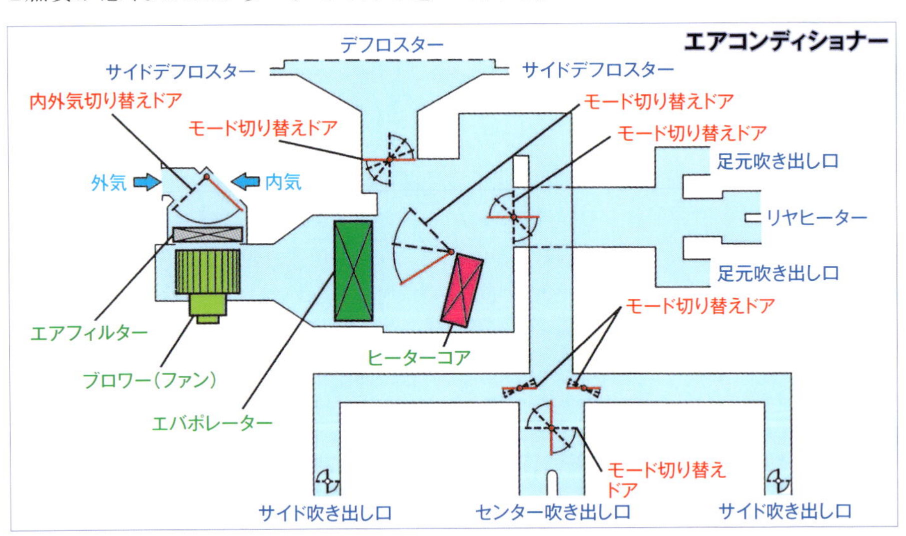

車内後方も快適な空間に

2列シートのクルマの**吹き出し口**はダッシュボード周辺がほとんどで、フロントシートの下にリヤシート暖房用の吹き出し口が備えられる程度。3列シートのクルマではこれだけでは全体を空調できないので、フロントシートより後方の天井付近に吹き出し口を設けることがある。また、後席専用の**リヤエアコン**が備えられることもある。

リヤエアコン

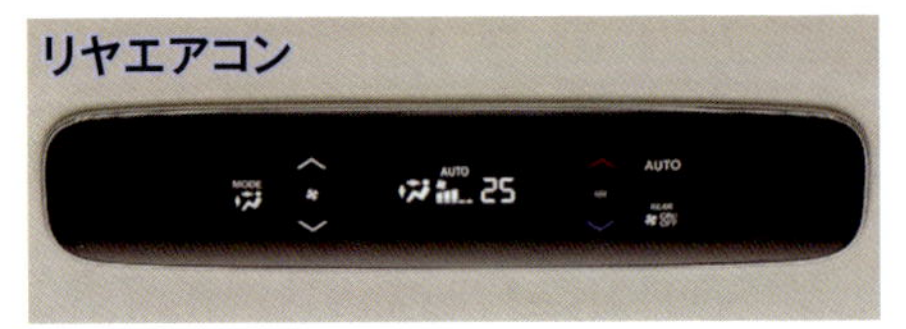

▲リヤエアコンの操作パネルは天井などに備えられる。

オートとマニュアルエアコン

エアコンにはすべての操作を手動で行うマニュアルエアコンと、自動的に温度調整が行われるオートエアコンがある。自動温度調整用に、車内の温度センサーに加えて、外気温センサーや日ざしの強さを測定する日射センサーを備える車種もある。また、温度は自動調整されるが吹き出し口の位置や風量などは手動で調整する必要があるものは**セミオートエアコン**と呼び、すべて自動のものを**フルオートエアコン**と呼ぶこともある。

▲▼オートエアコンは数値で希望の温度を設定できる。

人それぞれの室温の好みに対応してエリアごとに温度を調整

好みの室温は人それぞれに異なる。そこで、運転席と助手席に座る人の好みに対応できるエアコンも増えている。こうしたものを**左右独立温度コントロールエアコン**や**運転席助手席独立コントロールエアコン**と呼び、左右の吹き出し口で送風の温度をかえられる。さらには、運転席、助手席、リヤの3カ所の温度をそれぞれ設定できる**運転席助手席後席独立コントロールエアコン（3席独立コントロールエアコン）**や、4席それぞれに温度を設定できる**4席独立コントロールエアコン**もある。また、日ざしの影響を考慮(こうりょ)して温度や風量を調整する**GPS制御偏日射(せいぎょへんにっしゃ)コントロール**が可能なエアコンもある。日射センサーやGPSの情報から日ざしを判断し、日ざしの強い側の上半身が熱くならないようにコントロールしてくれる。

▲運転席と助手席で異なる温度を設定することが可能。
▼前席左右と後席で独立した調整が可能なものもある。

PART 10

空気清浄機能

車内の空気を清浄にする

車内用の**空気清浄機**も存在するが、現在では**エアコン**に**空気清浄機能**が盛りこまれていることが多い。エアコン内に**クリーンエアフィルター**が備えられるのが一般的で、さらに機能が高く花粉やアレルギーを起こす物質を取りのぞける**花粉除去フィルター**や**抗アレルゲンフィルター**、**アレルフリーフィルター**、**カテキンフィルター**、**アレルバスター搭載フィルター**などが用意されることもある。これらのフィルターは定期的な交換が必要なもの。長期間使い続けると、能力が低下する。

家庭用エアコンと同じように**プラズマクラスター**や**nanoe**（**ナノイー**）などの空気清浄技術が搭載されたエアコンもある。これにより除菌や消臭が可能になる。また、**花粉除去モード**を備えたエアコンもあり、フィルターを通ったきれいな空気が顔の周囲など上半身に当たり、素早く付着している花粉を除去してくれる。

状況によって内外気を切り替え

いくらエアフィルターが備えられ、除菌や消臭の機能があっても、導入される車外の空気が汚れていると効果が低下する。現在のクルマは気密性が高いので、酸素欠乏を防ぐために基本は**外気導入**だが、状況に応じて**内気循環**に切り替えるべきだ。こうした手間をはぶき、先行車の排気ガスが汚れていたり、排気ガスがこもったトンネル内に入ると自動的に内気循環に切り替わる**排出ガス検知式内外気自動切替機構**や**におい・排出ガス検知式内外気自動切替機構**もある。

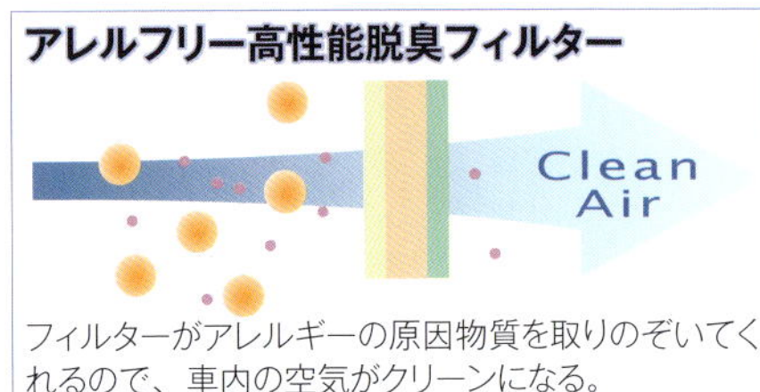

フィルターがアレルギーの原因物質を取りのぞいてくれるので、車内の空気がクリーンになる。

▲ナノイー搭載のエアコンでは微粒子イオンが吹き出し口から空気とともに送りだされる（イメージ）。

▲プラズマクラスター搭載エアコンの操作部にはぶどうのようなプラズマクラスターのロゴが表示されている。

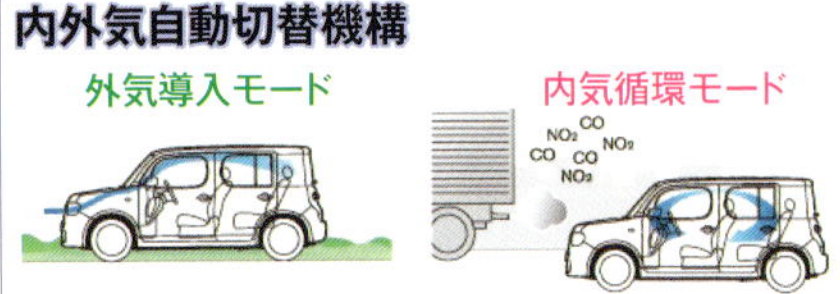

内外気自動切替機構が備えられていれば、外気の状態に応じて外気導入と内気循環が切り替えられる。

PART 10

シートヒーター

腰痛にもきくシートヒーター

クルマのエアコンはその構造上、始動後すぐに暖房が行えない。こうした時にうれしい装備が**シートヒーター**だ。シート内に電熱線が配されていて、作動直後からすぐに温かくなってくれる。車内温度をあまり上げる必要がなくなるので、暖房で頭がぼーっとすることもなくなる。

日産の**クイックコンフォートシートヒーター**は、状況により温める場所を変化させることで、快適な状態になるまでの到達時間を短縮し、心地よさを継続(けいぞく)してくれる。トヨタの**快適温熱シート**は、HighとLowの切り替えが可能で、冷房中にも肩や腰の部分を温めることで、より快適な状態を保つことができる。

暑い季節にも快適なシート

シート内部から送風できる**ベンチレーション機能付シート**なら暑い時期にも快適だ。**シートベンチレーション**とも呼ぶ。さらには、冷却することが可能なシートもある。**エアコンディショニングシート**や**コンフォータブルエアシート**にはペルチェ素子による専用エアコンが備えられ、シート内に温風や冷風を送ることができる。

ハンドルだって冷たい

非常に寒い季節には、駐車中に車内はもちろんハンドルやシフトノブが冷えきってしまうことがある。暖房がきき始めても、こうした部分の冷たさはしばらく続いてしまう。そこで開発されたのが**ステアリングヒーター**だ。内部に電熱線を備えることで、ハンドルをいち早く温めることができる。

クッション部だけのシートヒーターもある。

快適温熱シート

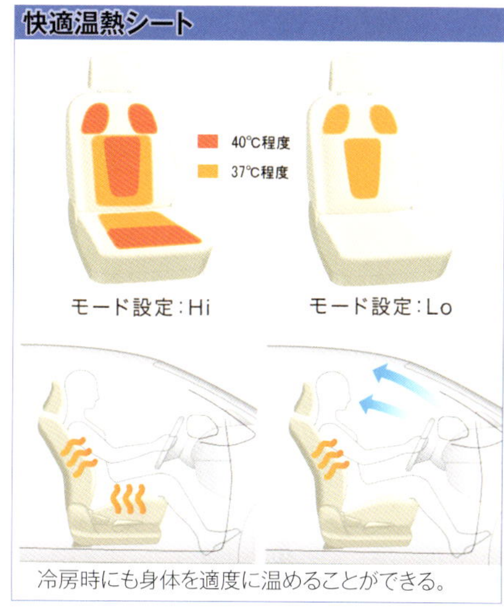

冷房時にも身体を適度に温めることができる。

PART 10

クリーンインテリア

臭いを防いで車内を快適に保つ

シックカー症候群を防ぐために製造時から**VOC**（P039参照）の軽減が図られ、エアコンで空気が清浄にされているが、クルマの内装に使われるファブリックは臭いがつきやすい素材だ。しかも、現在のクルマは気密性が高い。エアコンが作動していない駐車中に車内に臭いがこもれば、内装にしみついてしまう。そのためペットやタバコなど各種の臭いを分解する機能がある**消臭天井**や**消臭フロアマット**、**消臭フロアカーペット**を採用する車種もある。

▲天井に消臭機能のある素材を配することで車内全体を消臭することができ、嫌な臭いの固着が防がれる。

抗菌仕様のインテリア

ハンドルやシフトノブなど手がよくふれる部分に抗菌処理が施された**抗菌インテリア**や**抗菌仕様**を採用する車種もある。それぞれ**抗菌ステアリング**や**抗菌シフトノブ**などと呼ばれ、銀イオンなど細菌の繁殖を抑制する薬剤で表面処理されている。

▲抗菌仕様だからといって見た目や手ざわりが普通のシフトノブと異なることはない。意識せずに使える。

汚れにくいシート

撥水シートや**防水シート**とは、シートの表皮に撥水性のある素材を使用したもの。マリンレジャーなどで濡れた身体のまま座っても大丈夫というものだが、臭いの原因になる汗などがしみこまないし、汚れても簡単に拭き取ることが可能だ。撥水に加えて撥油機能も備えた**汚れプロテクト加工シート**もある。油性の汚れもしみこまないので、汚れても簡単に落とせる。これらに近いものとして水分がしみこみにくくされた**クリーナブルシート**もある。逆に親水性の加工で汚れを拭き取りやすくした**イージークリーンシート**といったものもある。

▲防水シートなら濡れた水着のままでも安心して座れる。

▲汚れプロテクト加工は撥水性と撥油性を発揮する。

PART 11

購入と維持管理

関東運輸局長指定
指定自動車整備事業
普通自動車(小型) 小型三輪自動車
普通自動車(乗用) 軽自動車
小型四輪自動車

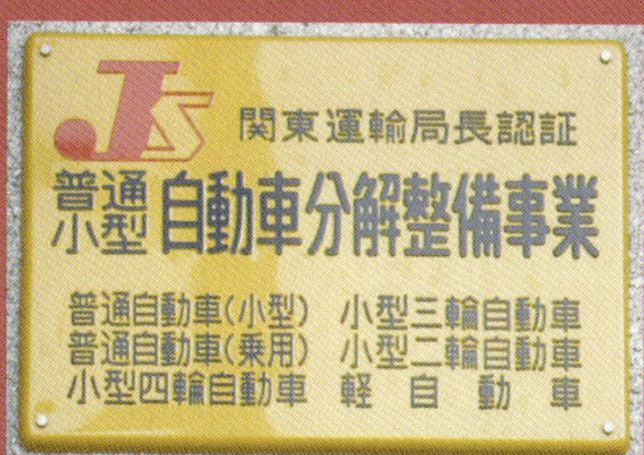
関東運輸局長認証
普通 小型 自動車分解整備事業
普通自動車(小型) 小型三輪自動車
普通自動車(乗用) 小型二輪自動車
小型四輪自動車 軽自動車

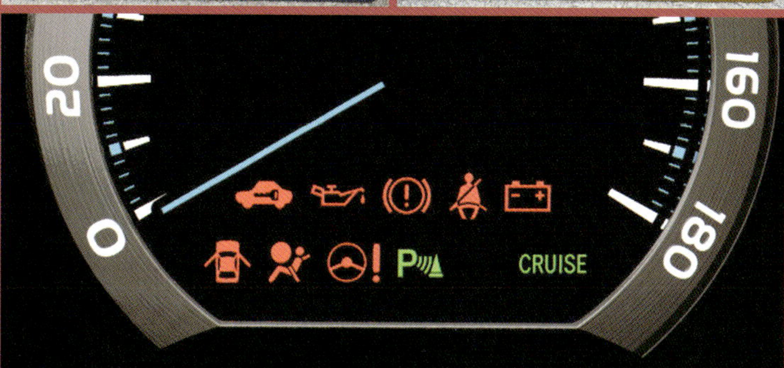
20
0
160
180
CRUISE

関東運輸局長指定
民間車検工場

mazda
mazda

PART 11

クルマの税金

さまざまなクルマの税金

クルマの**税金**には購入時に課せられる**環境性能割**と**消費税**、所有していることで課せられる**自動車税**(または**軽自動車税**)と**自動車重量税**がある。また、クルマを使えば**燃料税**の負担もある。ガソリンには通称**ガソリン税**(**揮発油税**と**地方道路税**)、軽油には**軽油取引税**がかかる。なお、以下の説明は自家用乗用車と自家用乗用軽自動車のものだ。

●環境性能割

環境性能割は2019年10月から導入された新たなクルマの税金だ。これにより**自動車取得税**が撤廃された。正式には自動車税(環境性能割)もしくは軽自動車税(環境性能割)といい、売買などで自動車を取得した者に対して課税される。環境性能割の税率は、環境負荷軽減(燃費基準値達成度など)に応じて、非課税、1%、2%、3%の4段階に区分される。

新車では車両価格の約90%である課税標準基準額に環境性能割の税率をかけたものが税額になる。中古車の場合は購入価格ではなく、新車時の取得価格に経過期間に応じた**残価率**をかけた価格が課税の基準になる。50万円以下なら無税だが、超えていれば課税される。

なお、クリーンディーゼル乗用車は2023年3月31日まで経過措置によって非課税だが、2023年4月1日以降はディーゼル乗用車にもガソリン乗用車と同じ基準が適用される予定だ。非課税になるのは令和12年度燃費基準85%達成車のみになる。

中古車残価率

経過期間	乗用車	軽自動車
1年経過	0.681	0.562
1.5年経過	0.561	0.422
2年経過	0.464	0.316
2.5年経過	0.382	0.237
3年経過	0.316	0.177
3.5年経過	0.261	0.133
4年経過	0.215	0.100
4.5年経過	0.177	↓
5年経過	0.146	↓
5.5年経過	0.121	↓
6年経過	0.100	↓

自家用自動車は6年経過、自家用乗用軽自動車は4年経過した時点で残価率が0.100になる。それ以上経過したものについてはすべて0.100の残価率となる。

環境性能割の税率

区分		登録車	軽自動車
電気自動車、燃料電池自動車、プラグインハイブリッド自動車等		非課税	非課税
ガソリン自動車等 (ハイブリッド自動車を含む)	2030年度燃費基準85%達成車	非課税	非課税
	2030年度燃費基準75%達成車	税率1%	非課税
平成17年排ガス規制75%低減 または 平成30年排ガス規制50%低減	2030年度燃費基準60%達成車	税率2%	税率1%
	上記以外	税率3%	税率2%

※登録車とは軽自動車の規格を超える自動車のこと。この表では自家用乗用車を示す。表の軽自動車は自家用軽自動車を示す。

自動車税・軽自動車税の税額

総排気量	税額（年額）	
	2019年9月30日以前に初回新規登録した車両	2019年10月1日以降に初回新規登録した車両
1ℓ以下	29,500円	25,000円
1ℓ超1.5ℓ以下	34,500円	30,500円
1.5ℓ超2ℓ以下	39,500円	36,000円
2ℓ超2.5ℓ以下	45,000円	43,500円
2.5ℓ超3ℓ以下	51,000円	50,000円
3ℓ超3.5ℓ以下	58,000円	57,000円
3.5ℓ超4ℓ以下	66,500円	65,500円
4ℓ超4.5ℓ以下	76,500円	75,500円
4.5ℓ超6ℓ以下	88,000円	87,000円
6ℓ超	111,000円	110,000円
軽自動車	10,800円	10,800円

●自動車税/軽自動車税

一般的には**自動車税**と**軽自動車税**と呼ばれているが、正式には自動車税（種別割）と軽自動車税（種別割）といい、**総排気量**ごとに税額が定められている。2019年10月に一部で税額が引き下げられたが、この税額が適用されるのは2019年10月以降に初回新規登録したクルマだけ。2019年9月までに初回新規登録したクルマには以前の税額が適用される。

また、環境性能が高いクルマを減税する**グリーン税制**は、ガソリン自動車とハイブリッド自動車については終了したが、電気自動車等については2023年3月31日まで減税が実施される。そのいっぽう、環境性能が高いクルマへの買い替えをうながすため、自動車税には重課という制度がある。新車登録から13年以上経過したガソリン車やLPG車、新車登録から11年以上経過したディーゼル車は約15%税額が高くなる。

自動車税は4月1日のクルマの所有者に納税通知書が送られ、納付期限は5月末。新車の購入時には、軽自動車をのぞき次の3月末までの分を月割りで納める。

●自動車重量税

自動車重量税はクルマの重量ごとに税額が定められている（軽自動車はエコカーが年間2500円）。クルマの重量は**車検証**の**車両重量**で確認できる。車検時に次回の車検までの分を納める。新車購入の際には3年分を負担。車検残のある中古車の場合は負担する必要がない。環境性能が高いクルマを減税する**エコカー減税**は、2023年4月30日まで延長されている。

自動車重量税の税額

車両重量	税額（2年分）	税額（3年分）
0.5t以下	5,000円	7,500円
0.5t超1t以下	10,000円	15,000円
1t超1.5t以下	15,000円	22,500円
1.5t超2t以下	20,000円	30,000円
2t超2.5t以下	25,000円	37,500円
2.5t超3t以下	30,000円	45,000円

※上記税額は本則税率（エコカー）のもの。エコカー以外の自動車で新車新規登録より13年未満のものは上記税額の1.64倍となる。13年超で18年未満のものは上記税額の2.28倍、18年超のものは上記税額の2.52倍となる。

PART 11

自動車保険

自賠責だけでは不十分

クルマを購入したり車検の際に加入する**自動車保険**が**自動車損害賠償責任保険**（**自賠責**）だ。被害者保護のために法律で加入が義務づけられているため、**強制保険**と呼ばれる。自賠責の保険金の上限は、相手が死亡の場合で1事故1名あたり3000万円、後遺障害で4000万円。しかし、実際の事故では、自賠責だけでは相手の死傷に対する損害賠償がまかなえないことが多い。不足分は自己負担となる。しかも自賠責は人身事故だけが対象。相手のクルマやガードレールの修理代などといった対物賠償は補償されない。

こうした対物賠償や不足する対人賠償をおぎなうのが、自賠責とは別に契約する自動車保険だ。強制保険に対して**任意保険**というが、単に自動車保険といった場合には、任意保険をさすことがほとんどだ。

任意保険で自賠責をカバー

任意の自動車保険は下の6種類のうち**車両保険**をのぞく5種類のセット保険が一般的。これに車両保険や、その他さまざまな保険を組み合わせて契約できる。5種類のうち、**対人賠償保険**と**対物賠償保険**は、事故の加害者になった際の損害賠償に備えるもので、自動車保険の中心的存在だ。それぞれ他人の死傷と、他人の物の損害に対して保険金が支払われる。

また、事故では被害者になることもあれば、単独で事故を起こすこともある。こうした時に自分や家族の死傷を最低限カバーするものとして、**搭乗者傷害保険**、**自損事故保険**、**無保険車傷害保険**が加えられている。車両保険も自分のクルマの損害をカバーするものだ。最近では、家族などを手厚く補償できる**人身傷害補償保険**（P236参照）を加えることも増えている。

基本となる6種類の保険

対人賠償保険
相手を死傷させた際に備える保険。相手が死亡した場合や後遺障害が残った場合はもちろん、治療費や休業損害なども補償される。同乗者であっても家族以外ならば補償の対象。保険金額は無制限にするのが一般的。

対物賠償保険
他人の物を壊した際に備える保険。相手のクルマや積み荷のほか、建物やガードレールなどの損害も補償される。店舗などを壊した際の休業補償も可能。保険金額は500万～1000万円のことが多かったが、無制限にすることも増えている。

自損事故保険
ドライバー自身の過失による自損事故に備える保険。対人賠償保険に自動的にセットされる。補償の対象はドライバーで、死亡時1500万円、後遺障害50万～1500万円のほかに治療費をカバーする医療保険金もある。

搭乗者傷害保険
ドライバーを含め同乗者すべての死傷に備える保険。家族も対象で、事故の責任が自分の側でも補償される。死亡や後遺障害に対する保険金と医療保険金が支払われる。保険金額は500万～2000万円程度のことが多い。

無保険車傷害保険
被害者になったが、加害者が保険に加入していなかったり、保険金額が十分でなかった場合に備える保険。不足分がおぎなわれる。対人賠償保険に自動的にセットされるもので、保険金額は2億円以内で対人賠償保険と同額。

車両保険
自分のクルマの損害を補償する保険。事故の相手に賠償してもらえない部分をカバーできる。各種タイプがあり、自損事故やいたずらの損害が補償されるものもある。保険金額の決め方にはさまざまな方法がある。

PART 11

通販式保険とリスク細分型保険

通販式と代理店式

最近増えているのが電話やインターネットによる通信販売で扱われる**通販式自動車保険**だ。これに対して、従来の販売方式のものを**代理店式自動車保険**という。クルマの販売店やガソリンスタンドが保険会社の代理店になっているので、身近な場所で契約できるが、会社の経費として代理店手数料が必要だ。通販式では電話オペレーターなどの人件費がかかるが、一般的には通販式のほうが経費をおさえられるので、保険料が安くなる傾向がある。

通販式には人間的なつながりがないので、事故時の対応を心配する人もいるが、どちらの方式でも事故処理は保険会社の人間が行うので同じだ。代理店であれば疑問にも即座に答えてくれそうだが、専業(せんぎょう)の代理店以外には、意外に詳しくない人もいる。通販式の電話オペレーターは一定の知識があるし、むずかしい質問には違う担当者がかわって答えてくれたりする。

リスク細分型自動車保険

通販式同様に最近増えているのが**リスク細分型自動車保険**(さいぶんがたじどうしゃほけん)だ。保険は統計をベースに確率によって保険料を算出(さんしゅつ)するのが基本。事故を起こすリスク(危険性)が高いほど、保険料が高くなる。ほとんどの自動車保険に取り入れられている**年齢条件**(P233参照)がその代表例だ。統計上、若い人は事故を起こしやすいため、26歳未満不担保(26歳未満の人が運転していた場合は補償が受けられない)にすると危険性が低くなり、保険料が安くなるわけだ。

リスク細分型保険は、こうしたリスクを判断する要因(よういん)の数を増やしたもの。クルマの使用目的や年間走行距離などさまざまなリスク要因がある。安くなる要因が多いドライバーなら、従来型保険より保険料が大幅に安くなる。逆に保険料が高くなる人もいるのだが、リスク細分型保険を扱う保険会社は通販式のことが多いため、そのメリットによって保険料が安くなることもある。

自動車保険のリスク要因

要因	説明	保険料 安くなる		保険料 高くなる
使用目的	レジャー、通勤通学、業務などクルマを使う目的によって事故を起こす確率が異なるので保険料に差がつく。	レジャー	⇔	業務
走行距離	年間走行距離が長いほど、事故にあう確率が高くなるので走行距離が長いほど保険料が高くなっていく。	走行距離短い	⇔	走行距離長い
性別	過去の統計から男性と女性では事故を起こす確率が異なるため、性別によって保険料に差がつく。	女性	⇔	男性
運転歴	運転歴が短いと事故を起こしやすく無違反が長いと事故を起こしにくいため免許証の色などで保険料が異なる。	無違反者	⇔	初心者違反者
地域	地域ごとに事故の発生率が異なるため、それに応じて保険料に差がつく。現在は全国を7地域にわけている。	金融庁の地域区分ガイドラインによる		
安全装置	エアバッグや横滑り防止装置などの安全装置があると事故の際の損害が軽減されるので保険料が安くなる。	安全装置多数	⇔	安全装置少数
所有台数	複数契約の割引は1人が同時に2台運転できないためといえるが、契約数が多いためのサービスともいえる。	2台目以降	⇔	1台だけ

PART 11

保険の等級制度

基本的には等級が上がるほど保険料が安くなる

自動車保険の基本中の基本といえる割引・割増制度が**等級制度**だ。等級ごとに保険料の割引率・割増率がかわり、一般的に等級が上がるほど保険料が安くなる。1年間保険を使わないと翌年の契約では1等級上がるが、保険を使うと事故1件につき3等級ダウンする。事故を起こさない期間が長いほど安全なドライバーと判断され、保険料が安くなるしくみだ。

等級制度の段階数は20等級までが一般的で、新規契約は6等級から始まる。保険会社をかえても等級は受けつがれるのが基本だ。事故で保険を使い、翌年の等級が下がるからといって保険会社をかえてもダメ。保険会社は等級の情報を共有しているので、新しい保険会社でも3等級下がった等級が適用される。

また、等級ごとの割引率・割増率は会社ごとに異なる。しかし、計算のもとになる保険料が会社ごとに異なるので、割引率の高い会社のほうが保険料の面で有利になるとは限らない。

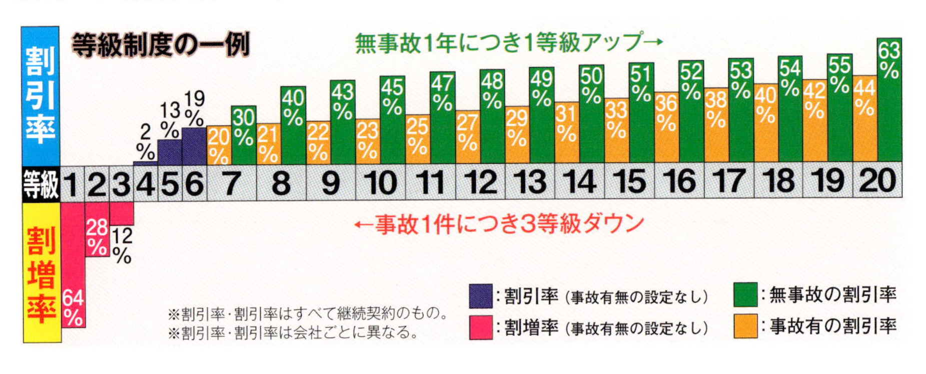

等級制度の改定により保険を使うと割引率が大きく低下する

長く続いてきた**等級制度**だが、2012年に大きな改定が行われた。これまでの制度では、前年無事故で13等級から14等級になった人も、前年に事故で保険を1回使い17等級から14等級になった人も、同じ割引率が適用された。しかし、統計を調べてみると、事故ありで下がってきた人のほうが、事故なしで上がってきた人より、事故を起こす確率が高いことが判明した。そのため、制度の改定が行われ、7等級以上についてはそれぞれの等級について「無事故」の割引率と「事故有」の割引率が設定された。ただし、1回でも事故を起こしてしまうと永遠に「事故有」の割引率が適用されるわけではない。1回の事故で3等級下がった場合は、3年間「事故有」の割引率が適用され、4年目からは「無事故」の割引率になる。

以前から、損害額や補償額が小さな事故の際には等級ダウンによる割引率の低下を考え、保険を使わないほうがいいといわれることがあったが、現在は保険を使った場合の翌年からの保険料負担がさらに大きくなっているので慎重に検討すべきだ。

保険の年齢条件と家族限定

年齢条件

自動車保険を契約する際には、さまざまな条件を設定できる。そのなかで保険料への影響がもっとも大きい割引制度が**年齢条件**だ。多くの保険会社では、「全年齢担保」、「21歳未満不担保」、「26歳未満不担保」、「30歳未満不担保」の4種類の年齢条件を設定していることが多い。担保とは補償という意味だと考えればいい。最近ではわかりやすくするために、たとえば21歳未満不担保を21歳以上限定補償としている会社もある。

年齢条件で若い人を除外すれば、当然のごとく保険料が安くなる。会社によって設定基準は異なるが、30歳未満不担保にすると、全年齢担保の場合の保険料の半額近くになることも多い。

運転者家族限定

自動車保険は、保険をかけてあるクルマを誰が運転しても年齢条件を満たしていれば補償が受けられるのが基本。不特定多数の人を対象にしているわけだが、**運転者家族限定**などと呼ばれる割引制度では、補償対象を家族だけに限定することで保険料が安くなる。この場合の家族とは、同居の親族と、生計をともにする別居で未婚の子供というのが一般的。生計をともにするとは、はなれて暮らしていても生活費は親が負担しているということ。最近では契約した本人だけが補償される**運転者本人限定**という割引制度がある会社もある。ただし、これらの条件で割り引かれる保険料は数%以下。年齢条件に比べるとわずかなものだ。

年齢条件による保険料の違いの一例

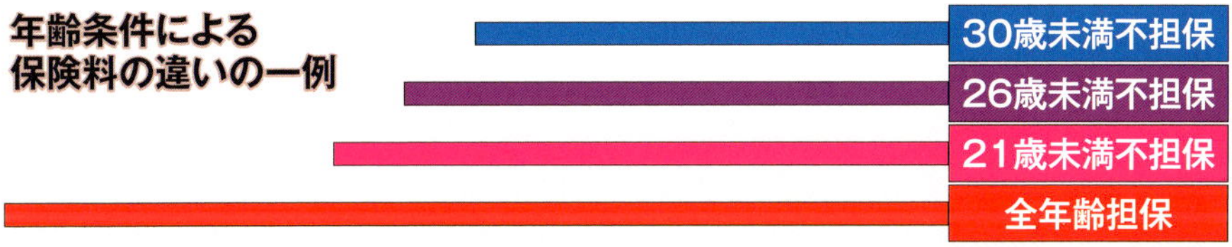

30歳未満不担保
26歳未満不担保
21歳未満不担保
全年齢担保

※会社ごとに異なるのはもちろん、さまざまな条件が影響を及ぼすため、グラフはあくまでもイメージ。

補償の内容をかえずに受けられる割引制度はぜひとも活用

自動車保険の保険料は、その時の契約者やクルマの状況で保険料が決まることがほとんど。もちろん、保険金額（保険金の上限）を下げれば保険料が安くなるが、それでは十分な補償が受けられなくなる。一定のレベルは維持すべきだ。

そんななかにあって、**年齢条件**や**運転者家族限定**は自分で選ぶことによって保険料をかえられる要素だ。補償の対象は制限されることになるが、運転をかわる人に注意すれば、保険料を安くできる。

このほかにも、補償内容をかえずに、自分で少し努力するだけで保険料の割引が受けられる制度もある。すべての保険会社が採用しているわけではないが、早めに契約することで受けられる**早期契約割引**や、インターネット上で契約をすませると受けられる**インターネット契約割引**、何年分かをまとめて契約すると受けられる**複数年契約割引**などがある。

保険料制度

使用目的別保険料

リスク細分型自動車保険では、クルマの使用目的がリスク要因に採用されることが多い。各社で微妙な違いもあるが、**使用目的別保険料**では「レジャー」、「通勤通学」、「業務」の3種に区分されることが大半で、この順に保険料が高くなる。

見積もりの依頼や契約の際には、使用目的の申告が必要になるが、その際には注意が必要だ。通勤や通学で使うことがあっても、その度合いが少なければ、保険料が安くなる「レジャー」の区分で契約できることもある。こうした細かな規定は会社によって異なるので、見積もりや契約の前には必ず確認すべきだ。

クルマの用途による保険料の違い

レジャー用途 < 通勤通学用途 < 業務用途

走行距離別保険料

走行距離別保険料を採用する保険会社も多い。各社で区分の数も区分の境目になる距離も異なるが、距離が長くなるほど保険料が高くなる。誰もが容易に理解できる納得の保険料制度として広がってきている。最近では、残った走行距離を翌年に繰り越せる会社も登場してきている。

テレマティクス自動車保険

保険料制度のニューフェイスが**テレマティクス自動車保険**だ。実際の走行状況によって保険料が決まる制度で、**走行距離連動型**と**運転行動連動型**があり、すでに欧米では広がり始めている。加入している**テレマティクスシステム**（P216参照）を利用したり、保険会社から提供される計測器を車載したりすることで走行データが収集される。走行距離連動型は走行距離別保険料の精度を高めたものといえ、実際の走行距離に応じた保険料になる。運転行動連動型では、安全な運転や環境にやさしい運転を行うと保険料が安くなる。実走行が反映される合理的な制度だ。

排気量で決まる保険料と型式で決まる保険料

車両保険以外の自動車保険については**排気量別保険料**が採用されていることが多い。ガソリンエンジンの場合、軽自動車以外では1500ccと2500ccを境目にして3つに区分されているのが一般的。総排気量が大きくなるほど、2割程度ずつ保険料が高くなっていく。いっぽう、車両保険は**型式別保険料**が採用されている。クルマの型式ごとに9段階の**料率クラス**があり、もっとも保険料が安くなる料率クラス1と、もっとも高くなる料率クラス9を比べると、車両保険部分の保険料が4倍以上ということもある。

しかし、リスク細分型自動車保険では、1000ccと2000ccの境目を加えて排気量別保険料を5つの区分にしたり、すべての保険について車両保険と同じように型式別保険料を採用している会社もある。

PART 11

車両保険

車両保険は保険料が高い？

クルマ同士の事故で、相手に全面的な責任があれば、自分のクルマを相手に修理してもらえるが、実際の事故では、被害者のように思える側にも何割かの責任が認定されることが多い。その割合分は相手から修理代がもらえず、自己負担になる。こうした場合でも、**車両保険**に加入していれば、自己負担分が保険金として支払われる。

車両保険は保険料が高いと思いこんでいる人が多い。これは保険料が高くなりやすい（＝**料率クラス**が高い）一部のクルマの保険料の話を耳にすることが多いためだ。確かに、事故を起こしやすいスポーツタイプのクルマや、ちょっとしたキズでも修理代が高くなりがちな高級車の車両保険は高い。しかし、一般的なファミリータイプのクルマの場合、驚くほどの保険料ではないことも多い。とりあえず見積もりを依頼してみるといい。

エコノミータイプの車両保険

車両保険には補償の範囲によっていくつかのタイプがあるが、基本となるのは「**一般車両保険**」と「**車対車＋限定Ａ特約**」の２種類で、そのほかに補償を手厚くしたタイプを加えている会社もある。もっとも安心できるのは「一般車両保険」だが、保険料を安くしたいのなら「車対車＋限定Ａ特約」を選んでもいい。当て逃げのように相手が特定できない事故や、自分で電柱にぶつかったような**自損事故**は補償されないが、保険料は安くなる。

なお、「車対車＋限定Ａ特約」は**エコノミータイプの車両保険**と呼ばれるもので、名称は各社でさまざま。「エコノミー車両保険＋限定Ａ特約」や「エコノミー車両保険ワイドＡ」だったりする。また、エコノミーの言葉が入った車両保険のなかには、さらに補償範囲が狭いタイプのものが含まれていることもあるので、契約時には補償の範囲をしっかり確認すべきだ。

車両保険の種類と補償の範囲

補償の範囲	他車との衝突	自損事故	当て逃げ	いたずら落書き	盗難	火災洪水
一般車両保険	○	○	○	○	○	○
車対車+限定A特約	○	×	×	○	○	○

免責を設定すると車両保険の保険料をおさえられる

車両保険は**免責**を設定すると保険料をおさえられる。免責とは、その金額までの損害は補償してもらえないということ。たとえば5万円の免責を設定すると、損害額が5万円以下の場合は保険金が支払われない。損害額が5万円を超えた場合も、受け取れる保険金は5万円を超えた分だけになる。免責の有無や免責金額の違いによる保険料の差は、保険会社によって異なるので、見積もりで確認すべきだ。

人身傷害補償保険

自分や家族を手厚くカバー

現在、保険会社が力を入れているのが**人身傷害補償保険**(または**人身傷害補償特約**)だ。自分自身や家族を手厚く補償することができる。

交通事故では当事者双方に責任が認定されることが多い。こうした場合、自分の責任分は相手から賠償してもらえない。単独で電柱に衝突したような**自損事故**の場合、賠償してくれる相手がいない。同乗者であっても家族以外の他人なら、対人賠償保険を使うことができるが、一般的なセット保険のなかで自分や家族の死傷をカバーできるのは**搭乗者傷害保険**(P230参照)だけ。しかも、大きな保険金が支払われるのは死亡時や後遺障害がある場合のみ。ケガの場合に支払われる**医療保険金**は、実際の治療費より少ないこともある。そこで登場したのが人身傷害補償保険だ。相手に賠償してもらえない自分の責任分が補償してもらえる。自損事故の場合はもちろん、100%加害者になった場合でも、自分や家族の死傷をカバーできる。

人身傷害補償保険がある場合の流れ

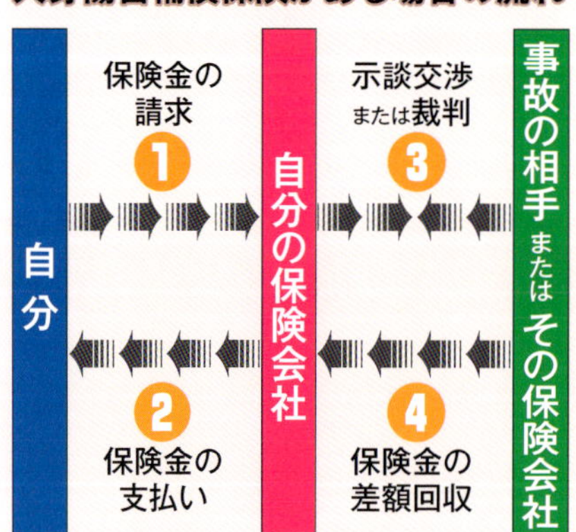

支払いや交渉にもメリット

人身傷害補償保険は、これまでの自動車保険で補償されない部分をカバーできる以外にも、さまざまなメリットがある。相手のある事故の場合、示談交渉がまとまったり裁判が終わるまで賠償金が支払われないのが普通だ。かなり時間がかかることもあり、当座の治療費にこまることもある。しかし、人身傷害補償保険を契約していれば、自分の保険会社が被害の総額を算定し、その全額を保険金として支払ってくれる。支払いまでの期間も短く、スピーディに対応してくれることがほとんど。相手からの賠償金の回収は、自分の保険会社が行ってくれる。

また、100%被害者の場合、自分のセット保険からは保険金の支払いがないため、相手との交渉に自分の保険会社が参加しないことが多い。プロである相手側の保険会社の人間と個人で交渉を行うのは大変だ。しかし、人身傷害補償保険を契約していれば、こうした場合の交渉もすべて自分の保険会社の人間にまかせられる。

さまざまな交通事故も補償

保険会社によって内容は少しずつ異なるが、**人身傷害補償保険**は保険を契約しているクルマに乗っている時ばかりでなく、さまざまな交通事故でも補償されることがある。ほかのクルマに乗っている時をはじめ、歩行中や自転車乗車中の交通事故も対象にされることもある。契約したら、どのような事故が対象になっているかを確認しておくべき。せっかく補償されているのに、請求しなければ保険金は支払われない。

PART 11

保険の見積もりと見直し

保険料は会社ごとに異なる

現在の自動車保険は、各社で保険料が横並びではない。同じ条件でも保険会社によって保険料が異なるし、A氏にとってもっとも保険料が安い会社が、B氏にとっても最安とは限らない。保険料だけで会社を選ぶのは考えもので、事故時のサポートなども検討すべきだが、安さに魅力を感じるのは人情。保険料を比較するためには、複数の会社に見積もりを請求する必要がある。見積もりを依頼すれば、保険料だけでなく、さまざまな情報も入手できる。

一括して複数社に見積もり

代理店式の保険会社なら、ガソリンスタンドなど身近な代理店に見積もりを依頼すればOKだ。通販式の場合はフリーダイヤルやホームページがあるので、そこに電話するかアクセスすればいい。さほど手間はかからないが、複数の会社に依頼するとなるとけっこう面倒だ。手間をはぶきたいのならインターネットの**自動車保険一括見積もりサイト**を利用する方法もある。複数の会社に一括して見積もりを依頼できる。

条件をかえた再見積もりは簡単

一括見積もりサイトを利用した場合、共通のデータを利用するので、それぞれの保険会社の条件に細かく対応した見積もりが行われないこともある。しかし、通販式の会社にいったん見積もりを依頼すれば、自分の基本的なデータが登録されるので、細かな条件の変更も簡単。インターネット上ではもちろん、電話でもスピーディに対応してくれる。

ロードサービスは魅力的

自動車保険の契約者サービスのなかで、多くの保険会社が導入しているのが**ロードサービス**だ。JAFのような救援(きゅうえん)サービスが受けられるというもの。事故時ばかりでなく、単なる故障でもOKということがほとんどで、最近では各社の内容がそろってきているが、微妙に内容が異なっていることもある。また、車両保険を契約した人だけの特典ということもあるので、保険会社選びでロードサービスを重視するのなら、条件と内容をしっかり確認したほうがいい。

見積もり依頼の際に必要なもの

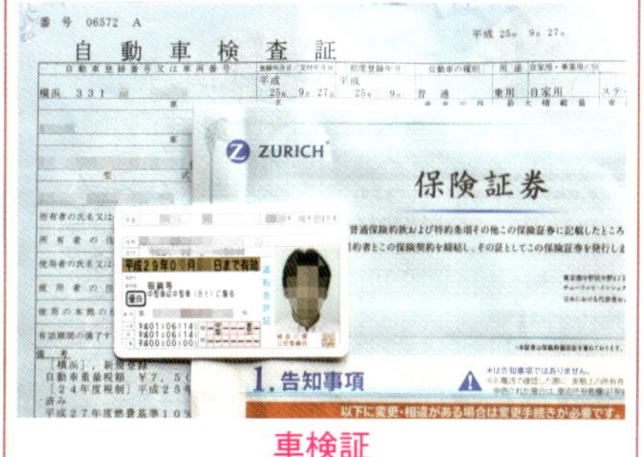

車検証
契約中の自動車保険の保険証券
運転免許証

毎年保険の見直しが必要

各保険会社の保険料の算定基準は変化が速い。そのため前年にもっとも保険料が安かった会社が、今年もベストだとは限らない。多少の手間はかかるが、保険料を安く維持したいのなら、毎年複数の会社で見積もったほうがいい。

また、子供が免許を取ったとか、年齢条件の境目の年齢を超えたとか、状況に応じて、契約条件の見直しも行うべきだ。

PART 11

クルマの購入先

新車が買えるのはディーラー

修理工場や農協が自動車販売を代理していたりすることもあるが、日本で新車を販売しているのはほとんどが**ディーラー**だ。**新車ディーラー**とも呼ばれる。一時期はディーラーから業者間価格で仕入れた新車を低い金利で販売する**低金利ショップ**という販売形態もあったが、経済情勢の悪化により、ほとんどなくなっている。

ディーラーとは、自動車メーカーやその販売会社と特約店契約をむすんだ販売店のことだ。ディーラーは販売だけでなく、点検整備などのサービスも提供する。輸入車の場合、昔は輸入代理店が販売していたが、現在ではほとんどのメーカーが日本に法人を設立し、**ディーラー網**を展開している。

以前は、同じメーカーでも複数の**販売チャンネル**があり、それぞれ**専売車種**をもつ形態が多かったが、最近では複数の販売チャンネルのあるメーカーは少ない。販売チャンネルが残っていても、すべてのディーラーを**全車種併売ディーラー**にしている。現状では専売車種のあるディーラー制度を残しているのはトヨタのみだが、1チャンネルのみの専売車種は少なく、複数のチャンネルで併売していることが多い。

▲トヨタは現在でもいくつかのチャンネルがある。

▲レッドとブルーがあった日産だが、2007年からは色わけをやめ、全車種併売ディーラー化した。

▲それぞれの販売チャンネルにイメージカラーがあったホンダだが再編後は白が基調になっている。

▲マツダには以前のチャンネルの名称が残っている店舗がまだあるが、全車種併売が行われている。

▲スバルは以前から専売販売チャンネルがない。

▲ギャラン店とカープラザ店があった三菱だが、現在では全車種併売ディーラーになっている。

中古車はディーラー系と専門店

中古車を扱う販売店は大別すると、自動車メーカーとつながりのある**ディーラー系中古車販売店**と、メーカーとは関連のない**中古車専門販売店**になる。最近では、国産ディーラー系が店名をかえて他メーカーの中古車を扱っていたり、中古車専門販売店が大きなネットワークを組んでいたりすることもある。

●中古車専門販売店

さまざまなメーカーの中古車をそろえていて、比較検討しやすいのが**中古車専門販売店**だ。ミニバンや軽自動車、4WDなど特定のタイプに特化した専門店もある。価格はディーラー系より安めなことが多い。会社の規模はさまざまで、大規模展示場を備えた店もあれば、数台しか置かない小規模店もある。保証内容も販売店によって大きく差がでやすい。信頼できる店を選ぶ必要がある。

●ディーラー系中古車販売店

新車ディーラーの中古車販売部門といえるのが**ディーラー系中古車販売店**。ディーラーで整備を受け続けたクルマが下取りされ中古車として販売されることが多いため、品質に対する信頼性の期待値が高いが、価格は高め。扱っているのは自社の中古車がほとんどだが、他社の中古車の扱いも増えている。

また、中古車の品質を高めるために、一定の整備基準を設け、**認定中古車**として販売していることが多い。輸入車ディーラーが始めた制度だが、国産ディーラー系中古車販売店でも積極的に取り入れている。内容は各社で異なるが、きめ細かな点検整備が実施され、保証期間も長めに設定される。それだけに価格は高めだが、安心度も高くなる。

▲郊外には非常に大規模な中古車販売店もある。

▲中古車店の規模はさまざま。小さな店もある。

▲ディーラーも積極的に中古車販売に取り組んでいる。新車と中古車を併売する店舗もある。

▲一般的な中古車では、使用可能な状態であれば部品を交換しないが、認定中古車の場合は消耗する可能性の高い部品については交換が行われる。その部品も保証の範囲内になることが多い。

PART 11

クルマの見積書と契約書

見積書や契約書の各項目の内容を十分に把握することが重要

クルマは車両自体の価格だけでは購入できない。いわゆる**諸費用**(しょひよう)が必要になる。諸費用は**税金**などの**法定費用**(ほうていひよう)と**販売店手数料**に大別できる。販売店手数料はおもに販売店の人件費といえるもの。

見積書や契約書は項目が多く内容がわかりにくいものもあるが、しっかり内容を確認すべきだ。少しでも不明な点があったら、担当者に説明を受けるべきだ。契約書の段階でも見積書をもとに交渉したとおりの内容になっているかを確認したほうがいい。なお、諸費用の内容は新車の場合と中古車の場合で、少し違ったものになる。

価格交渉では車両価格の値引きだけでなく、オプションなどをサービスさせる方法もある。また、販売店手数料についても交渉の余地(よち)はある。自分で車庫証明を取るなどして、費用を削減(さくげん)することも可能だ。

車両価格等

車両本体価格

クルマ本体だけの価格のこと。新車の場合、メーカーオプションは車両本体価格の一部として表示されることもある。ディーラーオプションは別扱い。

値引き額

交渉の結果決まった値引き額が交渉途中の見積書や契約書に記載される。最初の見積書には提示されないこともある。総額に対する値引き額として表示される場合と、車両本体価格とオプション・付属品価格の値引き額が別々に表示される場合がある。

オプション・付属品価格

オプションの総額が記載される場合、メーカーオプションとディーラーオプションがわけて記載される場合、それぞれのオプションの金額が個別に記載される場合などさまざまだ。

下取り車価格

下取り車がある場合には、査定によって決まった下取り価格が表示される。値引きのかわりに、査定より高い金額で下取ることもある。リサイクル料金は査定額に含まれることもあれば別枠のこともある。

販売店手数料

検査登録手続き代行費用

新車なら車検と新規の登録、中古車なら車検や名義変更の登録を行う費用。車庫証明取得代行費用が一緒に計上されている場合もある。

車庫証明取得代行費用

クルマを登録する際には車庫証明が必要となる。その車庫証明書を取得してもらうのに必要な費用。自分で取得すれば無料となる。

整備費用

中古車の場合は整備費用が計上されることがある。車両本体価格に整備こみとなっていれば不要だが、納車する前になにかの整備を依頼した場合には整備費用が発生する。

納車費用

クルマを購入者の指定の場所まで届ける費用。自分でクルマを取りに行けば不要。しかし、販売店によっては車両保管場所から販売店へ輸送するための費用や、車内クリーニング費用などを納車準備費用として請求するケースもあり不透明な部分が残る。それだけに交渉してみる価値がある。

下取り費用

下取り車がある場合は下取り車手続き代行費用が計上されることがある。名義変更や廃車の手続きを行うためのもの。下取り車の査定を依頼した場合は、下取り査定費用も請求されることがある。査定額がつかない場合でも、廃車などの手続き費用を請求されることがある。

自動車損害賠償責任保険

自動車損害賠償責任保険（P230参照）は、契約の期間が新規登録時または車検時から、次の車検の時期までのすべての期間をカバーしていなければならない。新車を新規登録する場合、**自賠責**の契約日と登録日が同じなら、次回の車検までの3年（36カ月）契約で問題ないが、通常は余裕をみて37カ月契約にする。同じクルマに乗り続けている場合、以降は車検のたびに24カ月契約となる。しかし、車検の切れた中古車の車検を取る場合にも、新車の場合と同様の理由で25カ月契約にすることが大半。もちろん、車検が切れていない中古車の車検を取る場合は24カ月契約で次の車検の時期までのすべての期間をカバーできる。

期間別自賠責保険料

契約期間	乗用車	軽乗用車
37カ月	40,040円	37,780円
36カ月	39,120円	36,920円
25カ月	28,780円	27,240円
24カ月	27,840円	26,370円

※すべて自家用車について。※沖縄県・離島をのぞく。

自動車リサイクル料金

自動車リサイクル法は自動車のリサイクルを促進する目的で導入された法律。ユーザーにも**自動車リサイクル料金**として費用の負担が求められている。車種によって異なるが7000～2万円程度。新車時に預託され、**リサイクル券**が発行される。クルマが売買された場合はリサイクル券を順次オーナーが引きついでいく。車検証とともに保管しておくのが一般的だ。

法定費用

自動車税

新車の場合、登録月の翌月から3月までの月割りの自動車税（P228参照）を納めることになる。軽自動車税には月割り制度がないので、購入時にはかからず、納税は翌年度から。中古車の場合、同一都道府県内ナンバーのままの売買なら納税しなくてもよいが、最近は前オーナーから買い取る際に未経過分の自動車税が払い戻されているケースもある。こうした場合には自動車税未経過相当額を支払うことになる。

自賠責保険料

新車の場合は37カ月契約の保険料が必要。購入時に車検を通す中古車の場合は次の車検までの（24カ月分または25カ月分）の保険料が必要。車検残のある中古車の場合は不要だが、最近は前オーナーに未経過分の自賠責保険料を支払い、その分を自賠責保険未経過相当額として新オーナーに請求するのが一般的になっている。

法定預かり費用

クルマの検査登録や名義変更の手続き、車庫証明書を取得する際に陸運局や警察署に印紙で払う費用。別途表示せず、それぞれの代行費用に含めている販売店もある。

自動車取得税

新車にも中古車にも自動車取得税（P228参照）はかかる。ただし、5年落ち以上の中古車の場合、無税になることが多い。

自動車重量税

新車の場合は自動車重量税（P228参照）3年分の納税が必要。車検残のある中古車の場合は不要だが、購入時に車検を通す場合は次の車検までの分（通常2年分）の納税が必要。

自動車リサイクル料金

自動車リサイクル料金は順次オーナーが引きついでいく形式なので、新車でも中古車でも必要。ただし、中古車の場合は車両本体価格に含めている販売店もあるので最初に確認しておくべき。

消費税

税金や自賠責保険料、法定預かり費用、自動車リサイクル料金以外には消費税がかかる。店頭の車両本体価格は内税表示が一般的だが、見積書や契約書では外税表示にされ、別途消費税の欄が設けられる。なお、自動車税と自賠責の未経過相当額には消費税がかかる。

PART 11

メンテナンス

メンテナンスは必要不可欠

現在のクルマは非常に壊れにくくなっているが、まったく異常が発生しないわけではない。また、クルマには一定期間が経過したり一定の距離を走行すると性能が低下する部品がある。こうした消耗品は交換が必要だ。交換せずに使い続けると、クルマが使えなくなったり事故の原因になったりする。そのため、定期的に点検し必要に応じて整備を行う必要がある。もちろん、故障した際には修理が必要だ。

定期点検整備

異常のあるクルマが走行していると危険なため、**定期点検**が法律に定められている。この**法定点検**には**12カ月定期点検**(**1年点検**)と**24カ月定期点検**(**2年点検**)がある。それぞれ1年ごとと2年(初回は3年)ごとに点検を行う必要がある。プロにまかせるのが一般的だ。以前は**車検**と24カ月定期点検整備が連動していて、点検整備を終わらせないと車検が受けられなかったが、現在では車検を通してから点検整備しても問題ない。しかし、車検を扱う多くの業者は前整備・後車検を行っていて、前車検・後整備は非常に少ない。

▲記録簿は整備手帳やメンテナンスノートといった名称の小冊子にされていて、車検証とともにバインダーに収められていることが多い。

メンテナンスパック

24カ月定期点検整備は車検時期に重なるため実施されることが多いが、12カ月定期点検整備を実施している人は少ない。クルマを長く安心して使いたいのなら12カ月定期点検整備も受けたほうがいい。最近ではこうした定期点検をセットにした**メンテナンスパック**をディーラーが用意していることが多い。定期点検ばかりでなく、消耗品の交換や車検までまとめられたパックなどさまざまなコースがあり、個別に行うよりリーズナブルな価格設定になっている。時期がくるとディーラーから案内があるので、確実に実施できる。また、新車購入時にメンテナンスパックを契約すると、その料金もまとめてローンに組めることが多い。金利負担は発生するが、メンテナンスの際の出費を分散させることが可能だ。

また、新車購入時だけでなく、車検時に加入できるメンテナンスパックが用意されていることもある。1台のクルマに長く乗り続けるつもりなら、次の車検までのメンテナンスを確実に行えるようになる。

定期点検整備記録簿

定期点検は法律で記録を残すことが義務づけられている。その記録に使われるのが**定期点検整備記録簿**だ。単に**記録簿**と呼ばれることも多い。記録簿を見れば、定期点検の際にどんな整備が行われたかがわかる。中古車購入の際に記録簿があれば、これまでの整備内容をある程度は知ることができる。記録簿は携行が義務づけられているので、車検証とともにグローブボックスに収められていることが多い。

2年(24か月)定期点検整備記録簿

自家用乗用車等・別表第6

点検の結果及び整備の概要

良好	✓	交換	×	調整	A	清掃	C	省略	P
分解	○	修理	△	締付	T	給油(水)	L	該当なし	/

エンジン・ルーム点検

■パワー・ステアリング
★取付けの緩み
■冷却装置
■点火装置
■燃料装置
■バッテリ、電気配線
■公害発散防止装置等
■エンジン

室内点検

■ハンドル
■パーキング・ブレーキ・レバー(ペダル)
■ブレーキ・ペダル
■クラッチ・ペダル

足廻り点検

■かじ取り車輪
■ホイール
■ショック・アブソーバ
■サスペンション
■ブレーキ・ディスク、ドラム
■ブレーキのマスタ・シリンダ、ホイール・シリンダ、ディスク・キャリパ

下廻り点検

■エンジン・オイル
■ブレーキ・ホース、パイプ
■ステアリング・ギヤ・ボックス
★取付けの緩み
■ステアリングのロッド、アーム類
■エキゾースト・パイプ、マフラ
■トランスミッション、トランスファ
■プロペラ・シャフト、ドライブ・シャフト
■デファレンシャル
■ブレーキのロッド、ケーブル類

外廻り点検

■フレーム、ボデー

日常点検

その他の点検項目

交換部品等	数量
エンジン・オイル	ℓ
オイル・フィルタ	個
LLC ロング・ライフ・クーラント	ℓ
ブレーキ・フルード	ℓ

メンテナンスに関するアドバイス

●CO、HC濃度(アイドリング時)

CO	%
HC	ppm

●タイヤの溝の深さ(1.6mm以上)

前輪	左 mm	右 mm
後輪	左 mm	右 mm

●ブレーキ・パッド、ライニングの厚さ

前輪	左 mm	右 mm
後輪	左 mm	右 mm

使用者用

注:エンジン・ルーム、室内、足廻り、下廻り及び外廻りの各点検項目は法に定められた項目を示す。

記録簿の見方

記録欄の様式にはさまざまなものがあるが、記号で記録するのが一般的。しかし、記号を覚える必要はない。記録簿の欄外に表示されていることがほとんどだ。

たとえば「エアクリーナーのエレメントの汚れ、詰まり」の欄に✓が記入されていたら、点検結果が"良好"だったので整備は行わなかったということ。記入がCなら少し汚れていたので"清掃"したということになり、記入が×なら汚れていたので"交換"したということになる。「タイヤの空気圧」の欄にAが記入されていたら、空気圧が適正状態でなかったため"調整"したということになり、「バッテリー液の量」の欄の記入がLなら、バッテリー液を"給水(補充)"したということだ。分解しての作業では、記号が○で囲まれるが、これは省略されていることが多い。

良好	交換	調整	清掃	省略
✓	×	A	C	P
分解	**修理**	**締付**	**給油(水)**	**該当なし**
○	△	T	L	/

また、タイヤの溝の深さやブレーキパッドの厚さが記録される欄もある。走行距離と比較すれば、消耗の進み具合がわかり、次の交換時期を予測できる。さらに、追加で依頼した整備の内容や定期点検で交換した消耗品などもすべて記録される。

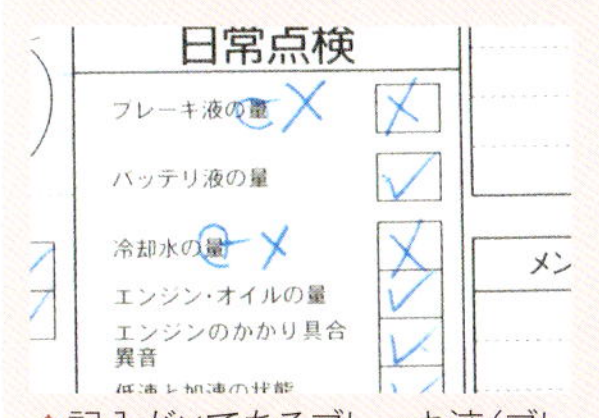

▲記入が×であるブレーキ液(ブレーキオイル)と冷却水(ラジエター液)は交換されたということだ。

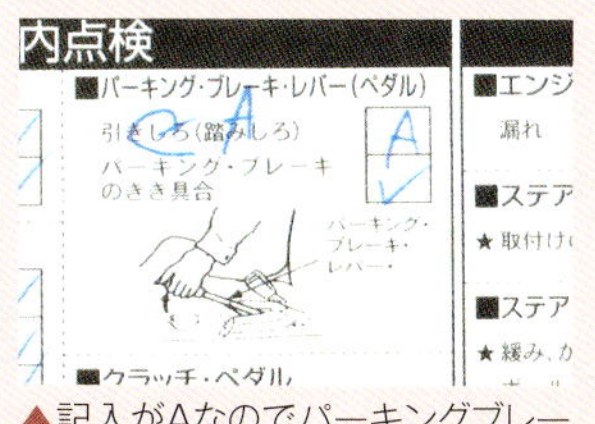

▲記入がAなのでパーキングブレーキレバーの引きしろが伸びていたため調整が行われたということ。

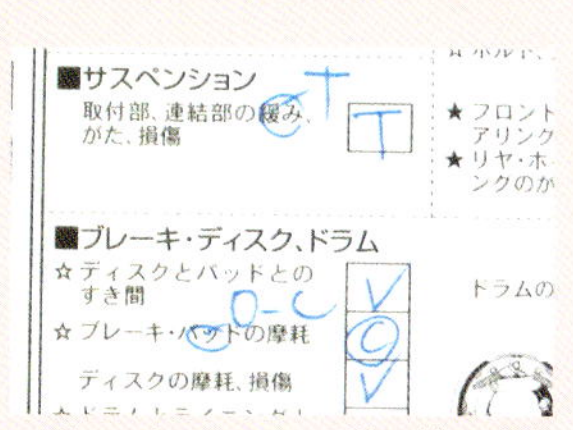

▲サスペンションは増し締め(T)が行われ、ブレーキは分解清掃(Cに○)が行われたということだ。

整備工場

整備工場には認証工場、指定工場とそれ以外がある

ブレーキパッドの交換など、クルマの整備において安全にかかわる重要な部品の分解整備には法律で制限が設けられている。こうした整備を工場内で終わらせることができるのが、認可を受けた**認証整備工場**や**指定整備工場**だ。それぞれ面積や人員、設備などの定めがあるが、規制緩和によって以前に比べると認可が受けやすくなった。そのためカー用品店やガソリンスタンドなどが認可を受けて、整備や**車検**を行うようになっている。

なお、自動車の使用者本人は自分のクルマを分解整備することができる。ただし、分解整備を行った場合には、点検整備記録簿に記入し、それを2年間保存しなければならない。

また、エンジンオイルやバッテリーの交換といった作業は分解整備には該当しないため、法律による制限がない。自分で交換作業を行えるのはもちろん、整備工場の認可を取っていないカー用品店やガソリンスタンドでも行える。

●指定整備工場

指定整備工場は分解整備が行えるのに加えて、車検場と同じ検査機器が備えられているので、工場内で車検の検査を終わらせることができる。そのため**民間車検場**とも呼ばれる。車検場には書類だけを持ちこんで手続きを行う。

◀指定工場であることを示す表示。

◀認証工場であることを示す表示。

●認証整備工場

整備自体は指定整備工場と同様に行えるが、工場内で車検の検査は行えないのが**認証整備工場**。車検の際には、整備後に車検場に車を持ちこんで検査を受けたうえで、書類の手続きを行う必要がある。

▲指定整備工場の場合はよく見える場所に民間車検場であることを表示することがほとんど。

▲チェーン展開する大型カー用品店は指定整備工場や認証整備工場になっていることが多い。

メンテナンスを受けられる場所はバリエーション豊富

クルマのメンテナンスはさまざまな場所で受けられる。**車検**についてはさらに選択肢が広いが、突然の故障に対応した修理は受けつけない場所もある。なお、法律上、車検はユーザーが自分で受けるものであるため、どこに依頼しても「代行」ということになるのだが、整備工場としての認可のない業者のことを**車検代行業者**や単に**代行業者**ということが多い。

●新車ディーラー

整備部門がなく系列や提携の整備工場で整備を行う小規模な店舗もあるが、新車ディーラーの多くは整備工場を備えている。車検はもちろん故障修理も可能で、自社の車種については慣れていて詳しい。消耗品などの在庫を置いていることも多いのでスピーディに対応してくれる可能性が高い。その場で車検の検査ができる**指定整備工場**もある。**認証整備工場**の場合でも、地域に系列の**民間車検場**があり、そこで検査を行う場合もある。

●ディーラー系中古車販売店

整備部門の形態は新車ディーラーとほぼ同じ。下取り車や買い取り車を整備部門で整備してから、中古車として販売する。別店舗になっているが、隣や近所に新車ディーラーがあり、整備部門を共有していることもある。

●中古車専門販売店

販売店の規模によって整備部門の大小はさまざま。整備部門はなく提携の整備工場を利用する店舗から、本格的な整備工場を備えた店舗まである。整備工場を備えた店舗の場合は、そこで下取り車や買い取り車の整備を行う。故障修理は受けつけていないことが多いが、納車後の保証範囲内の修理には対応してくれるのが一般的。店舗の整備部門で対応してくれることもあれば、提携の整備工場で対応してくれることもある。

●街の修理工場

指定整備工場か**認証整備工場**が多い。故障修理も得意で車検も行うが、扱う車種が多いため、消耗品の在庫は少ない。工場自体が認証整備工場の場合でも、スピーディに車検を通せるように同業者組合で**民間車検場**をもっていることもある。

●ガソリンスタンド&カー用品店

認可の必要がないエンジンオイル交換などを行う店舗は多い。最近では**認証整備工場**や**指定整備工場**になって車検に力を入れているところもあり、用品の販売などを行うこともあるが、車検だけを行い一般的な故障の修理は受けつけない店舗もある。整備工場はもたず、街の修理工場や代行業者の窓口として機能する店舗もある。

▲ほとんどの場合、新車ディーラーにはサービス部門があり、点検整備から車検、修理までOK。

▲最近では車検が受けられるガソリンスタンドも増えてきているが、故障修理は……?

PART 11

自動車検査登録制度（車検）

車検制度とは

車検とは**自動車検査登録制度**を略したもの。**登録**によってクルマの所有者や使用者を公的に認めたり、検査によってそのクルマが**自動車保安基準**に適合していることを確認する制度で、これらを証明する公文書が**自動車検査証**（**車検証**）だ。有効期間を備えた車検証を携行（けいこう）することが法律で義務づけられているため、一定期間ごとに車検証を更新（こうしん）する必要がある。車検を通すとか、車検を受けるといわれる作業は、車検証を更新する作業のことだ。

更新の際には、**継続検査**（けいぞくけんさ）が行われる。検査に合格すれば、納税（のうぜい）や自賠責（じばいせき）への加入が確認されたうえで、車検証が更新され、車検のステッカーと呼ばれる**検査標章**（けんさひょうしょう）が交付される。

車検証は2023年1月4日から順次、電子化されている。**電子車検証**はA6サイズ相当の厚紙にICタグが備えられたもので、紙面に記載されるのは変更登録等によって内容の変更をともなわない基礎的情報のみになり、その他の車検証情報はICタグに格納される。ICタグに格納された情報は、汎用のICカードリーダや読み取り機能付きスマートフォンで参照できる。

車検の有効期間

車検の有効期間は、自家用の乗用車と軽乗用車は初回が3年、2回目以降は2年ごと。つまり、新車から3年目、5年目、7年目……となる。車検証には有効期間の満了する日として記録されている。

フロントウインドウにはられた検査標章にも目安が表示されている。小さな数字で年、大きな数字で月が表示されている。ただし、ステッカーに示された月の数字は、その月の間に有効期間が終了することを意味している。正確な日付は、ステッカーの裏面か車検証で確認する必要がある。

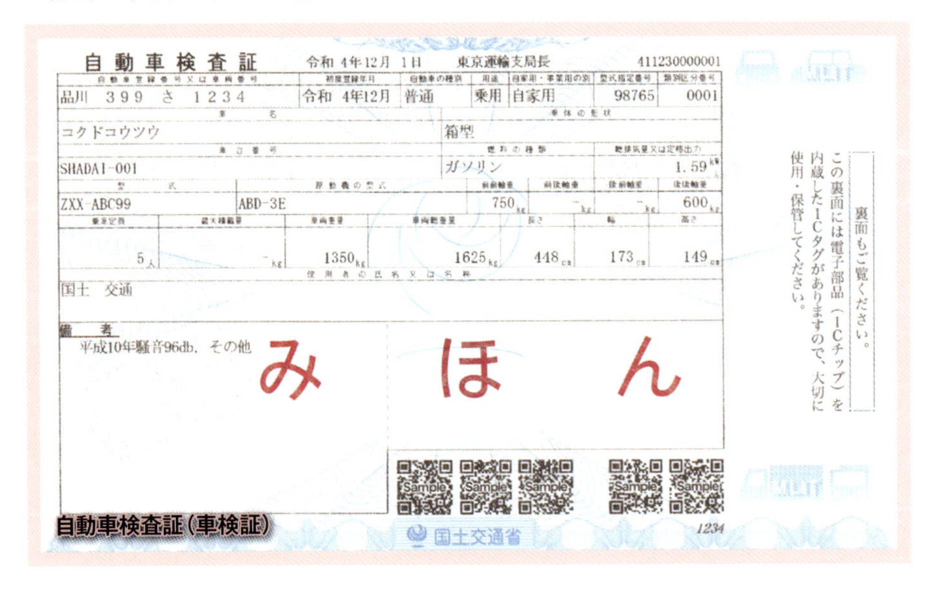

自動車検査証　令和 4年12月 1日　東京運輸支局長　411230000001

自動車登録番号又は車両番号	初度登録年月	自動車の種別	用途	自家用・事業用の別	型式指定番号	類別区分番号
品川 399 さ 1234	令和 4年12月	普通	乗用	自家用	98765	0001

車名	車体の形状
コクドコウツウ	箱型

車台番号	燃料の種類	総排気量又は定格出力
SHADAI-001	ガソリン	1.59 kW/L

型式	原動機の型式	前前軸重	前後軸重	後前軸重	後後軸重
ZXX-ABC99	ABD-3E	750 kg	- kg	- kg	600 kg

乗車定員	最大積載量	車両重量	車両総重量	長さ	幅	高さ
5 人	- kg	1350 kg	1625 kg	448 cm	173 cm	149 cm

使用者の氏名又は名称
国土　交通

備考
平成10年騒音96db，その他

みほん

1234

国土交通省

裏面もご覧ください。
この裏面には電子部品（ICチップ）を内蔵したICタグがありますので、大切に使用・保管してください。

自動車検査証（車検証）

車検は1カ月前から受けられる

車検は、現在の車検の有効期間の満了する日から、その1カ月前の間に受けるのが一般的だ。実際には、1カ月以上前でも車検を受けることは可能だが、その場合、車検を受けた日から2年間が有効期間になる。つまり、残っていた有効期間が無駄になるため、1カ月前以降に受けるのが普通だ。

車検を通さずに有効期間の満了する日を過ぎてしまうと、いわゆる車検切れになり、公道を走行できなくなる。もちろん、車検を取り直すことは可能だが、クルマの移送や手続きが面倒になるし、その間はクルマが使えなくなってしまう。

車検はクルマの保証ではない

車検に通れば、以降2年間のクルマの状態が保証されたと思う人もいるようだが、**継続検査**はあくまでも検査の時点で安全に走行できるかを確認しているだけ。車検翌日にブレーキパッドが寿命を迎えたとしても、検査の時点でブレーキが機能すれば合格する。検査項目も安全や環境を重視したもので、**24カ月定期点検**とはまったく別の点検だと考えるべき。

車検と24カ月定期点検は連動していると思われがちだが、双方は独立したもの。単に同じ時期に訪れるというだけだ。現在では、24カ月定期点検を受けずに継続検査を受けることも可能で、初回の車検で走行距離が短いと、ほとんどなにも整備しなくても継続検査に合格することもある。だからといって定期点検が不要なわけではない。事故や故障によるトラブルを未然に防ぎ、クルマの寿命を伸ばすためには、点検を受け必要に応じた整備を行うことが不可欠だ。

▲車検証は携行が義務づけられているもの。記録簿とともにバインダーなどに入れてグローブボックスに収納しておくのが一般的だ。存在を確認しておこう。

表

000000000
自動車検査証の有効
期間の満了する日
29年 1月 1日

裏

▲ステッカー（検査標章）の表面には目安の年月が表示され、裏面に正確な年月日が表示される。

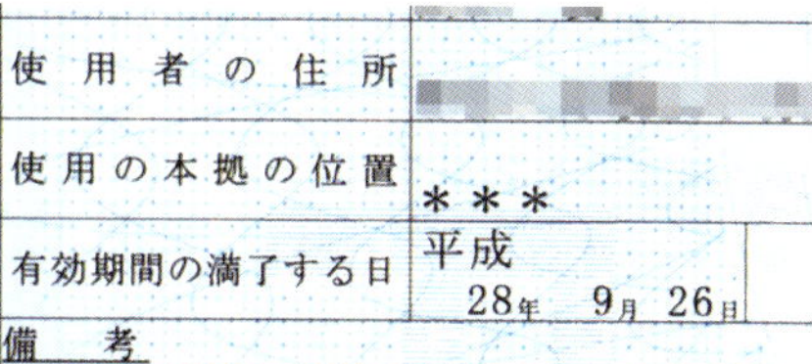

使用者の住所	
使用の本拠の位置	＊＊＊
有効期間の満了する日	平成 28年 9月 26日

備考
［横浜］，新規登録
自動車重量税額　￥７，５００　本
［２４年度税制］平成２５年９月２

▲従来の車検証であれば有効期間が満了する日が紙面に記載されている。電子車検証の場合はICタグ読み取り機能付きスマートフォンとアプリが必要だ。

▲車検場でも下まわりなどが検査されるが、車検で行われる検査は安全や環境を重視したものが中心。24カ月定期点検とは性格が異なるものだ。

PART 11

車検の必要書類

車検に必要な書類

車検の際に必要な書類は**車検証**と**自動車税納税証明書**（**軽自動車税納税証明書**）、**自動車損害賠償責任保険証明書**（**自賠責保険証明書**）の３種だ。

●車検証

車検証はクルマのグローブボックスに収めてあるのが一般的。念のために車検証の存在を確認しておくべき。

●自動車税納税証明書

５月に**自動車税**（または**軽自動車税**）を納めるともらえるのが**自動車税納税証明書**だ。納税証明書は車検にもっとも近い時期に納めた時のものだけで大丈夫。この納税証明書を車検の際に提示する必要があるが、現在では提示が省略可能な都道府県も増えている（順次、全都道府県に展開予定）。納税先である都道府県のシステムと国土交通省のシステムが連携したことにより、納付ずみかどうかを車検場で確認できるようになってきている（軽自動車は対象外）。ただし、システムの連携はリアルタイムではなく、反映には納付から２～３週間かかる。また、インターネットバンキングやモバイルバンキング、ATM、クレジットカードでも自動車税を納付できるが、これらの方法で納付した場合は、納税証明書が発行されない。そのため納税直後に車検を受ける場合は、金融機関の窓口やコンビニなど納税証明書が発行される方法で支払い、受け取った証明書を車検の際に提示する必要がある。

●自賠責保険証明書

車検を受ける際には、次の車検の有効期間をカバーする**自動車損害賠償責任保険**（**自賠責**）に加入する必要がある。車検業者で自賠責に加入するのなら、現在有効な**自賠責保険証明書**だけを用意すればOK。車検証とともに保管してあるのが一般的。事前にどこかで加入しても構わないが、その場合は現在有効な証明書と新しい証明書の両方が必要になる。

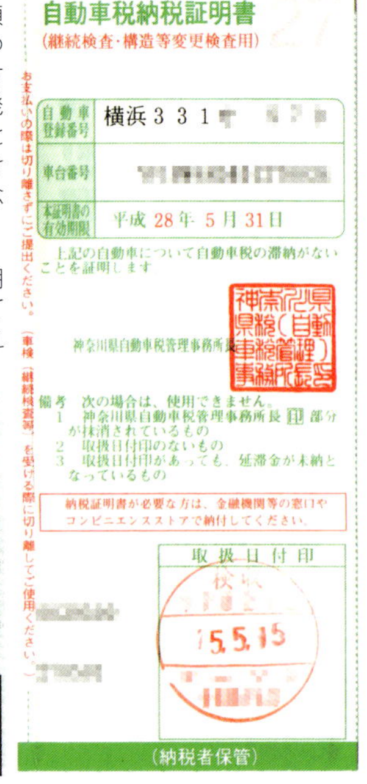

自動車税納税証明書
（継続検査・構造等変更検査用）

お支払いの際は切り離さずにご提出ください。

自動車登録番号	横浜３３１
車台番号	
本証明書の有効期限	平成 28年 5月 31日

上記の自動車について自動車税の滞納がないことを証明します

神奈川県自動車税管理事務所長

備考　次の場合は、使用できません。
1　神奈川県自動車税管理事務所長 印 部分が抹消されているもの
2　取扱日付印のないもの
3　取扱日付印があっても、延滞金が未納となっているもの

納税証明書が必要な方は、金融機関等の窓口やコンビニエンスストアで納付してください。

取扱日付印

15.5.15

（車検（継続検査）を受ける際に切り離してご使用ください。）

（納税者保管）

▶車検の際に必要不可欠な書類ではなくなりつつある。納付方法によっては発行されないこともあるが、受け取った場合は念のために保管。

▼領収書と証明書の書式が似ているので間違えないように注意。

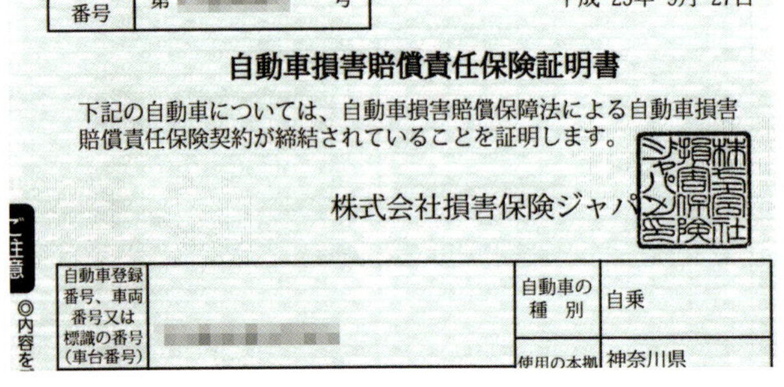

証明書番号	第　　　号

平成 25年 9月 27日

自動車損害賠償責任保険証明書

下記の自動車については、自動車損害賠償保障法による自動車損害賠償責任保険契約が締結されていることを証明します。

株式会社損害保険ジャパン

自動車登録番号、車両番号又は標識の番号（車台番号）		自動車の種別	自乗
使用の本拠			神奈川県

ご注意　◎内容を

PART 11

車検の費用

車検にかかる費用

車検にかかる費用は、**法定費用**と**車検費用**に大別される。法定費用である**自動車重量税**や**検査手数料**、**自賠責保険料**は、どんな業者に依頼しても同じ。

車検費用には、車検代行手数料や事務手数料、**24カ月定期点検**の費用などが含まれ、業者によってかなりの違いがある。しかし、少し高めに見えても、一般的に必要な消耗品の交換が含まれていることもあれば、価格は安いが純粋に点検費用だけしか盛りこまれていないこともある。この場合、点検によって整備が必要な部分が見つかれば**整備費用**が発生する。また、整備こみの車検には整備内容によって各種コースが用意されていることもある。充実のフル整備コースもあれば、最低限の消耗品だけを交換するコースもあったりして、それぞれ単独で依頼するよりリーズナブルなことが多い。

整備内容は見積もりで検討

24カ月定期点検によって整備が必要になることも多いが、考え方にはいろいろなものがある。絶対に必要な整備だけを行うという考え方もあれば、少し早めでももう1度整備を行うのは面倒なので車検の機会にやってしまうという考え方もある。ベストなのは見積もりを取ってみることだ。そのうえで整備の担当者と1項目ずつ相談しながら、実施するかしないかを決めていける。最近では1日車検や1時間車検など、スピーディに終わる車検もあるが、こうした場合でも事前に点検が行われるのが一般的なので、その際に見積もりや相談は可能だ。

車検の法定費用

自動車重量税
次回の車検有効期間（通常2年）をカバーする自動車重量税が必要（P228参照）。
検査手数料
車検場での検査にかかる費用。普通車、小型車、軽自動車で異なるが2000円以下。
自賠責保険料
次回の車検有効期間（通常2年）をカバーする自賠責保険料が必要（P241参照）。

格安車検でも点検整備は必要

最近は格安で車検を通す業者もある。いわゆる**車検代行業者**だ。こうした**代行業者**の場合、24カ月定期点検は含まれておらず、車検に通るかどうかのチェックだけを行い、必要な部分を整備して車検を通す。こうした業者を使うこと自体は違法ではないが、車検を通した後に24カ月定期点検を実施する必要がある。また、車検に通すために整備が必要になった場合などの料金が不透明なこともある。利用する際には定期点検の有無や料金の範囲を十分に確認したほうがいい。

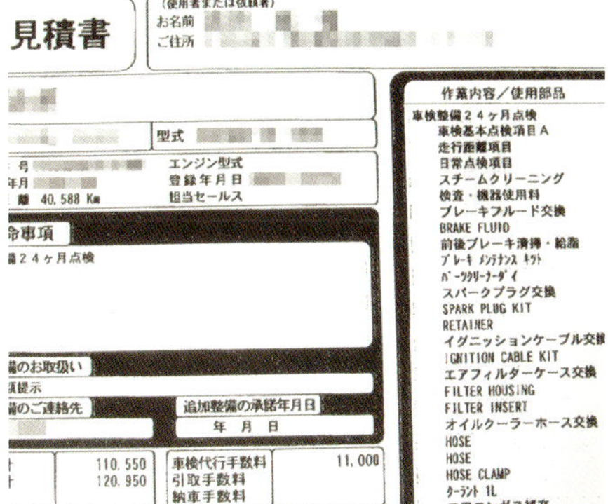
見積書
（使用者または依頼者）
お名前
ご住所
型式
号
年月
離 40,588 Km
エンジン型式
登録年月日
担当セールス
命事項
備24ヶ月点検
備のお取扱い
額提示
備のご連絡先
追加整備の承諾年月日
年　月　日
110,550
120,950
計① 231,500
車検代行手数料 11,000
引取手数料
納車手数料
手数料計② 11,000

作業内容／使用部品
車検整備24ヶ月点検
車検基本点検項目A
走行距離項目
日常点検項目
スチームクリーニング
検査・機器使用料
ブレーキフルード交換
BRAKE FLUID
前後ブレーキ清掃・給脂
ブレーキ メンテナンス キット
パーツクリーナーダイ
スパークプラグ交換
SPARK PLUG KIT
RETAINER
イグニッションケーブル交換
IGNITION CABLE KIT
エアフィルターケース交換
FILTER HOUSING
FILTER INSERT
オイルクーラーホース交換
HOSE
HOSE
HOSE CLAMP
クーラント 1L
エアコンガス補充
フロンガス134A

▲車検の整備では見積もりを取って担当者とともに1項目ずつ内容を検討していくのがベストだ。

PART 11

トラブル対応

故障する可能性は必ずある

どんなに完璧にメンテナンスされていてもトラブルに見舞われることはある。以前は、**パンク**の際の**スペアタイヤ**への交換や**バッテリー上がり**の際の**ブースターケーブル**を使ったエンジンの始動ぐらいはクルマのオーナーになったら覚えておきたいものだといわれたが、中途半端な知識で作業すると危険なこともある。そもそもスペアタイヤのないクルマも多い。よほど自信のある人以外は、プロに頼ったほうが無難だ。

▲スペアタイヤへの交換は、やってみればむずかしいものではないが、そもそもスペアタイヤが用意されていなければ交換することができない。

安心のロードサービス

クルマが故障した時に、運よく修理工場やガソリンスタンドが近くにあるとは限らない。プロであっても、交換用の部品がなければ修理できない故障もある。やはり**ロードサービス**に加入しておくのがベストだ。ロードサービスとはクルマなどの故障時に救援してくれる業者のこと。代表といえるのがJAFだが、現在ではいくつかの業者が参入している。会員になったら、連絡先を携帯するようにしたい。

▲車種ごとの正しい方法でブースターケーブルによる再始動やバッテリー交換を行わないと、クルマのコンピュータにダメージを与えてしまうことがある。

無料でサービスを受ける

最近では各業種がサービスの一環としてロードサービスを無料提供している。**自動車保険**の契約者サービス以外にも、ガソリンスタンドの会員サービスにもある。また車検を受けると保証の一環としてロードサービスが提供されたり、中古車を購入するとロードサービスがついてきたりする。ただし、中古車購入や車検の無料サービスの場合は、1年といった期限が設けられていることが多いので、期限切れに要注意。

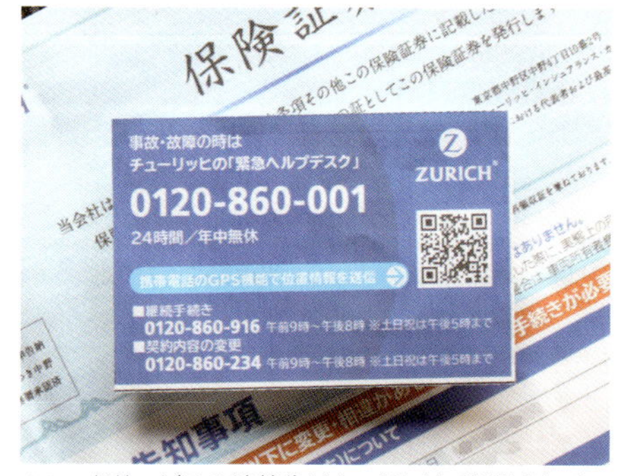

▲ロードサービスの連絡先はカードなどで提供されることが多い。免許証とともに携帯するか、車検証などとともに車載しておくようにすべきだ。携帯電話のメモリーに登録しておいてもいい。

故障したらまずは安全の確保

クルマに異常を感じたら、エンジンが止まってしまう前に通行の邪魔にならない場所に停車するようにしたい。緊急時なら**ハザードランプ**を点滅させて、路肩や路側帯に停車すればいい。

続いて安全の確保だ。クルマの後方に**三角停止表示板**（**三角表示板**）や**発煙筒**を置く。高速道路なら、見通しのよい直線部分でも100m程度後方に発煙筒を置く必要がある。一般道の場合でも、発煙筒が見えてから安全に停止できる距離が必要。見通しの悪いコーナー部分に止まってしまった場合は、コーナーの始まる部分に置くようにすべきだ。

また、クルマから降りてガードレールの外側など、安全な場所に避難するのがベスト。特に高速道路では故障車への追突事故が起こりやすい。車内で待っているのは非常に危険だ。そのうえで、ロードサービスなどに救援を依頼しよう。携帯電話がなくても、高速道路なら路肩に一定間隔で**非常電話**が設置されている。

不安を感じたらプロに相談

水温計の表示が高いとか、エンジンルームからへんな臭いがするといった異常を発見した時も、走行を続けると事態が悪化することもある。判断は非常にむずかしい。高速道路で次のサービスエリアが見えているというのなら走れないこともないかもしれないが、不安があるのなら走り続けないほうがいい。まずはクルマを止めて安全を確保すべきだ。そのうえでロードサービスなどに電話すればいい。それまでの状況を詳しく説明すれば、対処方法を教えてくれるし、対処が困難だと判断されれば、救援してくれる。

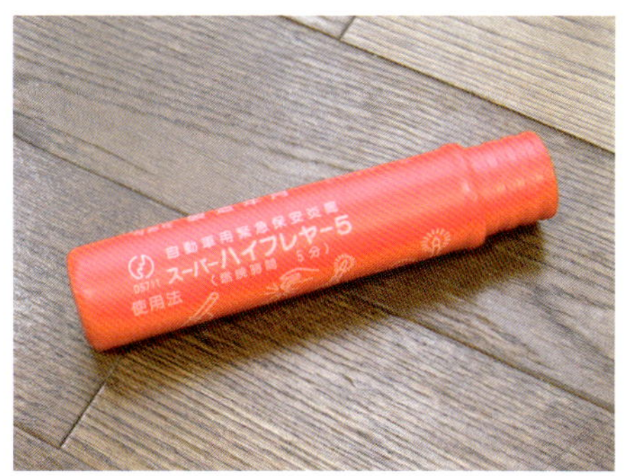

▲発煙筒は車載が法律で定められている。有効期限があるので注意。赤く点滅する懐中電灯でも代用可能だが、電池の状態を確認すべき。

▲三角停止表示板は折りたたんでコンパクトに収納できるものが多い。表面は反射材なので夜間でもライトの光でよく見える。トランクリッドの裏側に赤い三角形のパネルを備えるクルマもある。

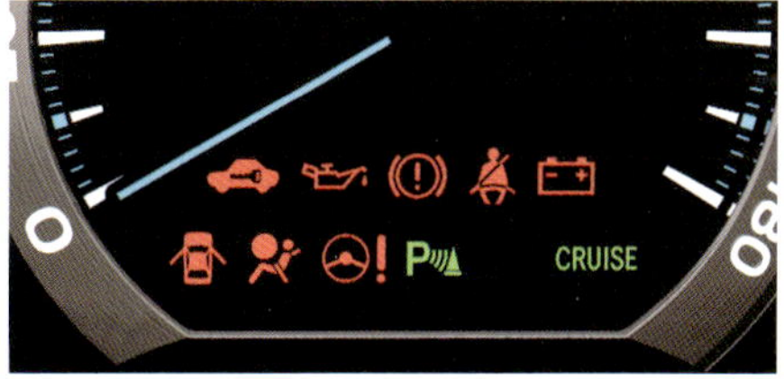

▲走行中はインパネのメーターや警告灯に注意。異常を発見したら、安全な場所に停車。

▲ガス欠による立ち往生ははずかしい。燃料の残量も常にチェックしておきたい。

INDEX

数字

1.5ボックス ………… 013, 022
10気筒 ………… 111
12カ月定期点検 ………… 242
12気筒 ………… 111
12セグ ………… 219
1年点検 ………… 242
1ピース構造 ………… 180, 181
1ピースホイール ………… 180
1ボックス ………… 013, 014, 019
1本式ワイパー ………… 080
1モーター 2クラッチ式ハイブリッド ………… 157, 158
1モーター直結式ハイブリッド .. 158, 160
2.5ボックス ………… 013
2030年度燃費基準 ………… 38
24カ月定期点検 ………… 242, 247, 249
2WD ………… 023, 026
2気筒 ………… 111, 131
2サイクルエンジン ………… 108
2シーター ………… 014, 018, 029
2段インフレーターエアバッグ ………… 186
2点式シートベルト ………… 185
2ドア ………… 014, 017, 018, 097
2ドアクーペ ………… 017
2灯式ヘッドランプ ………… 074
2トーンカラー ………… 056
2人乗り ………… 014
2年点検 ………… 242
2バルブ ………… 115
2ピース構造 ………… 180, 181
2ピースホイール ………… 180
2ボックス ………… 013, 014, 017, 019, 020, 022, 023, 098
2本式ワイパー ………… 080
2輪駆動 ………… 026
2列シート ………… 014, 023, 098
2列シートミニバン ………… 021, 022
3AT ………… 134
3気筒 ………… 111, 131
3席独立コントロールエアコン ………… 223
3速AT ………… 134
3点式シートベルト ………… 185
3ドア ………… 014, 019, 020
3ドアクーペ ………… 017
3ナンバー ………… 010, 011, 016
3ナンバーサイズ ………… 020, 022
3ピース構造 ………… 180, 181
3ピースホイール ………… 180
3ボックス ... 013, 014, 016, 017, 097
3列シート ... 014, 022, 023, 096, 100
4×4 ………… 026
4AT ………… 134
4WD ………… 023, 026, 030, 031, 142, 144, 146, 156
4WS ………… 164
4カムエンジン ………… 115
4気筒 ………… 111, 131
4サイクルエンジン ………… 108, 110
4サイクルガソリンレシプロエンジン .. 108
4シーター ………… 014
4席独立コントロールエアコン ………… 223
4速AT ………… 134
4速MT ………… 133
4ドア ………… 014, 018, 097
4ドアクーペ ………… 017
4ドアセダン ………… 016
4灯式ヘッドランプ ………… 074
4ナンバー ………… 011, 019, 042
4人乗り ………… 014
4バルブ ………… 115
4輪駆動 ………… 026
4輪操舵式 ………… 164
5：5分割可倒式リヤシート 097, 099
5AT ………… 134
5気筒 ………… 111
5シーター ………… 014
5速AT ………… 134
5速MT ………… 133
5ドア ………… 014, 019, 020, 022, 023
5ドアクーペ ………… 017
5ドアセダン ………… 016
5ナンバー ………… 010, 011
5ナンバーサイズ ………… 012, 016, 022
5人乗り ………… 014
6：4分割可倒式リヤシート 097, 099
6AT ………… 134
6気筒 ………… 111, 131
6シーター ………… 014
6速AT ………… 134
6速MT ………… 133
6人乗り ………… 014, 022, 100
7AT ………… 134
7シーター ………… 014
7速AT ………… 134
7ナンバー ………… 011
7人乗り ………… 014, 022, 100
8AT ………… 134
8気筒 ………… 111
8シーター ………… 014
8速AT ………… 134
8人乗り ………… 014, 022, 100

アルファベット

■A・B・C

ABS ………… 168, 169, 191, 192, 193
ABS警告灯 ………… 092
AC100V ………… 106
ACC ………… 201
ACL ………… 195
ACパワーサプライ ………… 106
AFS ………… 194
AGS ………… 139
AHS ………… 204
ALH ………… 204
AM/FMラジオ ………… 219
AMT ………… 032, 139, 140
Android Auto ………… 215
ASC ………… 192
ASG ………… 139
ASV ………… 041, 184
ASV+ ………… 041
AT ………… 032, 132, 134, 137, 138
AT限定免許 ………… 010, 133
AUX端子 ………… 219
AV一体型カーナビ ………… 219
AWD ………… 026
Aピラー ………… 015
BCI ………… 207
BEV ………… 150
Bluetooth対応カーナビ ………… 215
Bluetooth対応ハンズフリー機能 215
Bluetooth通信機能 ………… 219
Blu-ray Disc ………… 219
BOSE ………… 220
BSI ………… 206
BSM ………… 206
BSW ………… 206
Bピラー ………… 015, 017
Bレンジ ………… 137
CarPlay ………… 215
CD ………… 219
Cd値 ………… 053
CO ………… 124
CVSS ………… 208
CVT ………… 032, 132, 136, 137, 138
Cピラー ………… 015

■D・E・F

DC12V ………… 106, 120, 127
DCT ………… 032, 140, 158
DCパワーサプライ ………… 106
D-Frame ………… 047
DOHC ………… 115
DSC ………… 192
DSRC ………… 209, 218
DSRC車載器 ………… 209, 218
DSSS ………… 208
DSSS対応カーナビ ………… 208
DVD ………… 219
DVDナビ ………… 214
DVS ………… 192
Dピラー ………… 015
Dレンジ ………… 135, 137
e-Assist ………… 196
EBD ………… 169
ECOモーター ………… 162
ECU ………… 119
E-Four ………… 156
ELR式シートベルト ………… 185
EPS ………… 164, 193, 203
ESC ………… 192
ETC ………… 209, 218
ETC2.0 ………… 209, 218

ETC2.0車載器 …… 209, 218
ETCカード …… 218
ETC車載器 …… 218
ETCマイレージサービス …… 218
EV …… 033, 149
EV走行 …… 153, 154, 155, 157, 158, 159, 160, 161
EV走行スイッチ …… 153
EVモード …… 153
EVモードスイッチ …… 153
EyeSight …… 196
E-プリテンショナー …… 200
FCEV …… 033, 151
FCV …… 151
FF …… 026, 027, 029, 142
FMC …… 034
FM-VICS …… 217
FR …… 026, 028, 142
FRP製ボンネット …… 048
FWD …… 026

■G・H・I

G-BOOK …… 216
G-CON …… 051
GOA …… 051
GPS …… 214
GPS衛星 …… 214
GPS制御偏日射コントロール …… 223
HC …… 124
HDDナビ …… 214
HDMI入力端子 …… 219
HEV …… 152
HIDヘッドランプ …… 075, 184
Honda SENSING …… 196, 199, 210
HV …… 152
i-ACTIVSENSE …… 196
IMA …… 158
IPA …… 212
IRカットガラス …… 060
ISG …… 162
ISO-FIXチャイルドシート …… 190
i-SRSエアバッグ …… 186
i-stop …… 129
ITS …… 184, 208, 209, 217, 218
ITS Connect …… 208
ITSスポットサービス …… 209, 218
ITSスポット車載器 …… 209, 218
ITS専用周波数 …… 208

■J・K・L

JBL …… 220
JC08モード燃費 …… 038
JNCAP …… 040
KRELL …… 220
LaneWatch …… 206
LAS …… 203
LCA …… 039
LDA …… 202
LDP …… 203
LDW …… 202
LDWS …… 202
LED …… 075, 078
LEDコーナリングランプ …… 195
LEDフォグランプ …… 077
LEDヘッドランプ …… 075, 184
Lexus Safety System + …… 196
LKA …… 203
LKAS …… 203
LLC …… 125
LSD …… 143
Lレンジ …… 137

■M・N

MAGMA …… 051
MC …… 034
MMC …… 034
MOD機能 …… 073
MR …… 026, 029
MT …… 032, 132, 133, 139
Mレンジ …… 138
nanoe …… 224
NaviCon …… 215
NaviCon対応カーナビ …… 215
NAエンジン …… 130
NOx …… 124
Nレンジ …… 135, 137

■P・Q・R

PCD …… 181
PHEV …… 033, 153, 161
PHV …… 153
PM …… 124
PM除去装置 …… 124
Pレンジ …… 135, 137
Qi …… 106
RCAピンジャック …… 219
RCTA …… 207
RCTAB …… 207
RISE …… 051
RR …… 026
RV …… 023
RWD …… 026
Rレンジ …… 135, 137

■S・T

SDカード …… 214, 219
SDカードナビ …… 214
SDナビ …… 214
S-HYBRID …… 162
SKYACTIV BODY …… 051
Smart Assist …… 196
SOHC …… 115
Sport Hybrid i-DCD …… 158
Sport Hybrid i-MMD …… 159
Sport Hybrid SH-AWD …… 159
SRSエアバッグ …… 186
SUV …… 023, 031, 098, 100
S-VSC …… 193
S-エネチャージ …… 162
Sレンジ …… 137, 138
TAF …… 051
TC …… 191
TCL …… 191
T-Connect …… 216
TCS …… 191
TECT …… 051
THSII …… 154, 155, 156
Toyota Safety Sense …… 196
TRC …… 191
Tバールーフ …… 018

■U・V・W

USB端子 …… 106, 219
USBメモリー …… 219
UTMS …… 208
UVカットガラス …… 060
V6 …… 112
V8 …… 112
V10 …… 112
V12 …… 112
VDC …… 192
VDIM …… 193
VICS …… 216, 217, 218
VICS WIDE …… 217
VOC …… 039, 226
VSA …… 192
VSC …… 192
VVEL …… 116
V角 …… 112
V型 …… 112
WLTCモード燃費 …… 38

あ行

■あ

アームレストトランクスルー …… 097
アームレストボックス …… 104
アイ・アクティブセンス …… 196
アイサイト …… 196
アイドリングストップ …… 125, 129, 162
アウタースライド式サンルーフ …… 062
アウターミラー …… 063
アウターリヤビューミラー …… 063
赤信号注意喚起 …… 208
アクセサリーコンセント …… 106
アクセサリーソケット …… 106
アクセルペダル …… 085, 122
アクティブコーナリングランプ …… 195
アクティブステアリング …… 193
アクティブセーフティ …… 184, 196
アクティブトルクスプリット式4WD …… 145, 160
アクティブノイズコントロール …… 220
アクティブレーンキープ …… 203
足踏み式パーキングブレーキ …… 085
アジャイルハンドリングアシスト …… 193
アダプティブLEDヘッドライト …… 204
アダプティブクルーズコントロール …… 201
アダプティブドライビングビーム …… 204
アダプティブハイビームシステム …… 204

圧縮行程 109, 110
圧縮比 111, 117
アッパーアーム 174
アッパーボックス 104
アッパーメーター 090
アトキンソンサイクル 117
アドバンストキーレスエントリーシステム 221
アラウンドビュー 072
アラウンドビューモニター 072
アラウンドモニター 072, 212
新たな地域名表示ナンバープレート ... 011
アルミ製ボンネット 048
アルミホイール 181
アレルバスター搭載フィルター 224
アレルフリーフィルター 224
合わせガラス 060
安全運転支援システム 208
安全装置 184
アンダーカバー 055
アンダーステア 027, 192
アンダーミラー 063
アンチロックブレーキシステム 169
アンブレラホルダー 103

■い

イーアシスト 196
イージークリーンシート 226
イグナイター 120
イグニッションキー 221
イグニッションコイル 120
イグニッションシステム 120
一時停止規制見落とし防止支援システム 208
一部改良 034
一酸化炭素 124
一般車両保険 235
移動物検知機能 073
イモビライザー 221
イヤーモデル 034
イリジウムプラグ 121
医療保険金 236
インジェクションシステム 118
インジェクター 110, 118
インジケーター 092
インストゥルメントパネル 090
インストゥルメントパネルシフト 086
インターナビ 216
インターネット契約割引 233
インチアップ 182
インディペンデント式 172
インテークシステム 122
インテークバルブ 115
インテークポート 114
インテークマニホールド 122
インテリア 094
インテリジェントキー 088, 221
インテリジェントクリアランスソナー ... 205
インテリジェントクルーズコントロール 201
インテリジェントパーキングアシスト ... 212
インテリジェントデュアルクラッチコントロール 157
インナースライド式サンルーフ 062
インナーミラー 063
インナーライナー 175
インナーリヤビューミラー 063
インバーター 148
インパネ 090, 091, 092
インパネシフト 086
インフラ協調型安全運転支援システム 208

■う

ウィッシュボーン式 174
ウインカー 078
ウインカーインジケーター 092
ウインカー表示灯 092
ウイング 054
ウインタータイヤ 178
ウインドウ 058, 063
ウインドウウォッシャー 081
ウインドウガラス 060
ウインドシールド 058
ウインドシールドワイパー 080
ウェルカムパワースライドドア&予約ロック機能 049
ウォークイン機構 097, 100
ウォークスルー 086, 100
ウォータージャケット 125
ウォーターポンプ 125
ウォーニングランプ 092
ウォッシャー液 081
ウォッシャー警告灯 092
ウォッシャータンク 081
ウォッシャーノズル 081
右折注意喚起 208
内張り 094
ウッド加飾 095
雨滴感知式オートワイパー 081
ウレタンチェーン 178
上塗り 056
運転行動連動型 234
運転者家族限定 233
運転者本人限定 233
運転席エアバッグ 187
運転席助手席後席独立コントロールエアコン 223
運転席助手席独立コントロールエアコン 223

■え

エアクリーナー 122
エアコン 222, 224
エアコンディショナー 222
エアコンディショニングシート 225
エアスクープ 048
エアスプリング 171, 174
エアダクト 048, 122
エアダム 054
エアバッグ 184, 185, 186
エアバッグ警告灯 092
エアロスタビライジングフィン 055
エアロダイナミクス 052, 054, 055
エアロパーツ 054
エアロパッケージ 055
エアロボディ 054
エアロレス 055
エアロワイパー 080
永久磁石形同期モーター 148
エキゾーストシステム 123
エキゾーストノイズ 123
エキゾーストノート 123
エキゾーストパイプ 123
エキゾーストバルブ 115
エキゾーストポート 114
エキゾーストマニホールド 123
エグゼクティブシート 101
エコカー 229
エコカー減税 033, 229
エコクール 222
エコノミータイプの車両保険 235
エコノミータイヤ 176
エコノミーモード 138
エステート 019
エディション 035
エネルギー回生 .. 148, 150, 151, 152, 154, 155, 156, 157, 167
エマージェンシーシグナルシステム ... 210
エマージェンシーストップシグナル 210
エマージェンシーブレーキ 198
エマージェンシーブレーキパッケージ 196, 210
エレクトリックギアセレクター 087
エレクトリックシフト 087
エレクトリックビークル 149
エレクトロシフトマチック 087
エンジンオイル 126
エンジン型式 034, 113
エンジン協調制御 138
エンジン警告灯 092
エンジン自動車 108
エンジンスイッチ 221
エンジンスタートノブ 221
エンジンスタートボタン 221
エンジン制御 191, 192, 193, 201
エンジン制御コンピュータ 119, 120, 122, 124
エンジン走行 159, 160
エンジンフード 048
エンジン補機 113
エンジン本体 113, 114

■お

オイルギャラリー 126
オイルストレーナー 126
オイルパン 114, 126
オイルフィルター 126
オイルポンプ 126
応力外皮 046

大型自動車 …… 010
オートエアコン …… 223
オートギヤシフト …… 139
オートクロージャー …… 049
オートスライドドア …… 049
オートソック …… 178
オートドアロック …… 189
オートマチックトランスミッション …… 032, 134
オートマチック限定免許 …… 010
オートマチックハイビーム …… 204
オートミラーシステム …… 067
オートライト …… 076
オートレベライザー …… 076
オートレベリング …… 076
オーバーステア …… 192
オーバーハング …… 044
オーバーヒート …… 125
オーバーヘッドコンソールボックス …… 104
オープンカー …… 017, 018
置くだけ充電 …… 106
オットーサイクル …… 117
オットマン …… 097, 101
オドメーター …… 091
オプション装備 …… 035
オフセット前面衝突試験 …… 040
オプティトロンメーター …… 090
オフロード車 …… 023
オリフィス …… 171
オルタネーター …… 127, 128, 129
オンデマンド4WD …… 144

か行

■か

カーAV …… 106, 219
カーウィングス …… 216
カーオーディオ …… 219
カーカスコード …… 175
カーゴアンダーボックス …… 102
カーゴスペース …… 102
カーゴトレイ …… 102
カーゴネット …… 102
カーゴフック …… 102
カーゴマット …… 102
カーステレオ …… 219
カーテンエアバッグ …… 187
カーテンシールドエアバッグ …… 187
カーナビ …… 106, 214
カーナビアプリ …… 215
カーナビゲーションシステム …… 214
カーラジオ …… 219
外気導入 …… 222, 224
回生協調ブレーキ …… 167
回生発電 …… 128
回生ブレーキ …… 128, 148, 167
快適温熱シート …… 225
回転差応動型トルク伝達装置 …… 144
外板 …… 047
外部入力 …… 219
買い物フック …… 103
貨客兼用車 …… 019
過給 …… 130
過給機 …… 113, 119, 130, 131
下死点 …… 109, 111, 116
荷重指数 …… 177
加飾 …… 095
風切り音 …… 053
ガソリン …… 108
ガソリンエンジン …… 025, 108, 109
ガソリン税 …… 228
ガソリンレシプロエンジン …… 108
型式 …… 034
型式別保険料 …… 234
カタログモデル …… 035
滑車 …… 132
カット入りレンズ …… 075
カップホルダー …… 105
カテキンフィルター …… 224
可倒式シート …… 096
可倒式ドアミラー …… 066
可倒式リヤシート …… 099
カブリオレ …… 018
花粉除去フィルター …… 224
花粉除去モード …… 224
可変電圧可変周波数電源 …… 148
可変バルブシステム …… 116
可変バルブタイミングシステム …… 116
可変バルブリフトシステム …… 116
カムシャフト …… 115
カメラ式 …… 197
貨物車 …… 019
カラードドアミラー …… 048
カラードバンパー …… 048
ガラスアンテナ …… 061
ガラスルーフ …… 062
換気窓 …… 059
環境仕様 …… 039
環境性能 …… 038
環境性能割 …… 228
間欠ワイパー …… 081
乾燥重量 …… 042
寒冷地仕様車 …… 035

■き

キーフリーシステム …… 221
キーレスアクセス …… 221
キーレスエントリーシステム …… 221
キーレスオペレーションシステム …… 221
キーレスシステム …… 221
キーレススタートシステム …… 221
キーレスプッシュスタートシステム …… 221
機械式ブレーキ …… 167
機械式ブレーキアシスト …… 168
希少金属 …… 124, 149
キセノンフォグランプ …… 077
キセノンヘッドランプ …… 075
キックダウン …… 135
気筒 …… 111, 112
揮発性有機化合物 …… 039
揮発油税 …… 228
希望ナンバー制 …… 011
キャパシター …… 128
キャブオーバー …… 013
キャプテンシート …… 101
吸気 …… 122
吸気行程 …… 109, 110
吸気装置 …… 113, 122
吸気バルブ …… 109, 115, 116
吸気ポート …… 114, 115, 118, 122
吸気マニホールド …… 122
急速充電 …… 150, 156, 161
急速充電スポット …… 150, 156
吸排気バルブ …… 115
強化ガラス …… 060
強制保険 …… 230
記録簿 …… 242
緊急ブレーキ感応型プリクラッシュシートベルト …… 200
緊急ブレーキシグナル …… 210
緊急ロック式シートベルト …… 185
金属チェーン …… 178

■く

クイックコンフォートシートヒーター …… 225
空気圧 …… 211
空気清浄機 …… 224
空気清浄機能 …… 224
空気抵抗 …… 052, 053
空気抵抗係数 …… 053
空気力学 …… 052
クーペ …… 017, 097
クーペカブリオレ …… 018
クーペコンバーチブル …… 018
空力 …… 052
空力パーツ …… 054
空力フィン …… 055
空力ボディ …… 054
クーリングファン …… 125
クォーターウインドウ …… 058
駆動系 …… 141
駆動方式 …… 026
駆動輪 …… 026
くもり取り …… 082
グラウンドビュー …… 072
クラクション …… 084
クラッチ …… 133
クラッチ付1モーター式ハイブリッド …… 157, 160
クラッチペダル …… 085, 133
クラッシャブルゾーン …… 051
クランクシャフト …… 109, 113, 114
グランドクリアランス …… 042
クリア塗装 …… 056
クリアランスランプ …… 078
クリアリングセンサー …… 069
クリアレンズ …… 078
クリーナブルシート …… 226
クリーピング …… 135, 137
クリーンエアフィルター …… 224

グリーン税制 229
クリーンディーゼルエンジン 025, 110
クルーズコントロール 201
グレード 035
グローブボックス 104
クロカン車 023
クロスオーバー 023
クロスオーバー SUV 023, 024

■け

軽1ボックス 024
軽SUV 024
軽合金ホイール 181
警告灯 092
軽自動車 010, 020, 024
軽自動車税 228, 229, 248
軽自動車税納税証明書 248
軽スーパーハイトワゴン 024
軽セミキャブオーバー 024
継続検査 246, 247
軽トールワゴン 024
軽ハイトワゴン 024
軽ハッチバック 024
頸部衝撃緩和シート 189
頸部衝撃低減シート 189
軽ミニバン 022, 024
軽油 108, 110
軽油取引税 228
ゲート式シフトパターン 086
懸架装置 170
検査手数料 249
検査標章 246
減衰力 171
減衰力可変式ショックアブソーバー 171, 174
限定モデル 035

■こ

コイルスプリング 170, 172, 173, 174
コインホルダー 103, 105
抗アレルゲンフィルター 224
広角ドアミラー 066
後期型 034
高曲率ドアミラー 066
抗菌インテリア 226
抗菌シフトノブ 226
抗菌仕様 226
抗菌ステアリング 226
光軸 076, 194
後席確認ミラー 065
後席シートベルト使用性評価試験 040
後席モニター 220
後退時衝突防止支援システム 207
後退出庫サポート 207
後退出庫支援システム 073, 207
高度道路交通システム 184, 217
後方視界支援ミラー 068
後方プリクラッシュセーフティシステム 200
後面衝突頸部保護性能試験 040
合流支援情報提供 209
交流モーター 148
後輪駆動 026
コートフック 103
コーナーソナー 069
コーナリングランプ 195
コーナリング連動機能付フロントフォグランプ 195
小型自動車 010, 012
黒煙 110, 124
後側方車両検知警報 206
後側方衝突防止支援システム 206
骨格構造 047
ご当地ナンバー 011
コネクティングロッド 114
誤発進抑制機能 205
誤発進抑制制御 205
ゴムチェーン 178
コラプシブルステアリング 188
転がり抵抗 176
コンバーター 148
コンバーチブル 018
コンパクトカー 012, 020, 021
コンパティビリティ対応ボディ 041
コンビニフック 103
コンフォータブルエアシート 225
コンフォートタイヤ 176
コンプレッサー 222
コンライト 076
コンロッド 109, 114

さ行

■さ

サードシート 100
サイサポート 089
最終減速装置 141
最小回転半径 027, 028, 044
最低地上高 042
サイドアンダーミラー 063, 068
サイドウインドウ 058
サイドウォール 175
サイドエアダム 054
サイドエアバッグ 187
サイドカーテンエアバッグ 187
サイドカメラ 071
サイドサポート 089
サイドスカート 054
サイドターンランプ 078
サイドターンランプ付ドアミラー 078
サイドデフロスター 082
サイドドアビーム 051
サイドブラインドモニター 071
サイドマーカー 078
サイドモニター 071
サイレンサー 123
サウンドコンテナ 219
サウンドライブラリー 219
サスペンション 170, 172, 180
サスペンションアーム 170
サッシュレスドア 017
差動 143
差動装置 143
差動制限装置 143
差動停止装置 143
サブフレーム 046, 051
サマータイヤ 178
左右確認サポート機能 073
左右独立温度コントロールエアコン 223
サルーン 016
三角停止表示板 251
三角表示板 251
三角窓 059
残価率 228
サングラスホルダー 103, 105
三元触媒 124
サンシェード 062
三面図 042
サンルーフ 062

■し

シーケンシャルシフト 086, 138
シースルービュー 073
シート 088, 089, 096
シートアジャスター 088, 089
シートアレンジ 096
シートアンダートレイ 104
シートアンダーボックス 104
シートクッション 089
シートクッションエアバッグ 187
シートスライド 088, 089, 098
シートバック 089
シートバックフォールディング 099
シートバックポケット 104
シートヒーター 225
シートフォールディング 099
シートフロントバーチカル調整 089
シートベルト 184, 185, 186, 200
シートベルト警告灯 092
シートベルトリマインダー評価 040
シートベンチレーション 225
シートポケット 104
シートポジションメモリー機能 088
シートリクライニング 088, 089
シートリフター 089
シェードバンドガラス 061
シガーライターソケット 106
紫外線カットガラス 060
死角 063, 068, 069
自家用 010, 011
自家用小型自動車 010
自家用自動車 010
自家用普通自動車 010
時間調整式間欠ワイパー 081
事業用 010, 011
自己復元性 048
指針式メーター 090
自然吸気エンジン 130
自操式福祉車両 037
自損事故 235, 236

自損事故保険 230
下塗り 056
シックカー症候群 039, 226
室内確認用ミラー 065
室内高 042
室内寸法 042, 043
室内長 042
室内幅 042
実用最小回転半径 044
指定整備工場 244, 245
自動格納ドアミラー 066
自動車アセスメント 040
自動車検査証 246
自動車検査登録制度 246
自動車重量税 228, 229, 249
自動車取得税 228
自動車税 037, 228, 229, 248
自動車税納税証明書 248
自動車損害賠償責任保険 230, 241, 248
自動車損害賠償責任保険証明書 248
自動車登録番号標 011
自動車保安基準 246
自動車保険 230, 232, 233, 250
自動車保険一括見積もりサイト 237
自動車リサイクル料金 241
自動制御式MT 032, 139
始動装置 113, 127
自動反転機能 059
自動ブレーキ 184, 196, 198
自動変速機 032
自動防眩ルームミラー 064
自賠責 230, 241, 248
自賠責保険証明書 248
自賠責保険料 249
自発光式メーター 090
シフトアップ 133
シフトインジケーター 092
シフトスケジュール 138
シフトダウン 133
シフトノブ 087
シフトパドル 084, 087
シフトレバー 086, 133, 135
ジャイロセンサー 214
遮音ガラス 060
社外品 035
車間距離警報 198
車間距離制御クルーズコントロール ... 201
車検 .. 242, 244, 245, 246, 247, 249
車検証 012, 034, 229, 246, 248
車検代行業者 245, 249
車検費用 249
車軸懸架式 142, 172
車車間通信システム 208
車種 034
車線維持支援システム 203
車線逸脱警報 202, 203
車線逸脱防止支援システム 041
車線逸脱防止システム 203
車線変更支援システム 206, 207
車速感知式間欠ワイパー 081
車速感応式間欠ワイパー 081
車速連動ボリュームコントロール 220
車対車+限定A特約 235
車体番号 034
車幅灯 078
車名 034
車両重量 042, 229
車両接近通報装置 210
車両総重量 042
車両番号標 011
車両保険 230, 235
終減速装置 141
渋滞情報 217
集中ドアロック 221
充電警告灯 092
充電スポット 150
充電制御 128
充電装置 113, 127
充電池 127, 149
周辺検索 214
主運動系 113, 114
樹脂外板 047
樹脂製バンパー 048
手動運転補助装置 037
手動変速機 032
主要諸元 042
潤滑 126
潤滑装置 113, 126
純正 035
純正カーナビ 215
準中型自動車 010
準ミリ波レーダー式 197
ジョイスティックタイプ 087
乗員保護性能評価 040
消音器 123
衝撃吸収ステアリング 188
上下調整式ヘッドレスト 089
上死点 109, 111, 116
常時発光式メーター 090
消臭天井 226
消臭フロアカーペット 226
消臭フロアマット 226
使用性評価試験 041
衝突安全 184
衝突安全ボディ 051, 184
衝突回避支援ブレーキ 198
衝突軽減ブレーキ 198
衝突被害軽減ブレーキ ... 041, 198, 199
消費税 037, 228
仕様変更 034
照明付バニティミラー 065
使用目的別保険料 234
ショートノーズ 015
触媒コンバーター 124
諸元表 042
助手席アッパーボックス 104
助手席エアバッグ 187
ショックアブソーバー 170, 171, 172, 173, 174
諸費用 240
ショルダー 175
シリーズ式ハイブリッド 152, 157, 159, 160, 161
シリーズパラレル式ハイブリッド 154, 159, 161
自律航法 214
シリンダー .. 109, 110, 111, 112, 114
シリンダー配列 112
シリンダーブロック 113, 114
シリンダーヘッド 113, 114
シリンダーヘッドカバー 114
シリンダー容積 111
シルバー調加飾 095
新安全性能総合評価 040
新環状力骨構造ボディ 051
新交通管理システム 208
信号見落とし防止支援システム 208
新車ディーラー 238
人身傷害補償特約 236
人身傷害補償保険 230, 236
親水ドアミラー 067
進入禁止標識検知機能 210

■す

水温計 091
水素充填 025, 151
水平対向型 112
スイングドア 024, 049
スーパーチャージャー 130
スーパーリラックスシート 101
スエード調合成皮革 095
図柄入りナンバープレート 011
スターターモーター 127, 129, 162
スタッドレスタイヤ 178
スタビリティコントロールシステム 192
スタンバイ4WD 144
スチールホイール 181
ステアシフト 087
ステアリングギアボックス 164
ステアリングシステム 164, 193
ステアリングシャフト 164, 165
ステアリングスイッチ 084, 215, 220
ステアリングヒーター 225
ステアリングピニオンギア 164, 165
ステアリングホイール 084
ステーショナリーウインドウ 058
ステーションワゴン 019, 023, 098
ステレオカメラ式 197
ストップランプ 079
ストラット 173, 174
ストラット式 172, 173
ストレート式シフトパターン 086
ストロングハイブリッド 152, 153
スノーキャップ 178
スノータイヤ 178
スノーチェーン 178
スノーワイパーブレード 080
スパークプラグ 121
スパイクタイヤ 178

INDEX
索引

スピードメーター ………… 091
スプリット式ハイブリッド ………… 154
スペアタイヤ ………… 179, 250
スペアタイヤレス仕様 ………… 179
スペースセーバータイヤ ………… 179
スペシャルエディション ………… 035
スペック ………… 042
スポイラー ………… 054
スポーク ………… 084
スポーツシート ………… 096
スポーツタイヤ ………… 176
スポーツ多目的車 ………… 023
スポーツモード ………… 086, 138
スポーツワゴン ………… 019
スポーティワゴン ………… 019
スマートアシスト ………… 196
スマートエントリー ………… 221
スマートキーシステム ………… 221
スマートクール ………… 222
スマートシティブレーキサポート ………… 198
スマートシンプルハイブリッド ………… 162
スマートパーキングアシストシステム . 212
スマートブレーキサポート ………… 198
スマートループ ………… 216
スモークガラス ………… 061
スモールランプ ………… 078
スライディングサンルーフ ………… 062
スライド式サンルーフ ………… 062
スライドドア ………… 014, 022, 024, 049
スロットルバルブ ………… 116, 122

■せ

税金 ………… 228, 240
制動 ………… 166
制動装置 ………… 166
整備費用 ………… 249
セーフティゾーン ………… 051
セカンドシート ………… 100
赤外線カットガラス ………… 060
赤外線レーザーレーダー式 ………… 197
赤外線レーダー式 ………… 197
セダン ………… 016, 097
セットオプション ………… 035
セパレートシート ………… 096, 097, 098, 100, 101
セミAT ………… 139
セミオートエアコン ………… 223
セミオートマチックトランスミッション .. 139
セミキャブオーバー ………… 013, 022
セミトレーリングアーム式 ………… 173
セミノッチバック ………… 015
セレクション ………… 035
セレクター ………… 086, 087, 135
セレクトレバー ………… 086, 135
前期型 ………… 034
全高 ………… 012, 042
先行車発進お知らせ機能 ………… 211
先行車発進告知機能 ………… 211
前後上下調整式ヘッドレスト ………… 089
センサー ………… 069
全車種併売ディーラー ………… 238
先進安全車 ………… 041
先進安全装置 ………… 041, 165, 184, 196
センシングシステム ………… 196, 197
全速追従機能 ………… 201
センターアッパーボックス ………… 104
センターコンソールボックス ………… 104
センターディファレンシャルギア式4WD ………… 146
センターデフ ………… 156
センターデフ式4WD ………… 146
センターデフ式フルタイム4WD ………… 144, 146
センターベアリング ………… 142
センターポケット ………… 104
センターボックス ………… 104
センターメーター ………… 090
全地球測位システム ………… 214
全長 ………… 012, 042
専売車種 ………… 238
全幅 ………… 012, 042
全方位モニター ………… 072
前方障害物情報提供 ………… 209
前方衝突予測警報 ………… 199
全面改良 ………… 034
前面衝突試験 ………… 041
前面投影面積 ………… 053
前輪駆動 ………… 026
全輪駆動 ………… 026
前輪操舵式 ………… 027, 164

■そ

早期契約割引 ………… 233
走行距離別保険料 ………… 234
走行距離連動型 ………… 234
操舵 ………… 164
操舵角 ………… 164
操舵装置 ………… 164
総排気量 ………… 111, 130, 229
ゾーンボディ ………… 051
足動運転補助装置 ………… 037
速度記号 ………… 177
側面衝突試験 ………… 040
ソナー ………… 069
ソフトインテリア ………… 188
ソフトトップ ………… 018
ソリッド塗装 ………… 056

た行

■た

ターボチャージャー ………… 130
ターボラグ ………… 130
ターンシグナルランプ ………… 078
大気汚染物質 ………… 033, 124
代行業者 ………… 245, 249
対向式ワイパー ………… 080
対人賠償保険 ………… 230
タイトコーナーブレーキ現象 ………… 146
ダイナミックルートガイダンス ………… 216, 217, 218
タイプ ………… 035
ダイブダウン格納 ………… 099
対物賠償保険 ………… 230
タイミングベルト ………… 115
タイヤ ………… 175, 176, 177, 180
タイヤアングルインジケーター ………… 211
タイヤ角度モニター ………… 211
タイヤ切れ角表示 ………… 211
タイヤ切れ角モニター ………… 211
タイヤ空気圧警報システム ………… 179, 211
タイヤチェーン ………… 178
代理店式自動車保険 ………… 231
ダイレクトイグニッションシステム ………… 120
タイロッド ………… 164
ダウンサイジングエンジン ………… 131
ダウンヒルアシスト ………… 212
ダウンフォース ………… 052, 054
多気筒エンジン ………… 111, 112
タコメーター ………… 091
タックイン ………… 027
ダッシュボード ………… 090
縦置き ………… 026, 028
ダブルウィッシュボーン式 ………… 172, 174
ダブルサンルーフ ………… 062
ダブルフォールディングシート .. 099, 101
タルガトップ ………… 018
炭化水素 ………… 124
単眼カメラ式 ………… 197
鍛造ホイール ………… 181
断熱ガラス ………… 060
タンブルシート ………… 101

■ち

チー ………… 106
蓄電池 ………… 149
蓄冷エバポレーター ………… 222
チケットホルダー ………… 105
地図データ ………… 214
チタン調加飾 ………… 095
窒素酸化物 ………… 124
チップアップシート ………… 099, 101
地方道路税 ………… 228
チャイルドシート ………… 190
チャイルドシートアセスメント ………… 041
チャイルドシート固定機能付シートベルト ………… 190
チャイルドセーフティロック ………… 189
チャイルドプルーフロック ………… 189
中型自動車 ………… 010
中古車専門販売店 ………… 239
駐車支援システム ………… 212
鋳造ホイール ………… 181
チューニング ………… 182
チューブタイヤ ………… 175
チューブレスタイヤ ………… 175
超音波センサー ………… 197
超音波ソナー ………… 197
直4 ………… 112
直6 ………… 112

直動式 115
直噴エンジン 118
直噴式 118, 119, 131
直列型 112
チルトアップ式サンルーフ 062
チルト機構 084, 088
チルトダウン格納 099
チンスポイラー 054

■つ

追従機能付クルーズコントロール 201
追突防止支援システム 208
ツインカムエンジン 115
ツインサンルーフ 062
ツイントリップメーター 091
通信型レーダークルーズコントロール 208
通販式自動車保険 231

■て

出会い頭衝突防止支援システム 208
ディーゼルエンジン 025, 108, 110, 118, 124
ディーゼルパティキュレートトラップ 124
ディーゼルパティキュレートフィルター 124
ディーラー 238
ディーラーオプション 035
ディーラー系中古車販売店 239
ディーラー網 238
定期点検 242
定期点検整備記録簿 242
低金利ショップ 238
ディスク部 180
ディスクブレーキ 166, 167
ディスクホイール 180
ディスクローター 167
ディスチャージヘッドランプ 075
低騒音タイヤ 176
低速域衝突回避支援ブレーキ 198
低速追従機能 201
低燃費タイヤ 176
低排出ガス車 038
ディファレンシャルギア 141, 143, 146
テーブル 103
テールゲート 014, 050
テールランプ 078
テキスタイル 094
デザインナンバープレート 011
デジタルメーター 090
デフ 028, 141, 142, 143
デフォッガー 082
デフロスター 082, 222
デフロック 143
デュアルエアバッグ 187
デュアルカメラブレーキサポート 196, 198
デュアルクラッチトランスミッション 139, 140
デュアルステージエアバッグ 186
デルタウインドウ 059
テレスコピック機構 084, 088
テレビ 219
テレマティクスシステム .. 214, 216, 234
テレマティクス自動車保険 234
点火装置 113, 120
点火プラグ 109, 121
電気式無段変速機 153, 154
電気自動車 025, 033, 148, 149
電極 121
電子式ブレーキアシスト 168
電子車検証 246
電子制御4WD 193
電子制御カップリング 145
電子制御サスペンション 171, 174, 193
電子制御式シフト 087
電子制御式フルタイム4WD 144, 145
電子制御スロットルバルブ 122
電子制御センターデフ式フルタイム4WD 145, 146
電子制御デフ 143, 146
電子制御トルク配分式フルタイム4WD 145
テンションリデューサー付ELR式シートベルト 185
電制シフト 087
電動ウォーターポンプ 125
電動開閉式ルーフ 018
電動格納式ドアミラー 066
電動可倒式ドアミラー 066
電動コンプレッサー 222
電動シートアジャスター 089
電動シートリフター 089
電動式パワーステアリングシステム 164, 165
電動スライドドア 049
電動テールゲート 050
電動トランクリッド 050
電動パーキングブレーキ 085, 167
電動パワステ 165, 193, 203
電動油圧式パワーステアリングシステム 165
電動油圧式パワステ 165
電動冷却ファン 125
テンパータイヤ 179
電波ビーコン 217
電費 150

■と

ドア 047, 049
ドアウインドウ 058, 059
ドアポケット 104
ドアミラー 047, 063, 066, 067, 082, 088
ドアミラーウインカー 078
ドアミラーデフォッガー 067
ドアミラーレス 066
等級制度 232
統合車両挙動制御 193
搭乗者傷害保険 230, 236
等速ジョイント 142
筒内噴射エンジン 118
筒内噴射式 118
頭部衝撃緩和インテリア 188
頭部衝撃保護インテリア 188
動弁系 113
動力伝達装置 141
登録 246
道路交通情報通信システム 217
トーションバー 172
トーションビーム式 172
トールワゴン 012, 021, 022, 098
特別限定車 035
特別仕様車 035, 056
特別色 056
特別塗装色 056
独立懸架式 142, 172
塗装 056
トップシェードガラス 061
トップテザーアンカー 190
トノカバー 102
トヨタ・セーフティ・センス 196
ドライビングポジション 084, 088
ドライビングポジションメモリー機能 ... 088
ドライビングランプ 077
ドライブシャフト 141, 142
ドライブスタートコントロール 205
ドライブバイワイヤー 122
ドライブレーン 141
トラクションコントロール 191, 193
ドラムインディスクブレーキ 167
ドラムブレーキ 166
トランクオープナー 050
トランクスルー 097
トランク容量 043
トランクリッド 047, 050
トランクルーム 050, 097
トランスファー 142, 144, 146, 156, 160
トランスミッション 032, 086, 132, 141, 142
トリップメーター 091
ドリンクホルダー 103, 105
トルク 132, 136
トルク切れ 140
トルクコンバーター 134, 135
トルクコンバーター式AT 134
トルク抜け 140
トルコン式AT 134
トレイ 103, 105
トレーリングアーム 172, 173
トレーリングアーム式 172, 173
トレーリングツイストビーム式 172
ドレスアップ 055, 182
トレッド 044, 175, 176
トレッドパターン 176, 178
トンネル 028

な行

■な

内圧保持式エアバッグ 186
内気循環 222, 224
内装 094
中塗り 056
ナックルアーム 164
ナット座ピッチ直径 181
ナノイー 224
ナビ協調制御 138
ナビゲーションアプリ 215
鉛蓄電池 127, 162
ナンバープレート 011

■に

ニーエアバッグ 187
ニークリアランス 043
ニースペース 098
におい・排出ガス検知式内外気自動切替機構 224
二酸化炭素 033, 110, 149
荷室容量 043
二次電池 ... 149, 150, 151, 152, 154, 157, 158, 159, 160, 161
二次電池式電気自動車 149, 150
ニッケル水素電池 149, 154, 160
荷物侵入抑制構造シート 188
任意保険 230
認証整備工場 244, 245
認定中古車 239

■ぬ

布チェーン 178

■ね

熱効率 110
年次改良 034
燃焼室 114, 115, 121
燃焼室容積 111
燃焼・膨張行程 109, 110
燃費優良車 038
燃料 118
燃料計 091
燃料残量警告灯 091, 092
燃料税 228
燃料タンク 118
燃料電池 151
燃料電池自動車 ... 025, 033, 149, 151
燃料噴射装置 113, 118
燃料ポンプ 118
年齢条件 231, 233

■の

濃色ガラス 061, 062
ノーズ 015
ノーズビューカメラ 071
ノーマルアスピレーションエンジン 130
ノッキング 111, 117, 119, 131
ノッチバック 015, 016
ノッチバックセダン 016
ノンストップ自動料金収受システム 218

は行

■は

パーキングアシスト 070, 212
パーキングブレーキ 085, 167
パーキングブレーキペダル 085
パーキングブレーキレバー 085, 167
バージョン 035
バースイッチ 084
バードアイビュー 072
パートタイム4WD 144
ハードトップ 017, 018
ハーフシェードガラス 061
ハーマンカードン 220
パール塗装 056
バイアスタイヤ 175
バイアングルLEDヘッドランプ 075
排気管 123
排気行程 109, 110
バイキセノンヘッドランプ 075
排気装置 113, 123
排気バルブ 109, 115, 116
排気ポート 114, 115, 123
排気マニホールド 123
排気量 010, 111
排気量別保険料 234
配光可変ヘッドランプ 204
ハイコントラストメーター 090
排出ガス検知式内外気自動切替機構 224
排出ガス浄化装置 113, 123, 124
ハイドロプレーニング現象 176
ハイビーム 074, 204
バイビームLEDヘッドランプ 075
ハイビームアシスト 204
ハイビームコントロール 204
ハイビームサポート 204
ハイビーム表示灯 092
ハイブリッド4WD 156, 159
ハイブリッドシステム 152, 162
ハイブリッド車 025, 033, 148, 149, 152
ハイブリッド専用車 033
ハイブリッド走行 153, 155, 157, 158, 160
ハイブリッドモード 153
ハイブリッドリニアトロニック 160
ハイマウントストップランプ 079
倍力装置 168
白熱電球 074, 078
バケットシート 096
バケットタイプ 096
ハザードランプ 079, 210, 251
挟みこみ防止機能 049, 059
はしご形フレーム 046
発煙筒 251
白金プラグ 121
バックアップランプ 079
バックソナー 069
バックビューモニター 070
バックミラー 063
バックランプ 079
パッケージ 035
パッケージオプション 035
パッシブ4WD 144
パッシブセーフティ 184
パッシング 074
撥水カーゴフロア 102
撥水カーゴボード 102
撥水カーゴマット 102
撥水ガラス 061
撥水シート 226
ハッチバック 012, 016, 020, 021, 098
ハッチバックセダン 016
バッテリー .. 127, 128, 148, 149, 162
バッテリー上がり 250
パドルシフト 087, 138
パニックブレーキ 168
バニティミラー 065
バネ下重量 180, 181
パノラマウインドウ 062
パノラマルーフ 062
パノラミックビュー 072
パノラミックビューモニター 072
ハブ 084
パラジウム 124
パラレル式ハイブリッド . 152, 157, 158, 159, 160, 161
バルブ 074
バルブシステム 113, 115
バルブスプリング 115
バルブタイミング 116, 117
バルブトロニック 116
バルブマチック 116
ハロゲンバルブ 074
ハロゲンフォグランプ 077
ハロゲンヘッドランプ 074
パワーウインドウ 059, 189
パワーウインドウロック 189
パワーコントロールユニット 148
パワーシート 089
パワーシートアジャスター 089
パワーシートリフター 089
パワーステアリングシステム 164
パワーステアリングポンプ 165
パワーステアリング制御 193
パワースライドドア 049
パワーテールゲート 050
パワートランクリッド 050
パワートレイン 141
パワーモード 138
パワステ 164
パワステ制御 193
パワステポンプ 165
バン 019, 024

パンク ………… 112
バンク ………… 179, 250
パンク修理キット ………… 179
ハンズフリー機能 ………… 215
半ドア警告灯 ………… 092
ハンドル ………… 084, 164
バンパー ………… 047, 048
バンパーリインフォースメント ………… 048
販売チャンネル ………… 238
販売店手数料 ………… 240

■ひ

ビーコンVICS ………… 217
ヒーター付ドアミラー ………… 067
ヒーテッドドアミラー ………… 067
ビード ………… 175
ビードフィラー ………… 175
ビードワイヤー ………… 175
光ビーコン ………… 208, 217
非金属チェーン ………… 178
非常停止灯 ………… 079
非常電話 ………… 251
ビスカス4WD ………… 144
ビスカスカップリング ………… 144
ビスカスカップリング式4WD ………… 144
ピストン ………… 108, 109, 111, 113, 114, 116
ピックアップ ………… 023
ビデオ入力端子 ………… 219
ピュアEV ………… 150
標識認識機能 ………… 210
表示灯 ………… 092
標準装備 ………… 035
標準プラグ ………… 121
ピラー ………… 015
ピラードハードトップ ………… 017
ピラーレス ………… 015
ヒルスタートアシスト ………… 212
ヒルディセントコントロール ………… 212
ビルトインETC ………… 218
ヒルホールドコントロール ………… 212
ヒンジドア ………… 049

■ふ

ファイナルギア ………… 141
ファインビジョンメーター ………… 090
ファストバック ………… 015
ファストバックセダン ………… 016
ファブリック ………… 094
ブースターケーブル ………… 250
風洞 ………… 053
プーリー ………… 132
フェード現象 ………… 166
フェンダーミラー ………… 063
フォースリミッター ………… 185
フォールディングシート ………… 101
フォグライト ………… 077
フォグランプ ………… 077
フォグランプ表示灯 ………… 092
吹き出し口 ………… 082, 222
福祉車両 ………… 036, 037
複数年契約割引 ………… 233
副変速機 ………… 134
普通自動車 ………… 010
普通自動車免許 ………… 010
普通充電 ………… 150, 161
フック ………… 103
フックジョイント ………… 142
プッシュエンジンスターター ………… 221
プッシュエンジンスタート ………… 221
プッシュスタートシステム ………… 221
プッシュスタートボタン ………… 221
プッシュボタンスタートシステム ………… 221
フットブレーキ ………… 166
フットレスト ………… 085
不凍液 ………… 125
踏み間違い衝突防止アシスト ………… 205
フューエルタンク ………… 118
フューエルポンプ ………… 118
フライバイワイヤー ………… 122
プライバシーガラス ………… 061, 062
ブラインドコーナーモニター ………… 071
ブラインドスポットインフォメーション ………… 206
ブラインドスポットモニター ………… 206
ブラインドスポットモニタリング ………… 206
プラグインEV ………… 033, 150, 153
プラグインHEV ………… 153
プラグインハイブリッドシステム ………… 156, 161
プラグインハイブリッド車 ………… 025, 033, 153
ブラシレスモーター ………… 148
プラズマクラスター ………… 224
プラチナ ………… 124
プラチナプラグ ………… 121
ふらつき警報 ………… 203
ブラックアウトタイプ ………… 090
ブラックアウトメーター ………… 090
フラッシャー ………… 078
フラッシュサーフェイス化 ………… 053
フラットボトム ………… 055
プラネタリーギア ………… 134
フランジ形状 ………… 181
プリクラッシュインテリジェントヘッドレスト ………… 200
プリクラッシュシートベルト ………… 200
プリクラッシュセーフティシステム ………… 200
プリクラッシュブレーキ ………… 198
プリクラッシュブレーキアシスト ………… 198
プリズムアンダーミラー ………… 068
プリテンショナー ………… 185, 200
フルエアロ ………… 055
フルオートエアコン ………… 223
フルセグ ………… 219
フルタイム4WD ………… 144
フルトレーリングアーム式 ………… 173
フルフラット ………… 097
フルモデルチェンジ ………… 034
フルラップ前面衝突試験 ………… 040
ブレーカー ………… 175
ブレーキアクチュエーター ………… 167, 168, 169
ブレーキアシスト ………… 168, 198
ブレーキオイル ………… 166
ブレーキオーバーライド ………… 205
ブレーキキャリパー ………… 167
ブレーキ警告灯 ………… 092
ブレーキシステム ………… 166
ブレーキシュー ………… 166
ブレーキ制御 ………… 191, 192, 193, 201
ブレーキ性能試験 ………… 040
ブレーキドラム ………… 166
ブレーキパッド ………… 167
ブレーキブースター ………… 168
ブレーキフルード ………… 166
ブレーキペダル ………… 085, 166, 168
ブレーキペダル後退防止機構 ………… 188
ブレーキホールド ………… 212
ブレーキマスターシリンダー ………… 166
ブレーキランプ ………… 078, 210
ブレーク ………… 019
フレーム構造 ………… 046
プレミアムシート ………… 101
フロアカーペット ………… 094
フロアシフト ………… 086
フロアマット ………… 094
フローティングカーデータ ………… 216
プローブ情報 ………… 216, 217
プロジェクター式ヘッドランプ ………… 075
ブロック型 ………… 176
プロペラシャフト ………… 028, 141, 142
ブロンズ調加飾 ………… 095
フロントウインドウ ………… 058, 060, 080, 082
フロントエアダム ………… 054
フロントオーバーハング ………… 044
フロントカメラ ………… 071
フロントクォーターウインドウ ………… 059
フロントスカート ………… 054
フロントステーショナリーウインドウ ………… 059
フロントドアウインドウ ………… 058, 059, 082
フロントドアクォーターウインドウ ………… 059
フロントドアステーショナリーウインドウ ………… 059
フロントトレッド ………… 044
フロントフォグランプ ………… 077
フロントプロペラシャフト ………… 142
フロントベンチシート ………… 096
フロントミッドシップ ………… 029
フロントモニター ………… 071

■へ

平行2軸式 ………… 133
平行式ワイパー ………… 080
平行連動式ワイパー ………… 080
平成30年排出ガス基準 ………… 038
ベーパーロック現象 ………… 166
ヘッドアップディスプレイ ………… 091
ヘッドクリアランス ………… 043
ペットネーム ………… 034

ヘッドライト 074
ヘッドランプ 074, 076, 204
ヘッドランプウォッシャー 076
ヘッドランプレベライザー 076
ヘッドランプワイパー 076
ヘッドレスト 089, 189
ヘッドレストアジャスト 089
ベルト 132, 175
ベルト式CVT 136
変速 132
変速機 032, 132, 133
変速段数 133, 134
変速比 136
ベンチシート 086, 096, 097, 098, 100
ベンチレーションウインドウ 059
ベンチレーション機能付シート 225
偏平率 177, 182

■ほ

ホイール 180, 181, 182
ホイールオフセット 181
ホイールキャップ 181
ホイールスピン 030, 191
ホイールベース 044
ホイールロック 169, 191
防音ガラス 060
防眩ミラー 064
防眩ルームミラー 064
方向指示器 078
方向指示灯 078
防水シート 226
膨張比 117
法定費用 240, 249
ポート噴射エンジン 118
ポート噴射式 118, 119
ボール&ナット式 164
ホーン 084
補機 113
補機類 113
ボクサー4 112
ボクサー6 112
ボクサーエンジン 112
ポケット 105
歩行者脚部保護性能試験 040
歩行者検知機能付衝突回避支援型 199
歩行者事故低減ステアリング 203
歩行者傷害軽減ボディ 041
歩行者頭部保護基準 041
歩行者頭部保護性能試験 040
歩行者保護性能評価 040
ポジションランプ 078
補助確認装置 068
補助拘束装置 186
補助前照灯 077
補助灯火 078
ボックス 105
ポップアップエンジンフード 041
ボディ外板 047
ボディカラー 056
ボディ塗装 056
ホルダー 105
ボルテックスジェネレーター 055
幌 018
本革 094, 095
本革シート 095
本革巻 084, 087
ホンダ・センシング 196
ボンネット 047, 048
ポンピングロス 116, 131
ポンプ損失 116

ま行

■ま

マークレビンソン 220
マイカ塗装 056
マイクロハイブリッド 162
マイクロ波レーダー式 197
マイナーモデルチェンジ 034
マイルドハイブリッド 128, 152, 162
マグネシウムホイール 181
マクファーソンストラット式 173
マニュアルエアコン 223
マニュアルトランスミッション 032, 133, 139
マニュアルモード 084, 086, 087, 138, 140
マニュアルレベライザー 076
マニュアルレベリング 076
マフラー 123
マルチアラウンドモニター 072
マルチインフォメーションディスプレイ 091, 215
マルチビューカメラシステム 072
マルチリフレクターヘッドランプ 075
マルチリンク式 172, 174

■み

ミスト機構 081
ミッドシップ 026, 029
ミニジャック 219
ミニバン 022, 100
ミュージックサーバー 219
ミュージックボックス 219
ミラー 063
ミラーサイクル 117
ミリ波レーダー式 197
民間車検場 244, 245

■む

ムーンルーフ 062
無段階間欠ワイパー 081
ムチウチ症 189
ムチウチ症軽減シート 189
無保険車傷害保険 230

■め

メーカーオプション 035
メカニカルスーパーチャージャー 130
メタリック塗装 056
メッキバンパー 048
メモリーナビ 214
免責 235
メンテナンスパック 242
メンテナンスフリー 121

■も

モーションアダプティブEPS 193
モーター 148, 149, 150, 151
モーター機能付発電機 162
目的地検索 214
モデル 034
モデルチェンジ 034
モニター 063, 069, 184, 215
モノコック構造 046, 051
モノコックボディ 046, 051

や行

■ゆ

油圧警告灯 092
油圧式パワーステアリングシステム 164, 165
油圧式パワステ 165, 193
油圧式ブレーキ 166, 168
有償色 056
遊星歯車 134
ユーティリティ 103
有料色 056
床下格納シート 101

■よ

揚力 052
ヨーレイトセンサー 192
横置き 026, 027
横滑り防止装置 192, 193
横スライドシート 100
横はね上げ格納シート 101
横開きテールゲート 050
汚れプロテクト加工シート 226
予防安全 184
予防安全性能アセスメント 041
予防安全パッケージ 196
四駆 023, 026
四面図 042

ら行

■ら

ライセンスプレート 011
ライセンスプレートランプ 079
ラグ型 176
ラグジュアリータイヤ 176
ラゲッジスペース 102
ラゲッジネット 102
ラジアルタイヤ 175, 177
ラジエター 125
ラジエター液 125
ラダーフレーム 046

ラダーフレームビルトインモノコックボディ 046
ラック 164, 165
ラック&ピニオン式 164
ラッププリテンショナー 185
ランバーサポート 089
ランフラットタイヤ 179, 211

■り

リインフォースメント 051
リクライニング 089
リサイクル可能率 039
リサイクル券 241
リジッドアクスル式 172
リスク細分型自動車保険 231, 234
リチウムイオン電池 128, 149, 150, 154, 156, 157, 158, 159, 161, 162
リッターカー 012
リップスポイラー 054
リトラクタブルハードトップ 018
リバース連動下向きドアミラー 067
リバース連動ドアミラー 067
リバース連動リヤワイパー 067
リブ型 176
リフレクター式ヘッドランプ 075
リミテッドスリップデフ 143
リム 084
リム部 180
リモコンドアミラー 066
リモコンドアロック 221
リヤアンダーミラー 063, 068
リヤウインドウ 058, 082
リヤウォッシャー 081
リヤエアコン 222
リヤエンターテイメントシステム 220
リヤオーバーハング 044
リヤカメラ 070
リヤクロストラフィックアラート 207
リヤクロストラフィックオートブレーキ 207
リヤゲート 014, 047, 050
リヤコンビネーションランプ 078
リヤシートスライド 098
リヤシートモニター 220
リヤシートリクライニング 098
リヤスポイラー 054
リヤデッキ 015, 016
リヤデフォッガー 061, 082
リヤドアウインドウ 058
リヤドアクォーターウインドウ 058
リヤドアステーショナリーウインドウ 058
リヤトレッド 044
リヤハッチ 016, 017, 020, 050
リヤビークルディテクション 206, 207
リヤビューミラー 063
リヤビューモニター 070
リヤフォグランプ 077, 079
リヤフォグランプ表示灯 092
リヤモニター 069, 070, 212
リヤワイパー 080
粒子状物質 124
料率クラス 234, 235

■る

ルームミラー 063, 064, 088
ルミネセントメーター 090

■れ

レアメタル 149
冷却液 125
冷却装置 113, 125
冷却ファン 125
レインクリアミラー 067
レインクリアリングミラー 067
レインセンサーワイパー 081
レーザーレーダー式 197
レーダークルーズコントロール 201
レーダー式 197
レーダーブレーキサポート 198
レーンウォッチ 206
レーンキーピングアシスト 203
レーンキープアシスト 203
レーンディパーチャーアラート 202
レーンデパーチャープリベンション 203
レーンデパーチャーワーニング 202
レクサス・セーフティ・システム+ 196
レザー 094
レシプロエンジン 108, 110, 111
レベライザー警告灯 092
レンズ式ヘッドランプ 075
連続可変バルブリフトシステム 116
連続無段変速機 032

■ろ

ロアアーム 173, 174
ロアアンカー 190
ロータリーエンジン 025, 108
ロードインデックス 177
ロードクリアランス 042
ロードサービス 237, 250
ロードノイズ 176, 178
ロードリミッター 185
ロービーム 074, 204
ロープロファイルタイヤ 177
ロジウム 124
路車間通信システム 208
ロッカーアーム式 115
ロックアップクラッチ 135
ロックフォードフォズゲート 220
ロングスライド 098, 101
ロングノーズ 015
ロングライフクーラント 125

わ行

■わ

ワイドビュードアミラー 066
ワイドビューフロントモニター 071
ワイドリヤビューモニター 070
ワイドリヤモニター 070
ワイパー 080, 081
ワイパーアーム 080
ワイパーディアイサー 061, 081
ワイパーブレード 080
ワイパーブレードゴム 080
ワイヤレス充電器 106
ワゴン 019, 024
ワンアクションオートスライドドア 049
ワンセグ 219
ワンタッチパワースライドドア 049

著者略歴

青山元男（あおやま もとお）

1957年生まれ。慶應義塾大学経済学部卒業。出版社及び編集プロダクションにて音楽雑誌、オーディオ雑誌、モノ雑誌の編集に携わった後、フリーライターとして独立。自動車雑誌、モノ雑誌等幅広いジャンルの雑誌や単行本で執筆。自動車関連では構造、整備、ボディケアをはじめカーライフ全般をカバー。自動車保険にも強くファイナンシャルプランナー（CFP）資格者である。著作に『最新オールカラー クルマのメカニズム』、『オールカラー版 クルマのメンテナンス』（以上弊社）、『特装車とトラック架装』、『トラクター&トレーラーの構造』（以上グランプリ出版）、『カラー図解でわかるクルマのメカニズム』（ソフトバンク クリエイティブ）などがある。

デザイン …中濱健治
編集制作 …オフィス・ゴゥ、大森 隆
編集担当 …原 智宏（ナツメ出版企画）
写真図版提供 …AGC旭硝子、スズキ、ダイハツ工業、トヨタ自動車、日産自動車、富士重工業、本田技研工業、マツダ、三菱自動車工業（敬称略、順不同）

史上最強カラー図解
クルマのすべてがわかる事典

2016年8月1日初版発行
2024年7月1日第11刷発行

著者　青山元男

発行者　田村正隆

発行所　株式会社ナツメ社
東京都千代田区神田神保町1-52 ナツメ社ビル1F（〒101-0051）
電話　03（3291）1257（代表）　FAX　03（3291）5761
振替　00130-1-58661

制作　ナツメ出版企画株式会社
東京都千代田区神田神保町1-52 ナツメ社ビル3F（〒101-0051）
電話　03（3295）3921（代表）

印刷所　ラン印刷社

ISBN978-4-8163-6073-2　Printed in Japan